教科書ワーク

わくわく ポイント確認《かくにん》カード

アプリでバッチリ! ポイント確認!

名前

花の色

とくちょう

1

名前

花の色

とくちょう

2

名前

花の色

とくちょう

3

名前

花の色

とくちょう

4

生き物《もの》のかんさつ

道具《どうぐ》の名前は?

この道具を使《つか》うと、どう見える?

5

めが出たあとの植物《しょくぶつ》

あの名前は?

あの形はどの植物も同じ?ちがう?

6

太陽《たいよう》のいちとかげのでき方

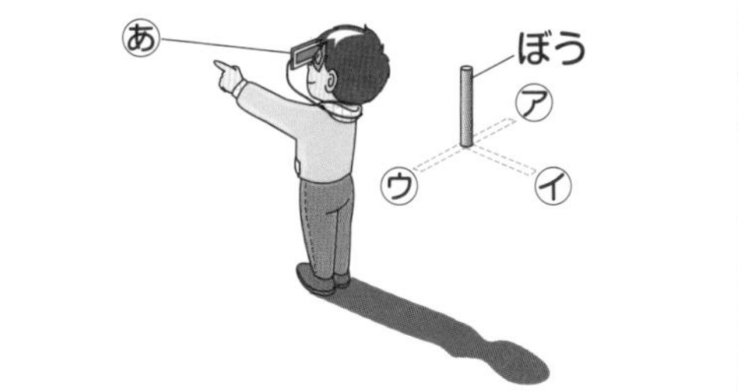

あの名前は?

ぼうのかげができるのは、ア〜ウのどこ?

7

ほういの調《しら》べ方

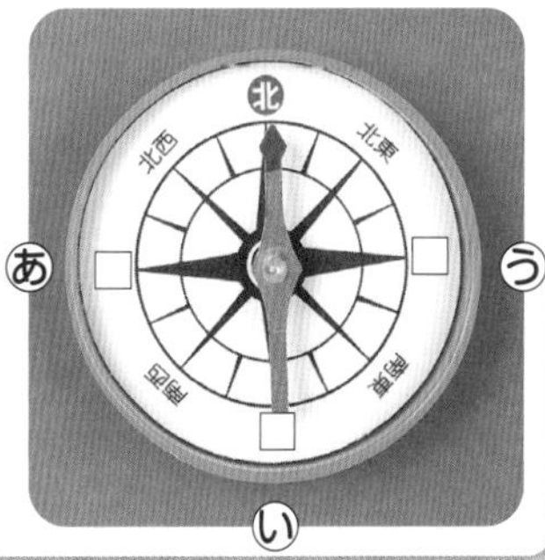

道具の名前は?

あ〜うのほういは?

8

太陽のいちのへんか

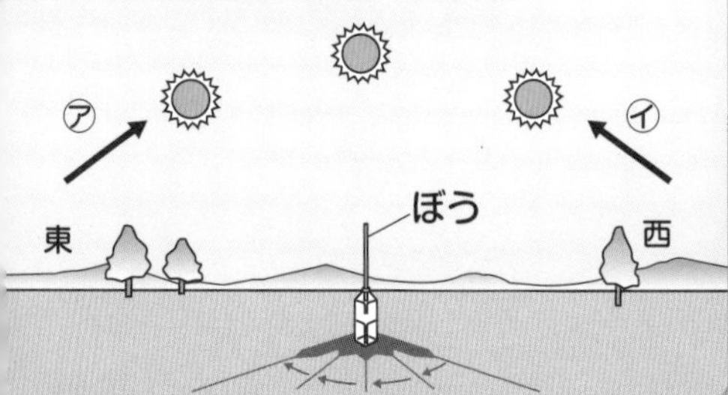

太陽のいちのへんかはア、イどっち?

かげの向《む》きのへんかは太陽と同じ?反対《はんたい》?

9

温度《おんど》のはかり方

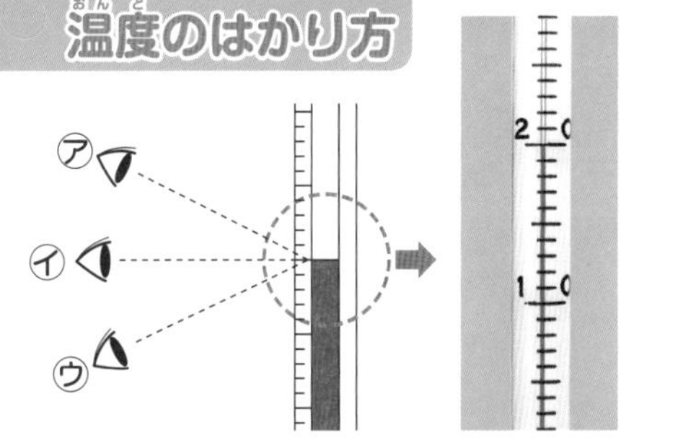

目もりはア〜ウのどこから読む?

温度計は何℃《ど》を表《あらわ》している?

10

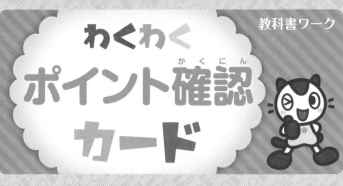

アプリでバッチリ！ポイント確認！

おもての QR コードからアクセスしてください。

※本サービスは無料ですが、別途各通信会社の通信料がかかります。
※お客様のネット環境および端末によりご利用できない場合がございます。
※ QR コードは㈱デンソーウェーブの登録商標です。

使い方

- 切りとり線《せん》にそって切りはなしましょう。
- 写真や図を見て、質問《しつもん》に答えてみましょう。
- 使い終《お》わったら、あなにひもなどを通して、まとめておきましょう。

名前 ヒマワリ

花の色 黄色

高さ 1～3m

とくちょう

つぼみのころまでは太陽をおいかけて、向きをかえる。

❷

名前 ホウセンカ

花の色 赤色・白色・ピンク色などがある。

高さ 30～60cm

とくちょう

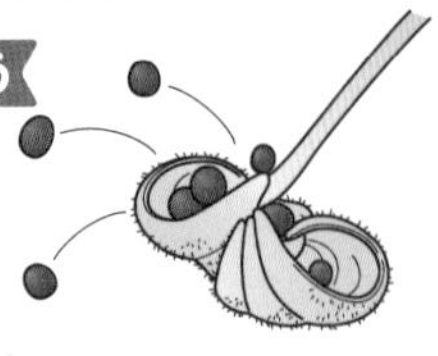

実《み》がはじけて、たねがとぶ。

❶

名前 マリーゴールド

花の色 黄色・オレンジ色などがある。

高さ 15～30cm

とくちょう

これ全体《ぜんたい》が1まいの葉。

❹

名前 タンポポ

花の色 黄色

高さ 15～30cm

とくちょう

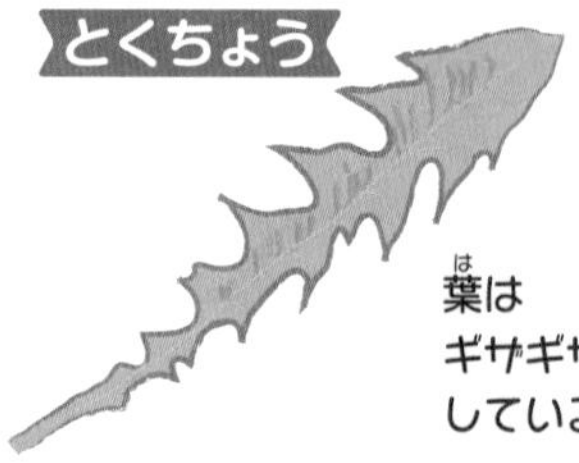

葉《は》はギザギザしている。

❸

めが出たあとの植物

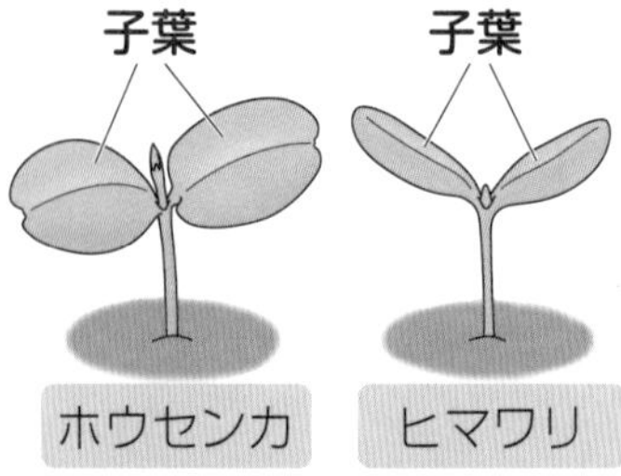

子葉《しよう》は、植物のしゅるいによって、形や大きさがちがうよ。

❻

生き物のかんさつ

虫めがねでかんさつすると、小さいものが大きく見えるよ。

❺

ほういの調べ方

①ほういじしんを水平《すいへい》に持《も》つ。
②はりの動《うご》きが止まるまでまつ。
③北の文字をはりの色のついた先に合わせる。

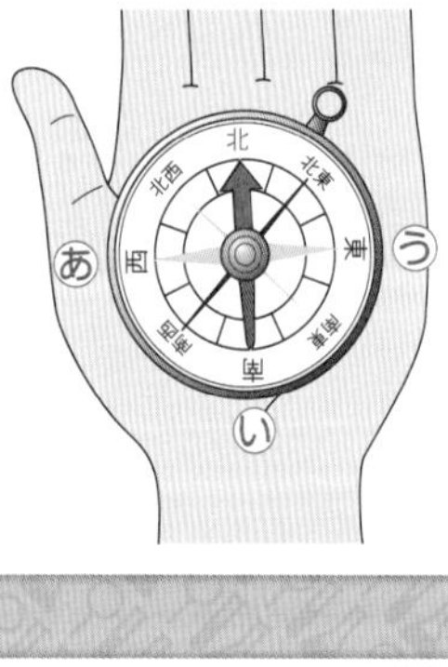

❽

太陽のいちとかげのでき方

かならずしゃ光板《ばん》（プレート）を使ってかんさつしよう。

かげはどれも同じ向き（㋑）にできるよ。

❼

温度のはかり方

温度計は、目の高さとえきの先を合わせて、真横《まよこ》から目もりを読もう。写真は、20℃だとわかるね。

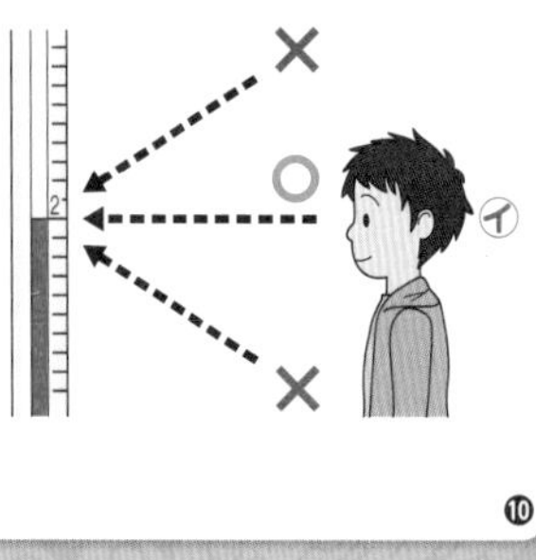

❿

太陽のいちのへんか

太陽のいちは㋐のように、東のほうから南の空を通って西のほうへかわる。

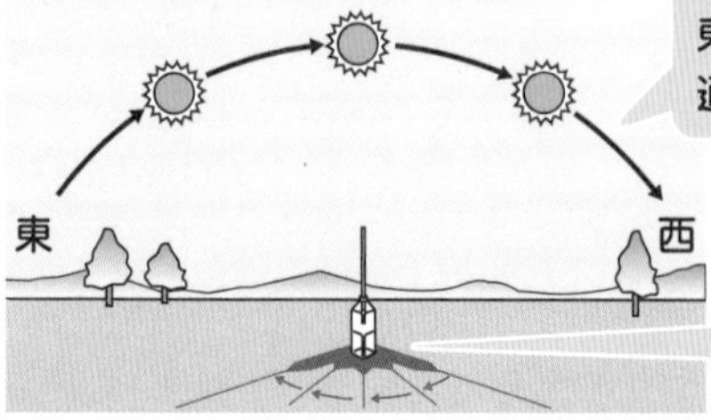

かげの向きのへんかは、太陽と反対になる。

❾

名前

育《そだ》ち方

からだの
つくり

⑪

名前

育ち方

からだの
つくり

⑫

名前

すみか

食べ物《もの》

⑬

名前

すみか

食べ物

⑭

名前

すみか

食べ物

⑮

名前

すみか

食べ物

⑯

風の力

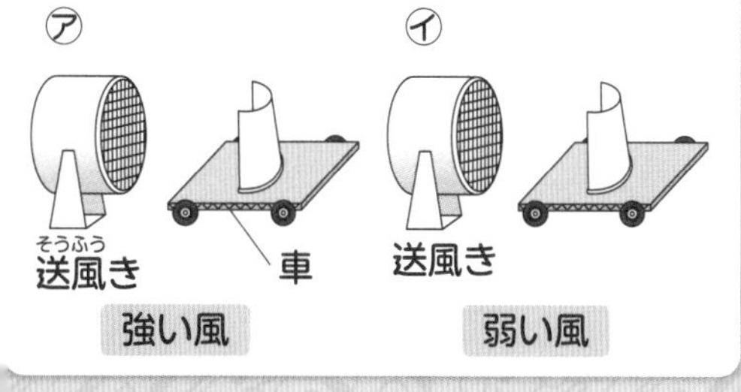
ア
イ
送風《そうふう》き
車
送風き
強い風
弱い風

遠くまで
走るのは
ア、イどっち？

ものを動かす
はたらきを
大きくするには？

⑰

ゴムの力

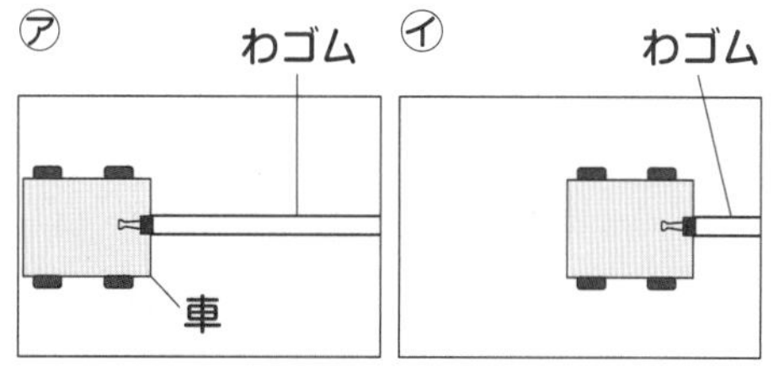
ア
わゴム
イ
わゴム
車

遠くまで
走るのは
どっち？

ものを動かす
はたらきを
大きくするには？

⑱

光のせいしつ

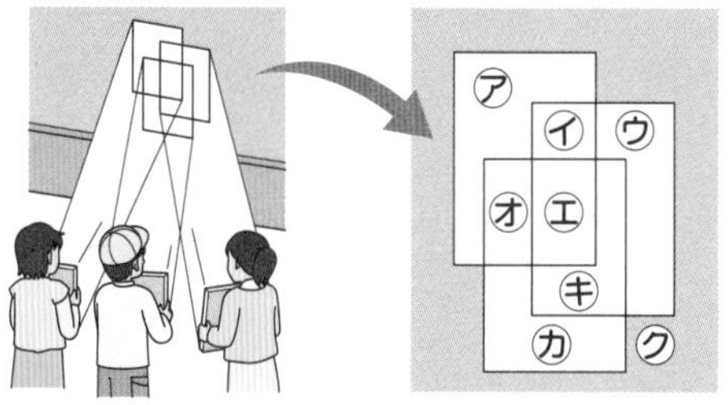
ア
イ
ウ
オ
エ
キ
カ
ク

光は
どう進《すす》む？

いちばん
明るいのは？

⑲

音のせいしつ

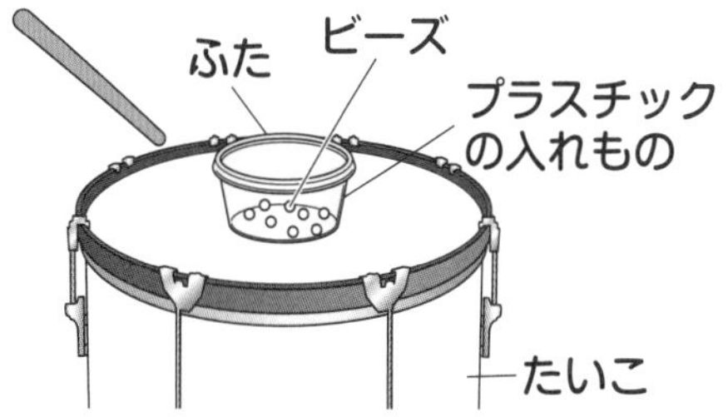
ふた
ビーズ
プラスチック
の入れもの
たいこ

ふるえが
大きいときの音
の大きさは？

ふるえが
小さいときの音
の大きさは？

⑳

電気とじしゃくのふしぎ

10円玉（銅《どう》）　クリップ（鉄《てつ》）　コップ（ガラス）

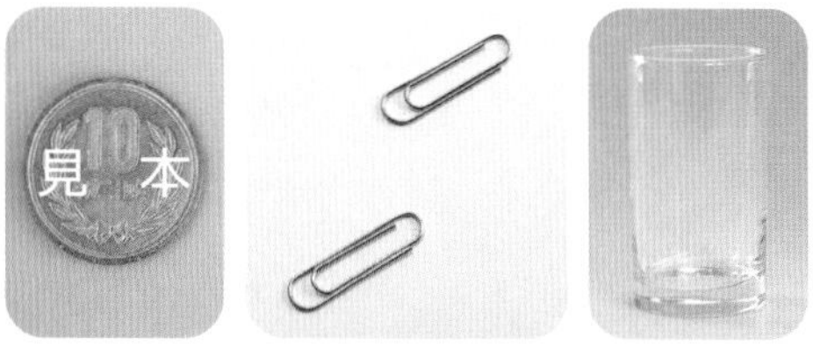
見本

電気を
通すものは？

じしゃくに
つくものは？

㉑

ものの重《おも》さと体積《たいせき》

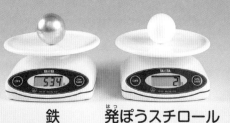

534
2

鉄　発《はっ》ぽうスチロール

どちらが
軽《かる》い？

体積が同じ
ものの重さは
同じ？ちがう？

㉒

名前 ショウリョウバッタ

育ち方

たまご → よう虫 → せい虫

からだのつくり

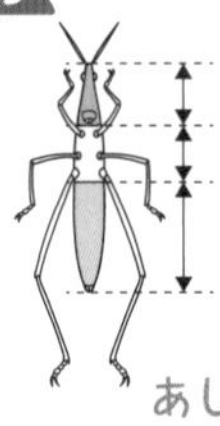

頭
むね
はら

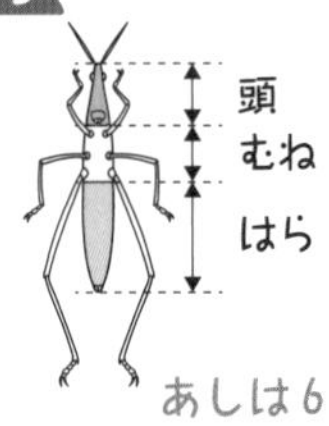

あしは6本

⑫

名前 モンシロチョウ

育ち方

たまご → よう虫 → さなぎ → せい虫

からだのつくり

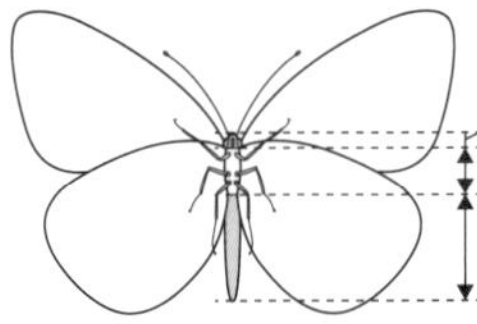

頭
むね
はら

あしは6本

⑪

名前 カブトムシ

すみか 林の中

食べ物 木のしる

とくちょう

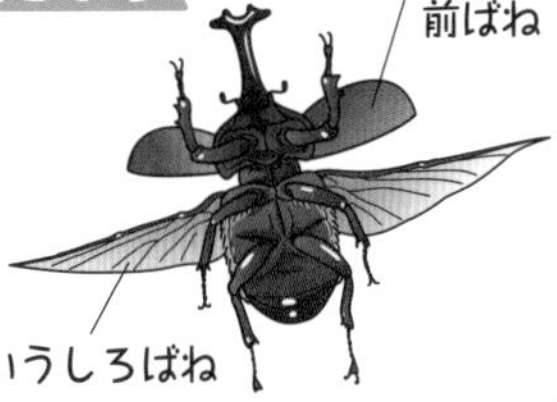

かたい
前ばね
うすいうしろばね

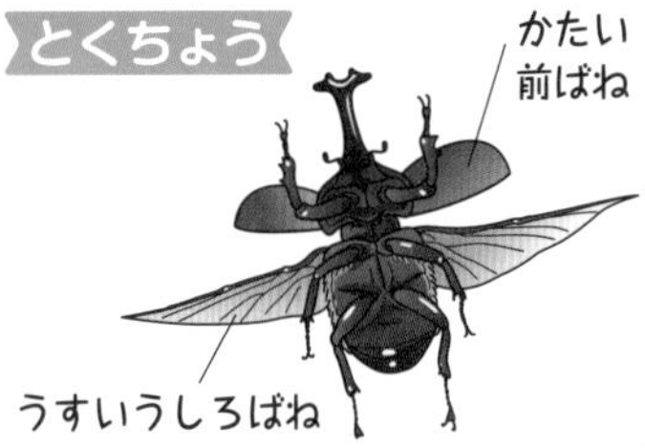

⑭

名前 ナナホシテントウ

すみか 草むら

食べ物 小さな虫

とくちょう

ナナホシテントウの
せい虫は、かれ葉の下
などで冬をこす。

Zzz…

⑬

名前 クモ

すみか 草むらや
林の中など

食べ物 ほかの虫

とくちょう

からだは、
2つの部《ぶ》分《ぶん》に
分かれている。

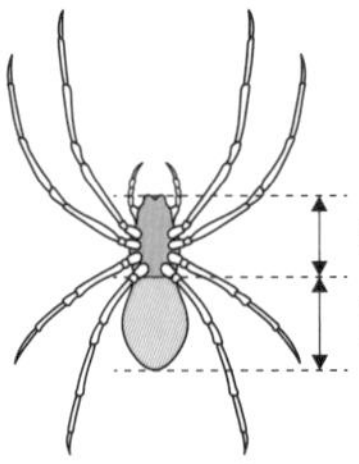

頭・むね
はら

あしは8本

⑯

名前 ダンゴムシ

すみか 石の下や
落《お》ち葉の
下など

食べ物 落ち葉や
かれ葉

とくちょう

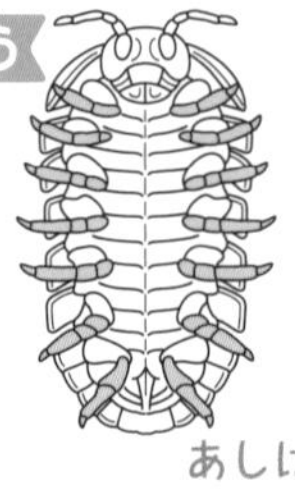

あしは14本

⑮

ゴムの力

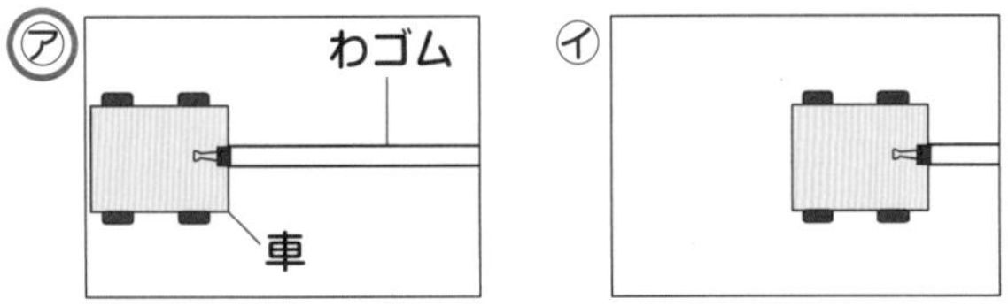

ア
わゴム
車
イ

●ものを動かすはたらきを大きくするには、わゴムを**長くのばす**！

⑱

風の力

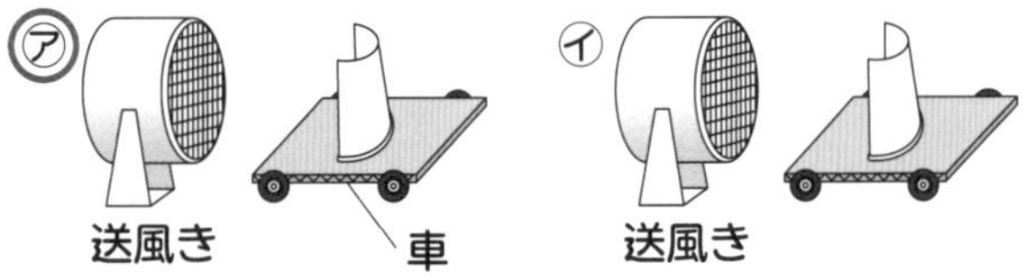

ア
送風き
車
強い風
イ
送風き
弱い風

●ものを動かすはたらきを大きくするには、風を**強くする**！

⑰

音のせいしつ

たいこのふるえが大きい
と音は**大きく**、ふるえが
小さいと音は**小さい**よ。

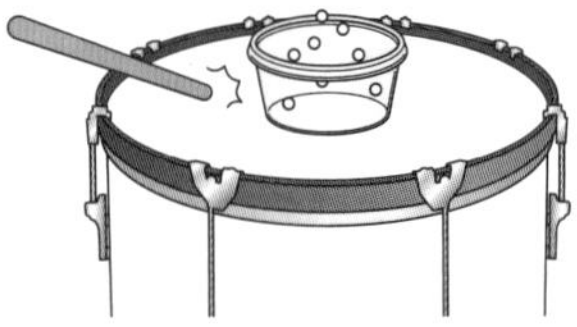

⑳

光のせいしつ

かがみで光をはね返《かえ》すと、
光はまっすぐ進んでいるの
がわかる。

光をたくさん重ねている
㊁がいちばん明るい。

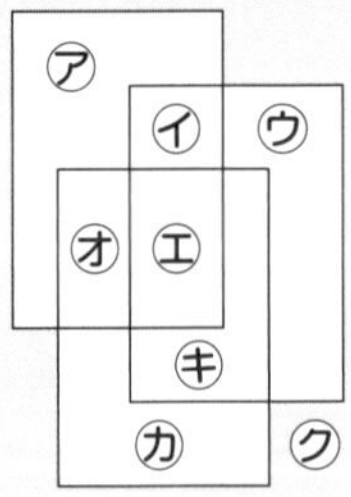

ア
イ
ウ
オ
エ
キ
カ
ク

⑲

ものの重さと体積

鉄は534g、
発ぽうスチ
ロールは2g
だから…

発ぽうスチロール
のほうが軽い！

鉄
発ぽうスチロール
534g
2g

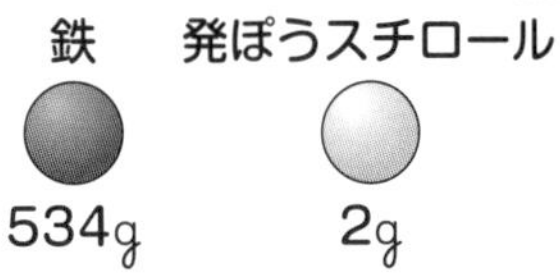

●体積が同じでも、ものによって重さは**ちがう**！

㉒

電気とじしゃくのふしぎ

●電気を通すもの

鉄、銅、アルミニウムなどの金ぞく

れい **10円玉(銅)、クリップ(鉄)**

●じしゃくにつくもの

鉄でできているもの

れい **クリップ(鉄)**

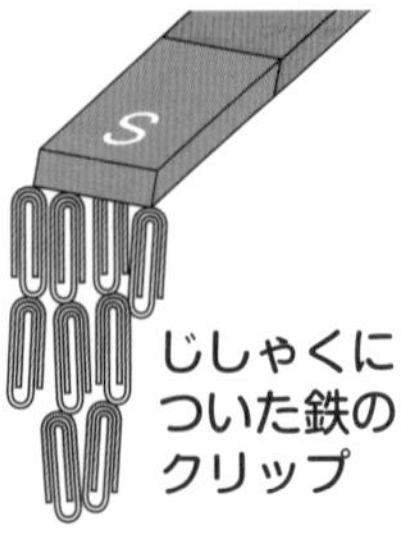

S

じしゃくに
ついた鉄の
クリップ

㉑

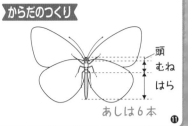

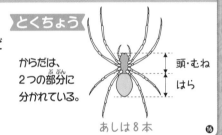

わくわくシール

まんてんシール

★1日の学習がおわったら、チャレンジシールをはろう。
★実力はんていテストがおわったら、まんてんシールをはろう。

チャレンジシール

くきのふしぎ

アサガオ

ヘチマ

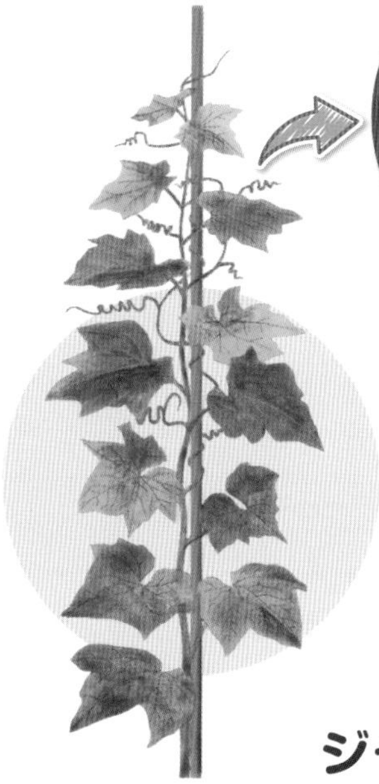

ヘチマのまきひげ

ジャガイモ

くきがつるのように曲《ま》がってのびて、ほかのものにまきつくよ。

くきの一部《いちぶ》が「まきひげ」というつるになって、ほかのものにまきつくよ。

ジャガイモは、土の中にあるけれど、じつはよう分をたくわえている「くき」なんだ。

葉のふしぎ

わたしたちが食べているのは、「葉《は》」によう分がたくわえられた部分《ぶぶん》だよ。

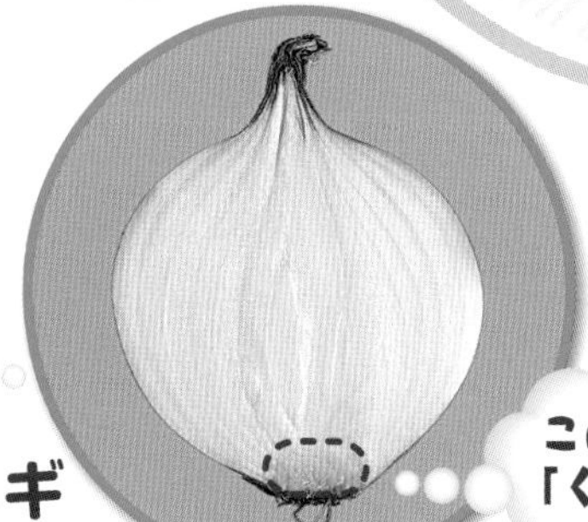

タマネギ

この部分が「くき」だよ。

カエデ

葉の色がかわるのは、葉のつけ根《ね》にかべができて、葉によう分がたまるためだよ。

物のふしぎ

しぎ

わたしたちが
食べているのは、
くきの部分で、
「レンコン」と
よばれているよ。

のふしぎ

葉が、明るさによって、
開いたりとじたりするよ。

カタバミ

葉が何かに
ふれると、おじぎを
しているように
なるよ。

わくわくポスター 理科 3年

植

サボテンのふしぎ

キンシャチ

とげの部分が葉で、
緑色《みどり》の部分がくき
だよ。

シャコバサボテン

花がさくものも
あるよ。

ウチワサボテン

いろいろな形を
しているね。

ドラゴンフルーツ

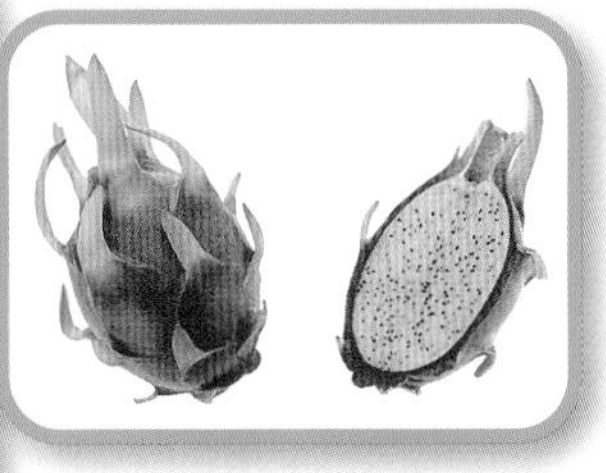

ドラゴンフルーツはサボテンの
なかまで、実《み》を食べているよ。

ハスのふ

動《うご》く植物

タンポポ

花が、明るさに
よって、開《ひら》いたり
とじたりするよ。

オジギソウ

いろな植物《しょくぶつ》

教科書ワーク

たねのふしぎ

風でとぶたね

カエデ

風を受《う》けやすいつくりをしているね。

タンポポ

人や動物につくたね

オオオナモミ

とげが人のふくや動物《どうぶつ》の毛につくよ。

アメリカセンダングサ

たねが遠くにはこばれると、めが出て、なかまをふやすことができるんだね。

根のふしぎ

サツマイモ

根《ね》によう分がたくわえられて、「いも」になっているよ。

水の中に根があるよ。

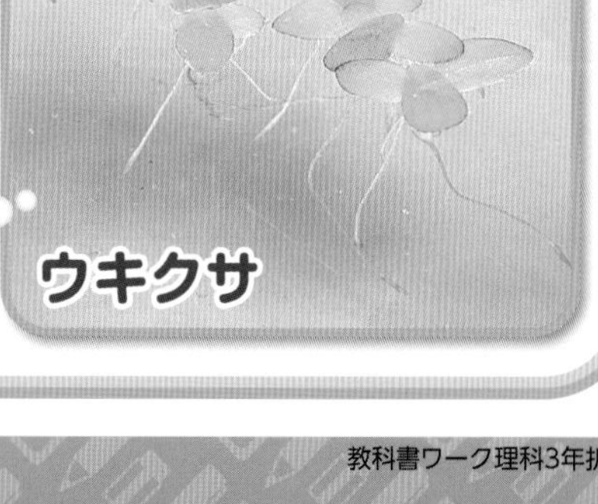

ウキクサ

教科書ワーク
もくじ

啓林館版
理科3年

動画　コードを読みとって、下の番号《ばんごう》の動《どう》画《が》を見てみよう。

●写真提供：アーテファクトリー，アフロ

勉強した日　　月　　日

生き物をさがそう

きほんのワーク

もくひょう
生き物をかんさつしたときの、きろくのしかたをかくにんしよう。

おわったらシールをはろう

教科書 8~17、176~180ページ たんけんシート　答え 1ページ

図を見て、あとの問いに答えましょう。

1 虫めがねの使《つか》い方

虫めがねを正しく使うと、かんさつするものを大きく見ることができるよ。

見るものが動かせるとき

虫めがねを①（ 目　見るもの ）の近くに持《も》ち、②（ 自分　見るもの ）を近づけたりはなしたりする。

見るものが動かせないとき

虫めがねを目の近くに持ち、③（ 自分　見るもの ）を近づけたりはなしたりする。

● ①～③の（　）のうち、正しいほうを⬭でかこみましょう。

2 生き物《もの》のかんさつ

① ［　　　　］　② ［　　　　］　③ ［　　　　］　④ ［　　　　］

生き物は、しゅるいによって色、形、大きさが⑤（ ちがう　同じ ）。

(1) ①～④の［　］に、生き物の名前をかきましょう。

(2) ⑤の（　）のうち、正しいほうを⬭でかこみましょう。

まとめ 〔 大きさ　虫めがね　場所《ばしょ》 〕からえらんで（　）にかきましょう。

●①（　　　　　）を使うと、かんさつするものが大きく見える。

●生き物によってすんでいる②（　　　　　）、色、形、③（　　　　　）などがちがう。

わくわくたんてい団　ハルジオンとヒメジョオンは、花や葉《は》の形がとてもにています。くきを切って見ると、ハルジオンはくきの中が空《から》っぽで、ヒメジョオンはくきの中がつまっています。

練習のワーク

教科書 8～17、176～180ページ たんけんシート　答え 1ページ

できた数　/10問中

おわったら シールを はろう

1 次《つぎ》の写真《しゃしん》は、校庭《こうてい》で見つけたいろいろな生き物です。あとの問いに答えましょう。

㋐

㋑

㋒

㋓

(1) ㋐～㋓の生き物の名前を、次の〔　〕からえらんで□にかきましょう。

〔 タンポポ　アブラナ　ナナホシテントウ　ダンゴムシ 〕

(2) 次のような生き物を㋐～㋓からえらんで、記号《きごう》をかきましょう。

① 落《お》ち葉《ば》の下で見つけた。さわると丸くなった。（　　）

② 葉のまわりがぎざぎざしていて、黄色の花がさいていた。（　　）

③ 高さが１ｍぐらいで、花には黄色の花びらが４まいあった。（　　）

2 校庭で生き物をかんさつして、右の図のようなきろくカードをつくりました。次の問いに答えましょう。

㋐	
4月 15日	3年 3組　大山えりこ

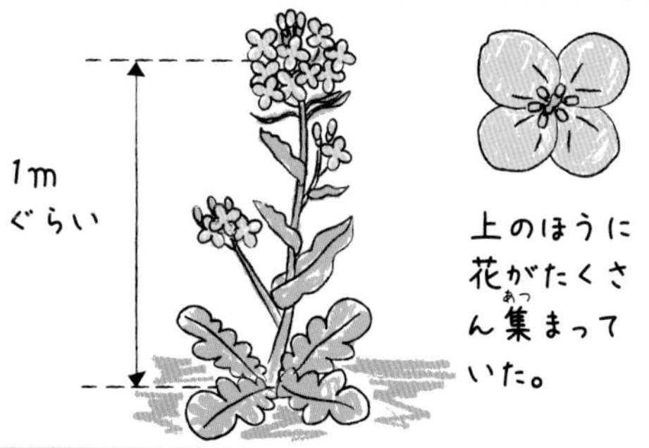
1m
ぐらい
上のほうに花がたくさん集《あつ》まっていた。

見つけた場所	校庭の花だん。
大きさ	高さは1mぐらい。
形	小さな花がたくさんついていた。
色	花の色は黄色。

緑色《みどりいろ》の細長いものがついていた。緑色だけれど、葉とは形がちがう。なんだろう？

(1) カードの㋐には、題名《だいめい》として、生き物の名前が入ります。何という名前が入りますか。（　　）

(2) 大きさをきろくするとき、どんなことに気をつけますか。正しいほうに○をつけましょう。

①（　　）実《じっ》さいの大きさでスケッチする。

②（　　）どこをはかったかをかく。

(3) 花のようすをかんさつするとき、大きく見えるようにするきぐを使いました。そのきぐを何といいますか。

（　　）

勉強した日　月　日

まとめのテスト

1　生き物をさがそう

とく点　/100点

おわったら シールを はろう

時間 20分

教科書 8～17、176～180ページ たんけんシート　答え 1ページ

1 生き物のかんさつ **いろいろな生き物のようすをかんさつしました。あとの問いに答えましょう。** 1つ4〔32点〕

㋐

㋑

㋒

㋓

(1)　㋐～㋓の生き物の名前を、下の〔　〕からえらんでかきましょう。

㋐(　　　　　)　㋑(　　　　　)
㋒(　　　　　)　㋓(　　　　　)

〔 ハルジオン　タンポポ　アブラナ　シロツメクサ　ナズナ
ナナホシテントウ　ダンゴムシ　モンシロチョウ 〕

(2)　次の文にあてはまる生き物を、㋐～㋓からえらびましょう。

①　せなかに黒い点が7こあった。　(　　)
②　花のみつをすっていた。　(　　)
③　白い花がさき、ハートの形の実《み》がついていた。　(　　)
④　高さが１ｍぐらいで、たくさんの花が集まってさいていた。　(　　)

SDGs **2** 生き物のかんさつ **生き物のかんさつについて、次の問いに答えましょう。** 1つ5〔20点〕

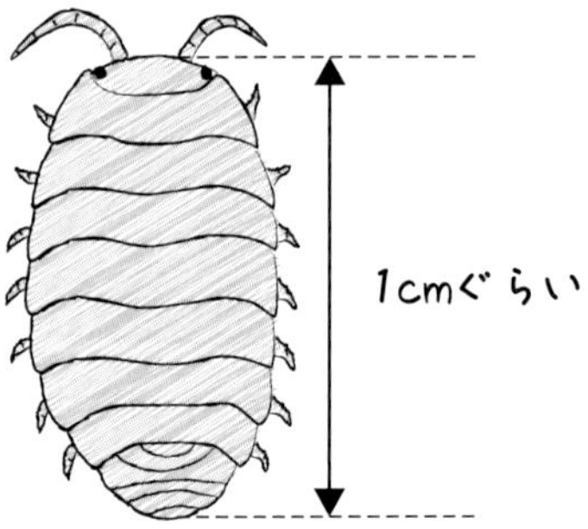

(1)　右の図は、校庭で見つけた生き物をかんさつしてかいたスケッチです。この生き物を何といいますか。　(　　　　)

(2)　生き物のかんさつをするときに注意《ちゅうい》することについて、次の文のうち、正しいものには○、まちがっているものには×をつけましょう。

①(　　)石などを動《うご》かしたときは、もとにもどす。
②(　　)生き物をむやみにつかまえたり、とったりしないようにする。
③(　　)つかまえた生き物は、もとの場所に返《かえ》す。

3 **きろくカードのかき方** **生き物をかんさつして、下の図のようにカードにきろくしました。次の問いに答えましょう。**

1つ4〔24点〕

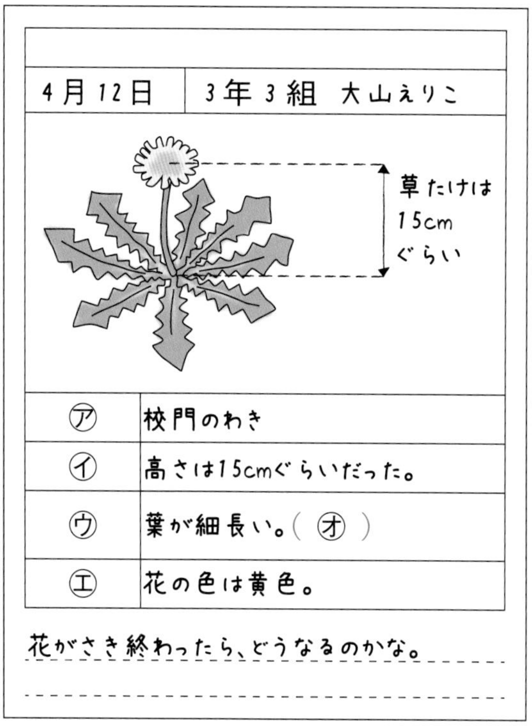

4月12日
3年3組 大山えりこ
草たけは
15cm
ぐらい
㋐ 校門のわき
㋑ 高さは15cmぐらいだった。
㋒ 葉が細長い。(㋔)
㋓ 花の色は黄色。
花がさき終わったら、どうなるのかな。

(1) 図の㋐～㋓にあてはまる言《こと》葉《ば》を、下の〔　〕からえらんでかきましょう。

㋐(　　　　　)　㋑(　　　　　)

㋒(　　　　　)　㋓(　　　　　)

〔 色　大きさ　天気　名前
見つけた場所　形　数 〕

(2) 図の㋔に入る葉のようすを、次のア～ウからえらびましょう。　(　　)

ア　べとべとしている。

イ　ぎざぎざしている。

ウ　丸くて3つに分かれている。

(3) 右のきろくカードは、いつもかかなければいけないことがかいてありません。それは何ですか。　(　　　　　　)

4 **虫めがねの使い方** **右の図の㋐、㋑は、虫めがねの使い方を表《あらわ》したもので、㋐は自分の体を動かし、㋑は見るものを動かしています。次の問いに答えましょう。**

1つ4〔24点〕

㋐
㋑

(1) 次の文の(　)にあてはまる言葉を、下の〔　〕からえらんでかきましょう。

虫めがねを使うと①(　　　　)いものが、②(　　　　)く見える。
目をいためるので、ぜったいに虫めがねで③(　　　　)を見てはいけない。

〔 虫　太陽《たいよう》　小さ　アブラナ　大き　タンポポ 〕

(2) 見たいものが動かせないとき、図の㋐、㋑のどちらのほうほうで虫めがねを使いますか。　(　　)

(3) 上の図の㋐、㋑について、虫めがねの正しい使い方を、それぞれ次のア～エからえらびましょう。　㋐(　　　)　㋑(　　　)

ア　虫めがねを目の近くに持ち、見るものを手に持って前後に動かす。

イ　虫めがねを見るものの近くに持ち、虫めがねを前後に動かす。

ウ　虫めがねを目の近くに持ち、虫めがねといっしょに自分の体を前後に動かす。

エ　虫めがねを見るものの近くに持ち、自分の体だけ前後に動かす。

勉強した日　　月　　日

1　たねまき

もくひょう
たねのようす、たねからめが出たようすのちがいをかくにんしよう。

おわったらシールをはろう

きほんのワーク

教科書 18～25、181ページ　答え 2ページ

図を見て、あとの問いに答えましょう。

1 たねのかんさつ、たねのまき方

①［　　　　］のたね　　②［　　　　］のたね

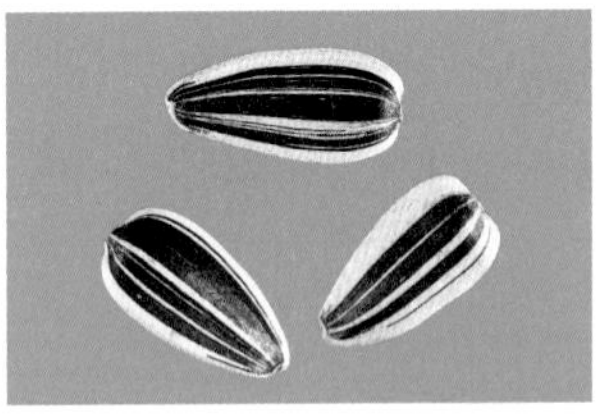

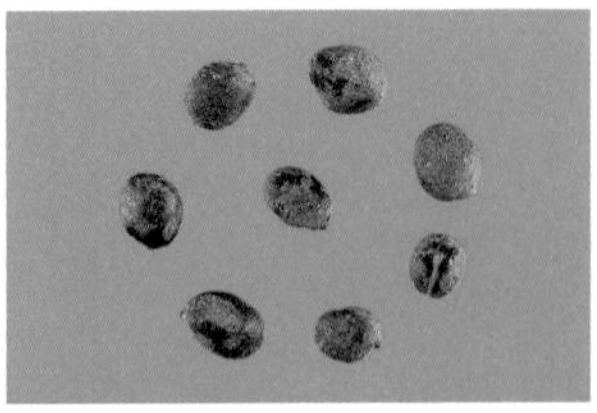

ホウセンカのたねは2mmぐらい、ヒマワリのたねは1cmぐらいの大きさだよ。

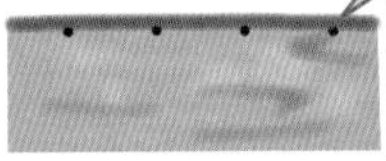

③（大きい　小さい）たねは、ちょくせつ土にまき、土をうすくかける。

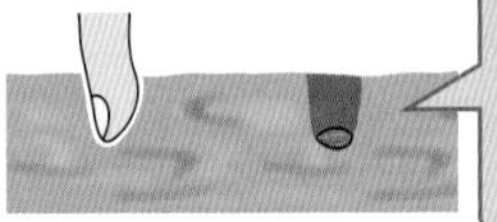

④（大きい　小さい）たねは、指《ゆび》であなをあけて入れ、土をかける。

(1)　①、②の［　］にあてはまる植物《しょくぶつ》の名前を、次の〔　〕からえらんでかきましょう。

〔　ホウセンカ　　ヒマワリ　〕

(2)　③、④の（　）のうち、正しいほうを◯でかこみましょう。

2 めが出た後のようす

ホウセンカのめが出た後

①［　　　　］

②［　　　　］

①と②の形や大きさは③（ちがう　同じ）。

(1)　①、②の［　］にあてはまる言葉をかきましょう。

(2)　③の（　）のうち、正しいほうを◯でかこみましょう。

まとめ　〔　草たけ　葉　子葉《しよう》　〕からえらんで（　）にかきましょう。

- 植物は、たねをまくと、めが出て、はじめに①（　　　　）が出てくる。
- ①の後に②（　　　　）が出て広がり、③（　　　　）がのびていく。

わくわくたんてい団

ヒマワリやオクラは、めが出た後に大きく育《そだ》つので、ホウセンカのときよりたねどうしをはなしてまきます。そうしないと、少し大きくなったとき、ぶつかり合ってしまいます。

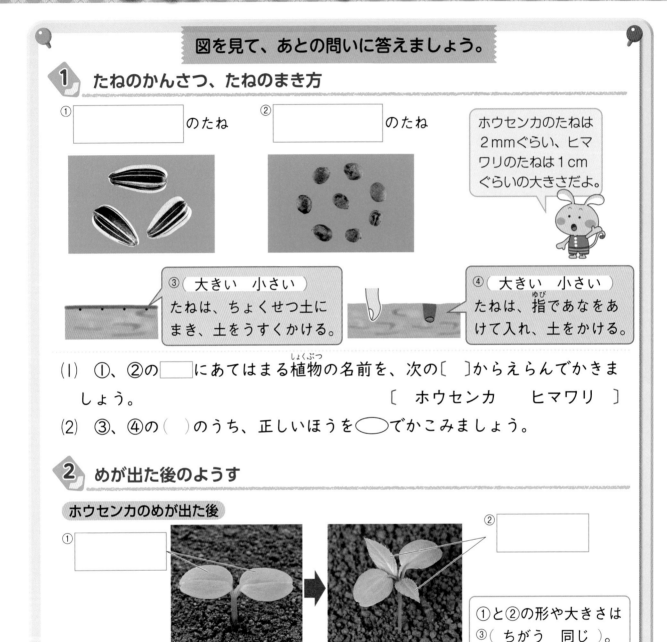

練習のワーク

できた数　/7問中

おわったら シールを はろう

教科書　18〜25、181ページ　答え　2ページ

1　次の図は、ホウセンカが育つようすです。あとの問いに答えましょう。

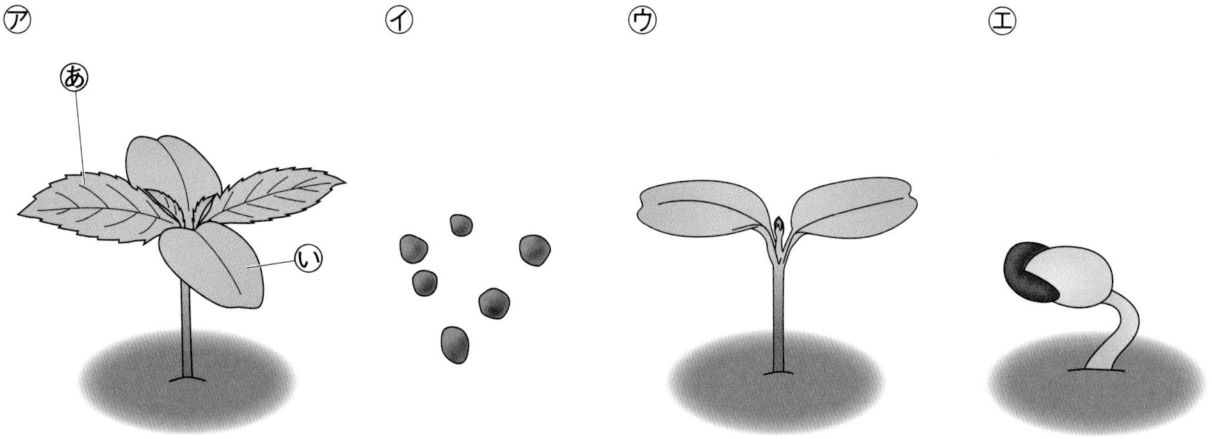

(1)　ホウセンカのように小さなたねをまくとき、どのようにしますか。次のア、イからえらびましょう。（　　）

ア　指であなをあけてたねを入れ、土をかける。

イ　ちょくせつ土にまき、土をうすくかける。

(2)　ホウセンカが育つじゅんに、㋐〜㋓をならべましょう。

（　　→　　→　　→　　）

(3)　あ、いのうち、はじめに出たのはどちらですか。（　　）

(4)　いを何といいますか。（　　）

2　草たけのはかり方ときろくのまとめ方について、次の問いに答えましょう。

(1)　次の文の（　）にあてはまる言葉を、下の〔　〕からえらんでかきましょう。

草たけをはかるときは、①（　　　　）から、いちばん上の葉の②（　　　　）までの高さを、いつも同じはかり方ではかる。

〔　根《ね》　地面《じめん》　先　つけ根　〕

(2)　紙テープを草たけと同じ長さに切り、紙にはってグラフのようにまとめることにしました。右の図の㋐と㋑のまとめ方のうち、正しいほうに○をつけましょう。

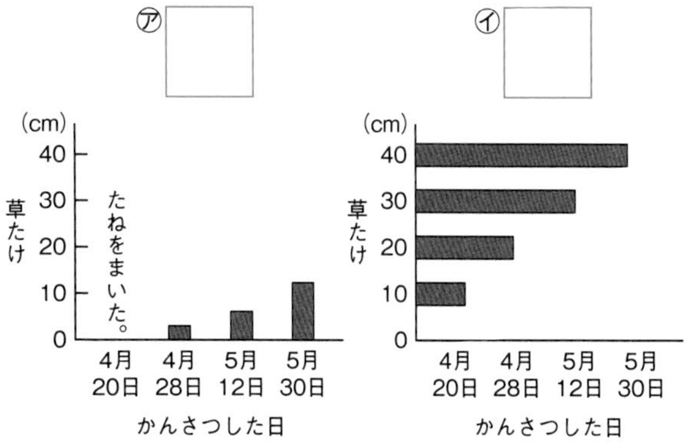

勉強した日　　月　　日

まとめのテスト

2　たねをまこう

とく点　　/100点

おわったら シールを はろう

時間 20分

教科書　18〜25、181ページ　　答え　2ページ

1 **植物のすがた** 次の写真は、しゅるいがちがう２つの植物のたね、子葉、花のようすです。あとの問いに答えましょう。　1つ8〔32点〕

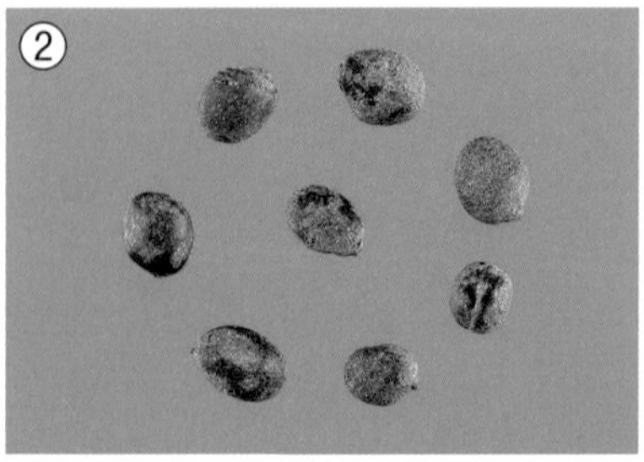

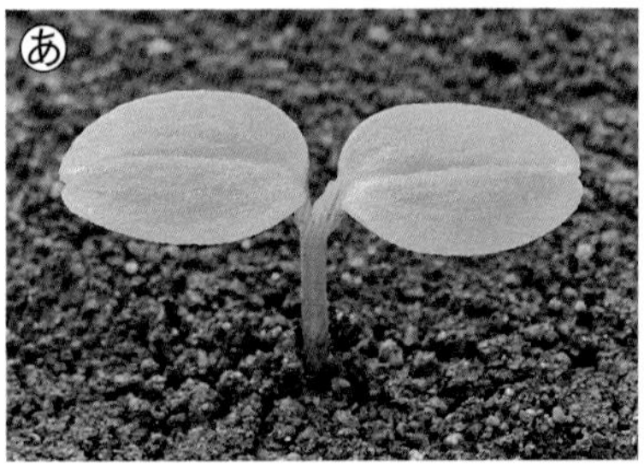

(1)　上の写真の㋐と㋑の植物の名前を、下の〔　〕からえらんでかきましょう。

㋐(　　　　　　)　㋑(　　　　　　)

〔　ヒマワリ　　ホウセンカ　〕

チャレンジ!

(2)　①と②、あといい、㋐と㋑のそれぞれについて、同じ植物どうしを線でむすびましょう。

よく出る 2 めが出た後のようす

右の図のホウセンカとヒマワリについて、次の問いに答えましょう。　1つ6〔36点〕

㋐

㋑

(1) ホウセンカ、ヒマワリのようすを、右の㋐、㋑からえらびましょう。

ホウセンカ（　　　）

ヒマワリ（　　　）

(2) はじめに出てくる[あ]、[い]を何といいますか。　（　　　　　）

(3) 次の文のうち、正しいほうに○をつけましょう。

①（　　　）[あ]と[い]は同じぐらいの大きさで、同じ形をしている。

②（　　　）[あ]や[い]の後に出てくる葉は、[あ]や[い]とちがう形をしている。

(4) ホウセンカなどの小さなたねをまくときと、ヒマワリなどの大きなたねをまくときのまき方を、それぞれ次の㋐、㋑からえらびましょう。

ホウセンカ（　　　）　ヒマワリ（　　　）

㋐ ちょくせつ土にまいて、土をうすくかける。

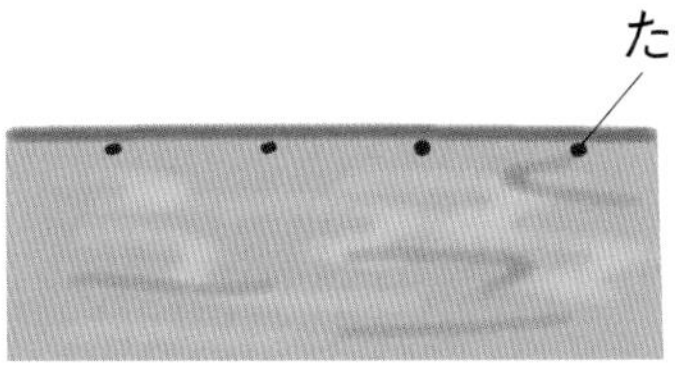

㋑ 指であなをあけてたねを入れて、土をかける。

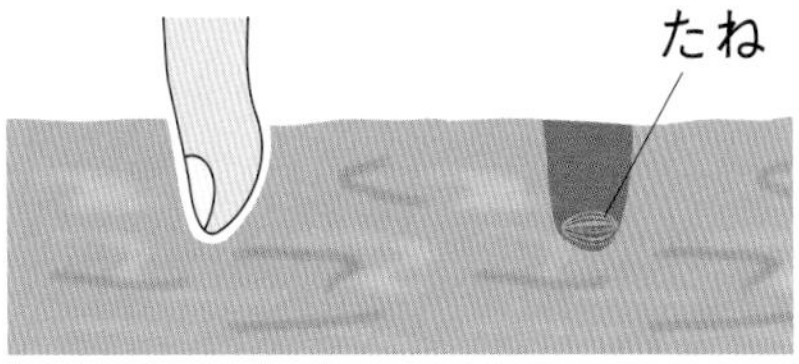

3 かんさつきろく

ホウセンカのめが出て、育ち始(はじ)めた後、草たけをはかり、けっかを右のグラフのようにまとめました。次の問いに答えましょう。　1つ8〔32点〕

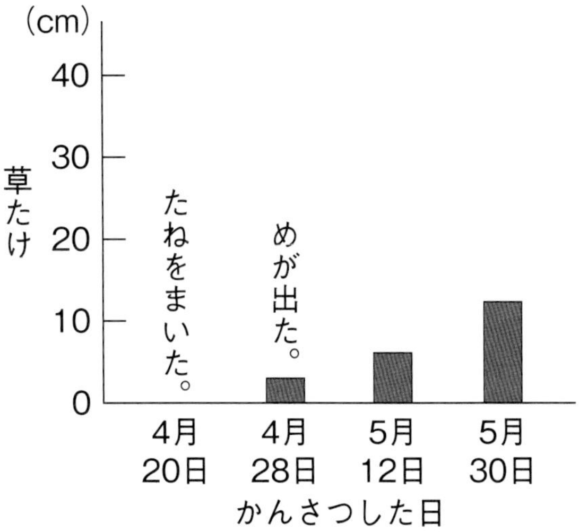

(1) 草たけは日がたつにつれて、どのようにかわりましたか。

（　　　　　）

(2) 4月28日にめが出たとき、さいしょの葉は2まいでした。(1)のように草たけがかわるとともに、葉の数や葉の大きさはどのようにかわりましたか。

葉の数（　　　　　）　葉の大きさ（　　　　　）

(3) 草たけをはかるとき、どのようにしますか。正しいほうに○をつけましょう。

①（　　　）いつも同じほうほうではかる。

②（　　　）少しずつくふうしてかえていく。

勉強した日　　月　　日

1　チョウの育ち①

もくひょう
チョウはたまごからかえってどのように育つか、かくにんしよう。

おわったらシールをはろう

きほんのワーク

教科書　26～31ページ　答え　3ページ

図を見て、あとの問いに答えましょう。

1 たまごからよう虫《ちゅう》へ

モンシロチョウは①［　　　］の葉にたまごをうむ。

たまごからかえったよう虫は、はじめに②［　　　］を食べる。

大きさは、③（ 1　10 ）mmぐらい。

たまごが④（ こい　うすい ）黄色になり、やがてよう虫がかえる。

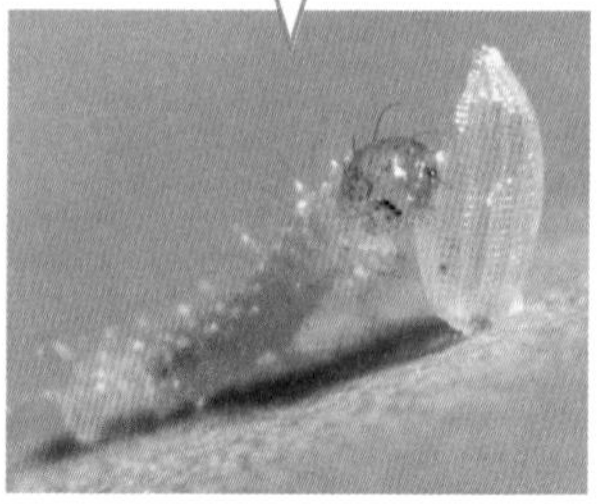

(1)　①、②の［　］にあてはまる言葉をかきましょう。

(2)　③、④の（　）のうち、正しいほうを◯でかこみましょう。

2 よう虫の食べ物《もの》と育ち

モンシロチョウのよう虫の食べ物

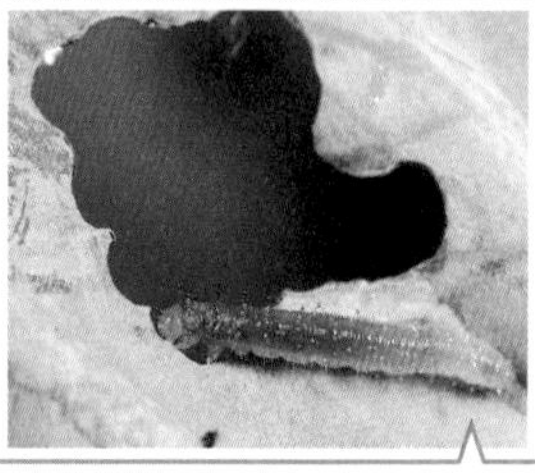

よう虫は、①［　　　］の葉を食べて育つ。

モンシロチョウのよう虫の育ち

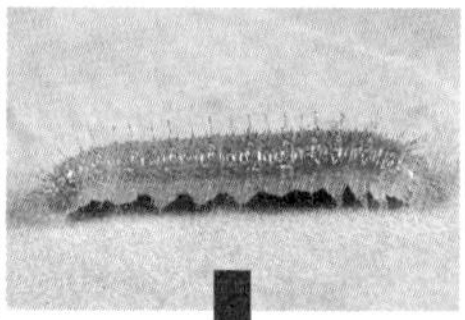

よう虫は、皮《かわ》をぬぐたびに体が②（ 大きく　小さく ）なる。

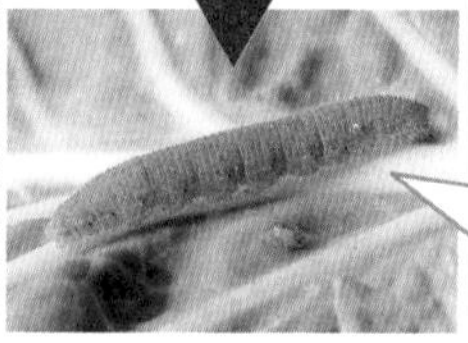

よう虫は、体が大きくなるたびに、食べるえさのりょうや出す③［　　　］のりょうが多くなる。

● ①、③の［　］にあてはまる言葉をかきましょう。また、②の（　）のうち、正しいほうを◯でかこみましょう。

まとめ　〔 キャベツ　皮　から 〕からえらんで（　）にかきましょう。

● よう虫は、たまごの①（　　　　）を食べ、その後②（　　　　）の葉を食べる。

● よう虫は、③（　　　　）をぬぐたびに体が大きくなる。

わくわくたんてい団　チョウはしゅるいによって、よう虫のときに食べる葉がちがいます。モンキチョウはシロツメクサの葉、アゲハ（ナミアゲハ）はミカンやサンショウの葉を食べます。

練習のワーク

教科書　26～31ページ　　答え　3ページ

できた数　　/11問中

おわったら シールを はろう

1　モンシロチョウやアゲハのたまごについて、次の問いに答えましょう。

(1)　右の図の㋐、㋑は何のたまごですか。下の〔　〕からそれぞれえらんで□にかきましょう。

〔　モンシロチョウ　　アゲハ　〕

㋐

□のたまご

㋑

□のたまご

(2)　モンシロチョウやアゲハのたまごを見つけることができるところを、次のア～ウからそれぞれえらびましょう。

モンシロチョウ（　　　）　アゲハ（　　　）

ア　ミカンの葉　　イ　キャベツの葉

ウ　アブラナの花びら

チョウは、よう虫のえさになるところにたまごをうむよ。

(3)　モンシロチョウやアゲハのたまごの大きさはどれぐらいですか。次のア～エからえらびましょう。（　　　）

ア　1mm　　イ　5mm　　ウ　1cm　　エ　2cm

2　右の図のような入れ物《もの》にモンシロチョウのたまごがついた葉を入れておいたところ、よう虫がかえりました。次の問いに答えましょう。

しめらせた
ティッシュペーパー

(1)　入れ物はどんなところにおきましたか。正しいほうに○をつけましょう。

①（　　　）太陽《たいよう》の光がちょくせつ当たるところ

②（　　　）太陽の光がちょくせつ当たらないところ

(2)　次の①、②のときのたまごの色を、ア～エからそれぞれえらびましょう。

①　うみつけられたばかり（　　　）　②　よう虫がかえるころ（　　　）

ア　うすい青色　　イ　こい緑色　　ウ　うすい黄色　　エ　こい黄色

(3)　よう虫がかえった後のようすについて、次の①～③に答えましょう。

①　あたえるえさは、何の葉ですか。（　　　）

②　よう虫が育つと、入れ物の中に黒っぽいつぶが見られるようになりました。この黒っぽいつぶは何ですか。（　　　）

③　よう虫の体が大きくなるすぐ前にいつも見られるのは、よう虫が何をすることですか。（　　　）

勉強した日　　月　　日

1　チョウの育ち②

もくひょう
チョウがさなぎからせい虫になるようすをかくにんしよう。

おわったらシールをはろう

きほんのワーク

教科書 32～34ページ　答え 3ページ

図を見て、あとの問いに答えましょう。

1 よう虫からさなぎへ

モンシロチョウ

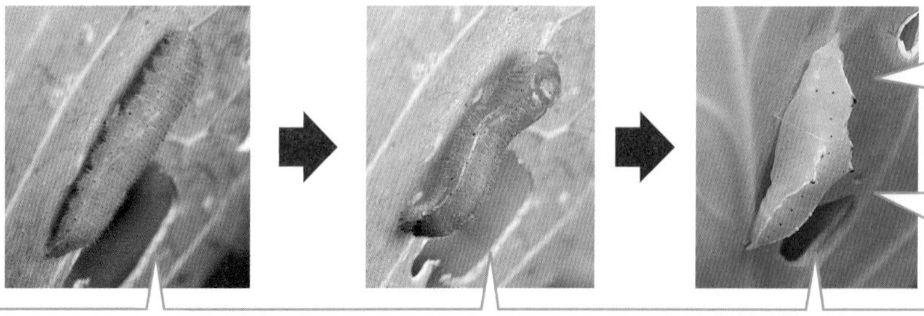

このとき、えさを
④（ 食べる　食べない ）。

このとき、
⑤（ 動く　動かない ）。

体に ①[　　] をかけ、②[　　] をぬいで、③[　　] になる。

(1) ①～③の[　]にあてはまる言葉をかきましょう。

(2) ④、⑤の（　）のうち、正しいほうを◯でかこみましょう。

2 さなぎからせい虫《ちゅう》へ

モンシロチョウ

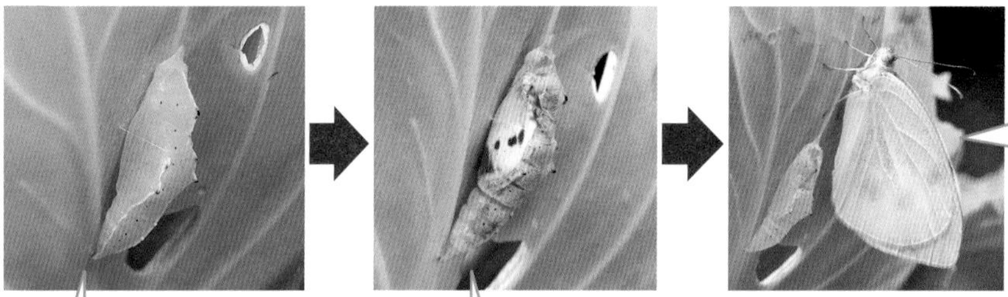

形や大きさは
①（ かわる　かわらない ）。

色がかわり、中のはねがすけて見える。

さなぎから出てきた
②[　　]
は③[　　]が
のびるまでじっとしている。

(1) ①の（　）のうち、正しいほうを◯でかこみましょう。

(2) ②、③の[　]にあてはまる言葉をかきましょう。

まとめ　〔 たまご　せい虫　さなぎ　よう虫 〕からえらんで（　）にかきましょう。

● チョウのなかまは、①（　　　　）→②（　　　　）→③（　　　　）
→④（　　　　）のじゅんに育つ。

わくわくたんてい団
さなぎの中でせい虫の体がつくられ、さなぎの皮を通してせい虫のはねのもようがすけて見えるようになります。せい虫は、さなぎの皮を自分でやぶって出てきます。

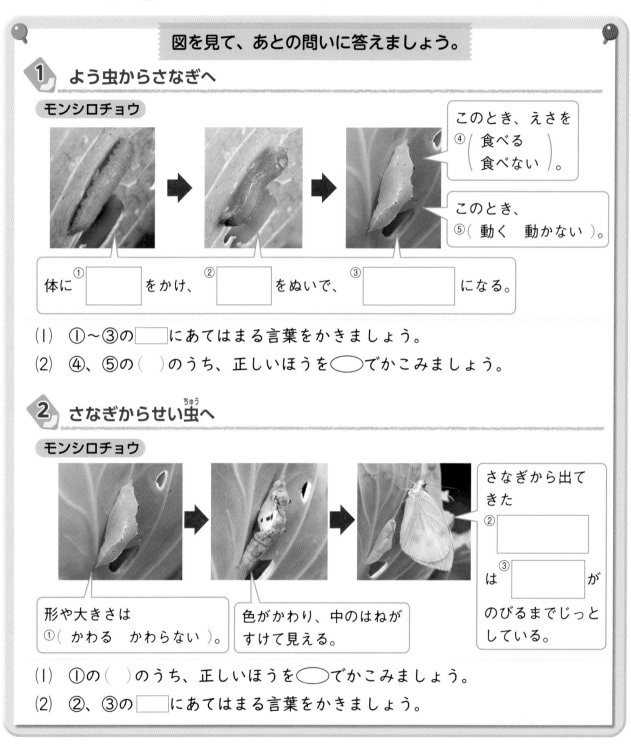

練習のワーク

教科書　32～34ページ　答え　3ページ

できた数　/10問中

おわったら シールを はろう

1　チョウがよう虫からさなぎになるときのようすについて、次の問いに答えましょう。

モンシロチョウのさなぎ

アゲハのさなぎ

(1)　よう虫からさなぎになるときのじゅんに、ア～ウをならべましょう。

(　　→　　→　　)

ア　さなぎのすがたになる。

イ　体に糸をかけて、葉やくきに体をとめる。

ウ　皮をぬぐ。

(2)　さなぎのようすについて、正しいものには○、まちがっているものには×をつけましょう。

①(　　)じっとして動かない。　②(　　)ときどき動いてえさを食べる。

③(　　)えさをまったく食べない。

2　チョウのさなぎやせい虫について、次の問いに答えましょう。

(1)　さなぎの形や大きさ、色について、正しいものには○、まちがっているものには×をつけましょう。

①(　　)ずっと形や大きさがかわらない。

②(　　)だんだんとせい虫に形がにてくる。

③(　　)色はずっと緑色のままでかわらない。

④(　　)だんだんと色がかわり、はねのもようがすけて見えるようになる。

じっとしている間に、さなぎの皮の中で、せい虫の体がつくられているよ。

(2)　さなぎからせい虫へのかわり方を、ア～ウからえらびましょう。(　　)

ア　さなぎからあしやはねが出てせい虫になる。

イ　さなぎの形がかわり、せい虫のすがたになる。

ウ　さなぎの皮をやぶってせい虫が出てくる。

(3)　右の写真で、せい虫になったばかりのアゲハは、何をしていますか。ア～エからえらびましょう。(　　)

ア　すぐにとぼうとしている。

イ　はねがのびるまでじっとしている。

ウ　さなぎの皮を食べている。

エ　たまごをうんでいる。

勉強した日　月　日

2　チョウの体のつくり

きほんのワーク

もくひょう
チョウのせい虫について、体のつくりをかくにんしよう。

おわったらシールをはろう

教科書　35～39ページ　答え　3ページ

図を見て、あとの問いに答えましょう。

1　チョウのせい虫の体のつくり

モンシロチョウ

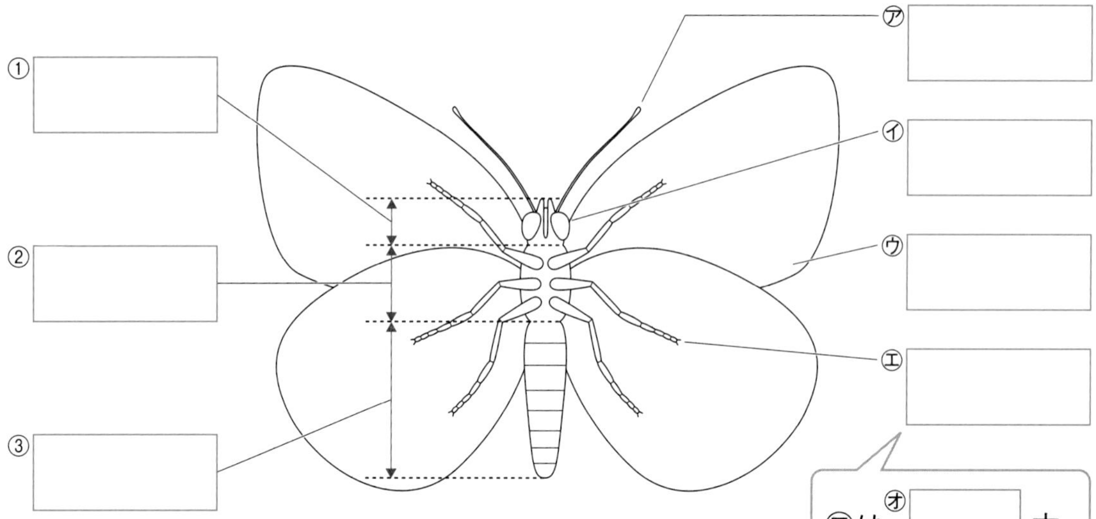

㋓は㋔　本。

チョウのように、せい虫の体が①・②・③の３つの部分《ぶぶん》からできていて、②に㋓が㋔本あるなかまを㋕　という。

(1)　チョウのせい虫の体は3つの部分からできています。それぞれの名前を、①～③の　にかきましょう。

(2)　①にある㋐と㋑、②にある㋒と㋓の名前を、それぞれ　にかきましょう。

(3)　㋔、㋕の　にあてはまる数字や名前をかきましょう。

(4)　上の図で、頭《あたま》を赤色、むねを黄色、はらを青色に、色えんぴつでぬりましょう。

まとめ　〔　しょっ角　こん虫　口　〕からえらんで(　)にかきましょう。

- 体が頭・むね・はらからでき、むねに６本のあしがある生き物を①(　　　)という。
- チョウの頭には、目や②(　　　)や③(　　　)がある。

わくわくたんてい団
多くのこん虫には、むねに4まいのはねがあります。しかし、ハエのようにはねが2まいのこん虫や、アリのようにはねがないこん虫もいます。

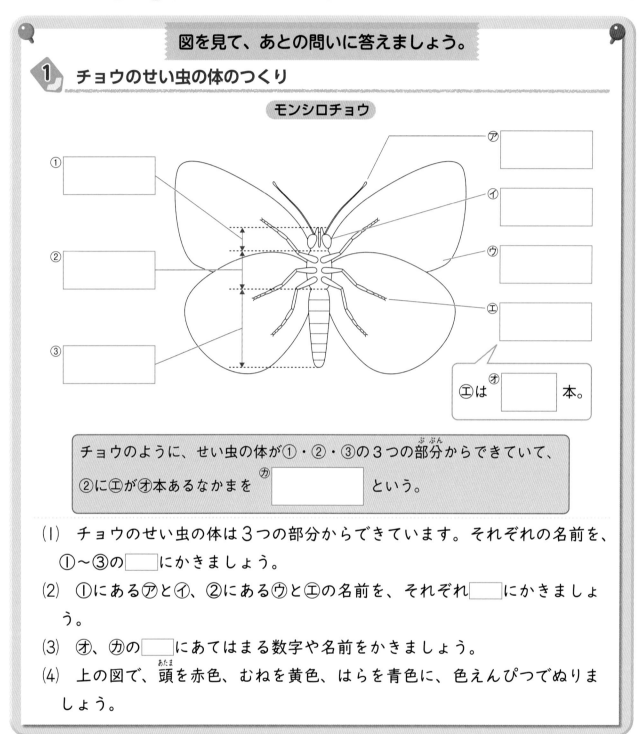

練習のワーク

教科書　35～39ページ　答え　3ページ

できた数　/18問中

おわったらシールをはろう

1 **右の図は、アゲハのせい虫の体のつくりを表《あらわ》したものです。次の問いに答えましょう。**

アゲハ

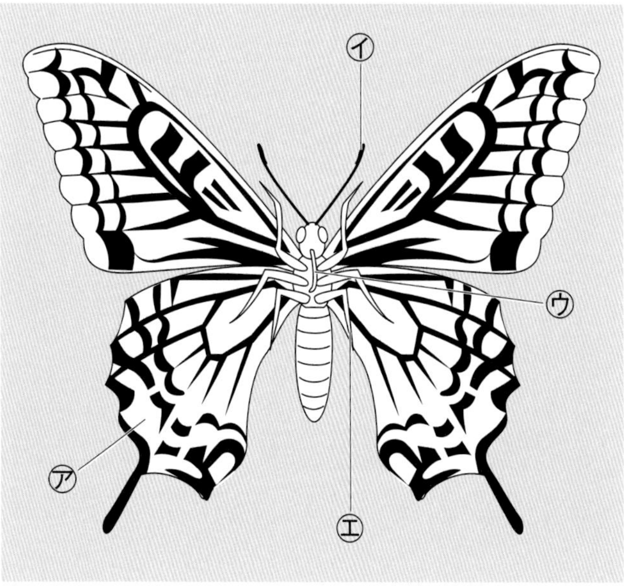

(1)　㋐～㋓を、それぞれ何といいますか。

㋐(　　　　)
㋑(　　　　)
㋒(　　　　)
㋓(　　　　)

(2)　あしは、体のどこについていますか。　(　　　　)

(3)　あしは、何本ありますか。

(　　　　)

(4)　はねは、体のどこについていますか。　(　　　　)

(5)　㋒のはたらきを、次のア～ウからえらびましょう。　(　　　)

ア　花のみつをすう。

イ　身《み》の回りのようすを感《かん》じる。

ウ　ものを見る。

頭には、口・目・しょっ角などがあるよ。

(6)　次の文の(　)にあてはまる言葉をかきましょう。

モンシロチョウやアゲハのせい虫の体は、頭・むね・①(　　　　)の3つの部分からできていて、②(　　　　)に6本のあしがある。このような体のつくりの生き物を③(　　　　)という。

2 **右の図はチョウのせい虫の体のつくりを横《よこ》から見たところです。次の問いに答えましょう。**

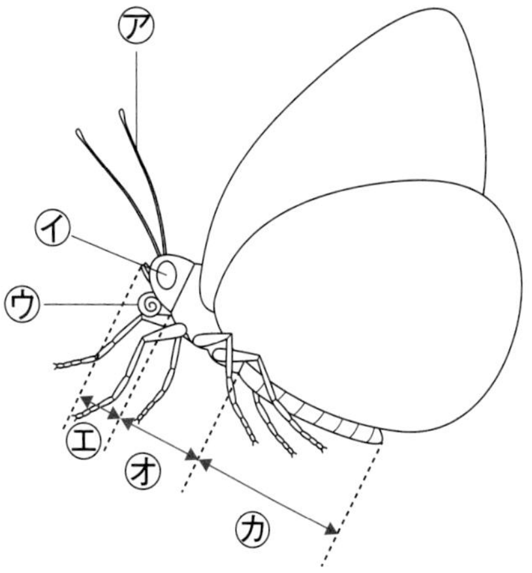

(1)　㋐～㋒を、それぞれ何といいますか。

㋐(　　　　)　㋑(　　　　)

㋒(　　　　)

(2)　㋓～㋕の部分を、それぞれ何といいますか。

㋓(　　　　)　㋔(　　　　)

㋕(　　　　)

(3)　㋕に見られるのは、何というつくりですか。　(　　　　)

勉強した日　　月　　日

まとめのテスト①

3　チョウを育てよう

とく点　　/100点

おわったら シールを はろう

時間 20分

教科書 26～39ページ　答え 4ページ

1 チョウのたまご モンシロチョウやアゲハのたまごは、どんな植物で見つけることができますか。次の㋐～㋒からえらびましょう。　1つ5〔10点〕

モンシロチョウ（　　　）　アゲハ（　　　）

㋐ミカン

㋑タンポポ

㋒キャベツ

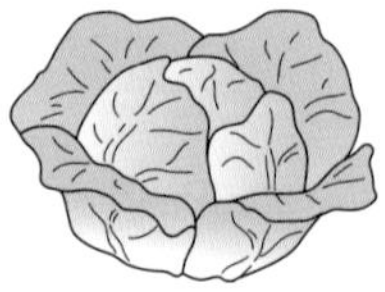

2 よう虫のかんさつ 右の図は、たまごからかえったばかりのモンシロチョウのよう虫のようすです。次の問いに答えましょう。　1つ5〔10点〕

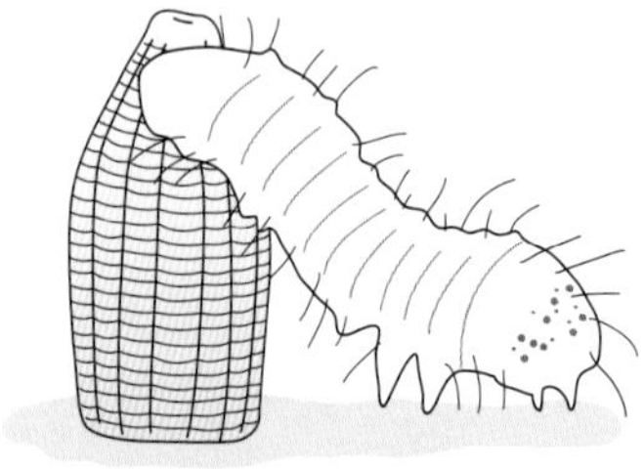

作図・ ⑴　たまごから出てきたばかりのよう虫は、どんな色をしていますか。右の図に色をぬりましょう。

⑵　よう虫が、たまごから出てきてはじめに食べるものは何ですか。（　　　　　）

3 よう虫の育て方 右の図のような入れ物で、モンシロチョウのよう虫を育てます。次の問いに答えましょう。　1つ5〔10点〕

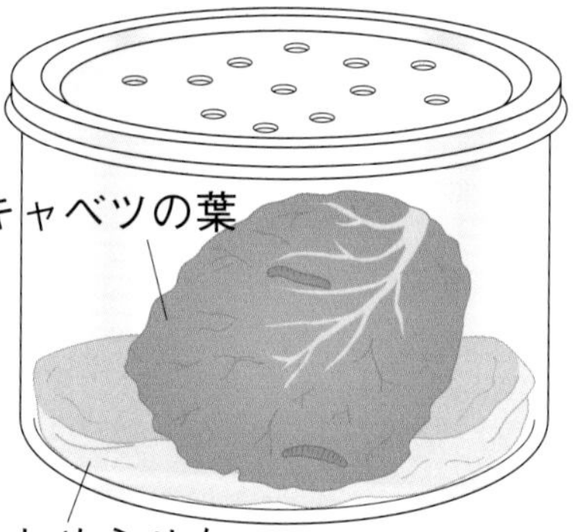
キャベツの葉
しめらせたティッシュペーパー

⑴　入れ物に入れる葉は、いつ新しい葉にかえますか。正しいものに○をつけましょう。

①（　　）しおれる前にかえる。

②（　　）食べ終わったらかえる。

③（　　）さなぎになるまでかえない。

⑵　よう虫を新しい葉にうつすときは、どのようにすればよいですか。正しいものに○をつけましょう。

①（　　）よう虫をピンセットでつまんでうつす。

②（　　）よう虫を指でつまんでうつす。

③（　　）よう虫がついた葉ごとつまんでうつす。

よく出る **4** **チョウの育ち** **次の写真は、モンシロチョウの4つのすがたです。あとの問いに答えましょう。**

1つ5〔30点〕

㋐

㋑

㋒

㋓

(1) ㋐はたまごです。㋑〜㋓のすがたを、それぞれ何といいますか。

㋑(　　　　　　) ㋒(　　　　　　) ㋓(　　　　　　)

(2) ㋐をさいしょとして、㋑〜㋓をモンシロチョウが育つじゅんにならべましょう。

(㋐ →　　　 →　　　 →　　　)

(3) 次の①、②の文にあてはまるのは、㋑〜㋓のどのすがたのときですか。

① 何も食べないで、じっとしている。　(　　　)

② 4回皮をぬいで、大きく育っていく。　(　　　)

よく出る **5** **チョウのせい虫の体のつくり** **次の図は、モンシロチョウのせい虫の体のつくりです。あとの問いに答えましょう。**

1つ5〔40点〕

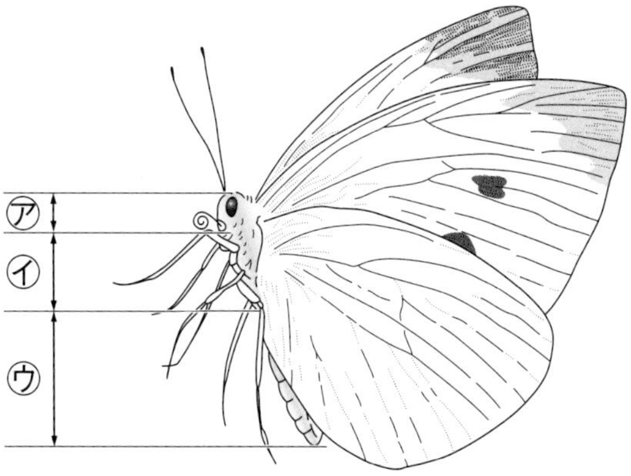

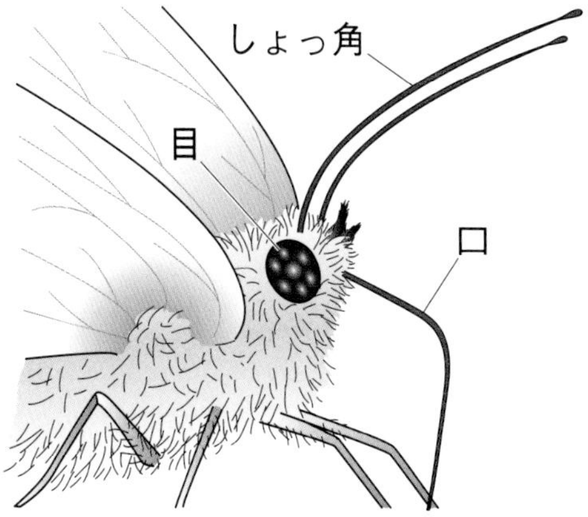

(1) モンシロチョウのせい虫の体は、上の左の図の㋐〜㋒の3つの部分からできています。それぞれ何といいますか。

㋐(　　　　　　) ㋑(　　　　　　) ㋒(　　　　　　)

(2) モンシロチョウのあしとはねは、体の何という部分についていますか。

あし(　　　　　　) はね(　　　　　　)

(3) モンシロチョウのあしは、何本ありますか。　(　　　　　　)

(4) (1)のような体と(2)、(3)のようなあしのとくちょうがある生き物のなかまを何といいますか。　(　　　　　　)

(5) 上の右の図のしょっ角・目・口のうち、花のみつをすうところはどこですか。

(　　　　　　)

まとめのテスト②

3　チョウを育てよう

とく点

/100点

おわったら シールを はろう

時間 20分

教科書　26～39ページ　答え　4ページ

1 モンシロチョウの育ち　次の図は、モンシロチョウの育っていくようすを表したものです。あとの問いに答えましょう。　1つ3〔21点〕

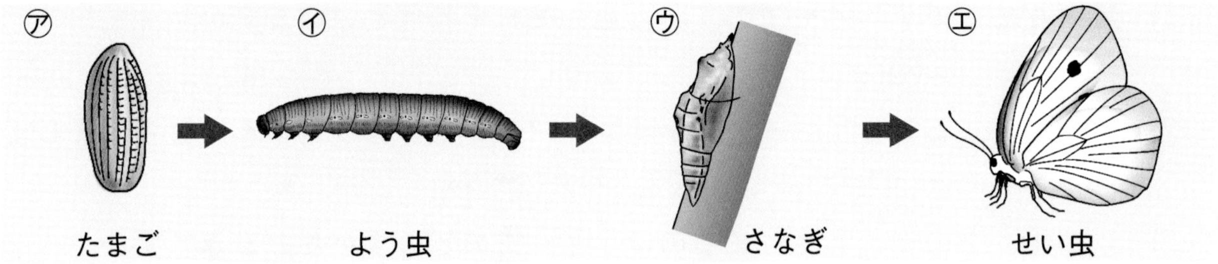

(1)　次の①～④の文は、上の図の㋐～㋓のどのときのようすについてかいたものですか。記号で答えましょう。

①　皮をぬいで大きく育っていく。　（　　　）

②　大きさが１mmぐらいで、黄色い色をしている。　（　　　）

③　体が頭・むね・はらの３つの部分からできていて、むねにあしが６本ある。　（　　　）

④　体に糸をかけて植物などにくっつけて、動かない。　（　　　）

(2)　㋑～㋓のときの食べ物を、次のア～オからそれぞれえらびましょう。

㋑（　　　）　㋒（　　　）　㋓（　　　）

ア　花のみつ　　イ　木の実　　ウ　ミカンの葉

エ　キャベツの葉　　オ　何も食べない。

2 アゲハの育ち　次の図は、アゲハの育つようすを表したものです。あとの問いに答えましょう。　1つ4〔24点〕

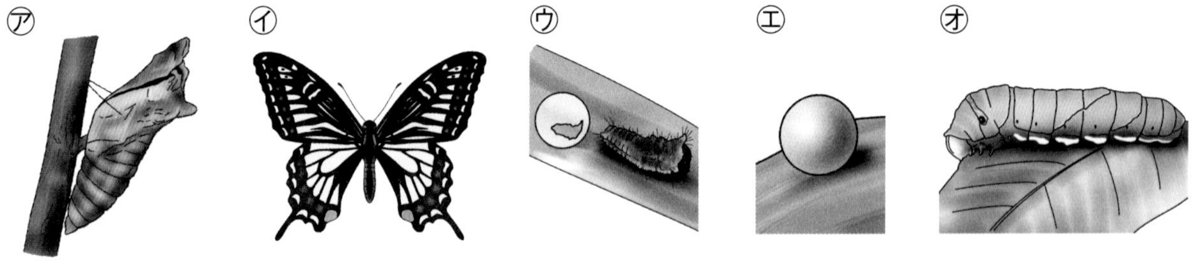

(1)　㋐～㋔のときを、それぞれ何といいますか。　㋐（　　　）

㋑（　　　）　㋒（　　　）　㋓（　　　）　㋔（　　　）

チャレンジ！

(2)　㋓をさいしょとして、㋐～㋒、㋔を、アゲハが育つじゅんにならべましょう。

（㋓ →　　　→　　　→　　　→　　　）

3 モンシロチョウの育ち **モンシロチョウについてかいた次の文のうち、正しいものには○を、まちがっているものには×をつけましょう。** 1つ3〔18点〕

①(　　　)よう虫は、たまごから出てすぐ、えさとなる葉を食べる。

②(　　　)よう虫は、たまごから出てすぐ、たまごのからを食べる。

③(　　　)よう虫は皮をぬいで大きく育つ。

④(　　　)よう虫の間は、体の大きさはかわらない。

⑤(　　　)さなぎはえさを食べない。

⑥(　　　)さなぎにあしやはねがはえてせい虫になる。

よく出る

4 モンシロチョウのせい虫の体のつくり **次の図は、モンシロチョウのせい虫の体のつくりを表したものです。あとの問いに答えましょう。** 1つ3〔27点〕

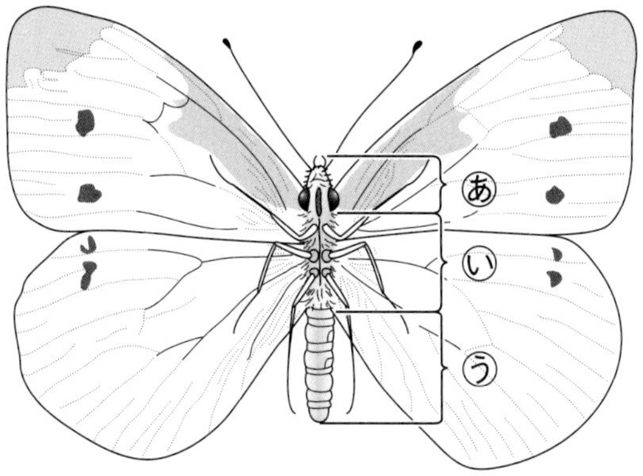

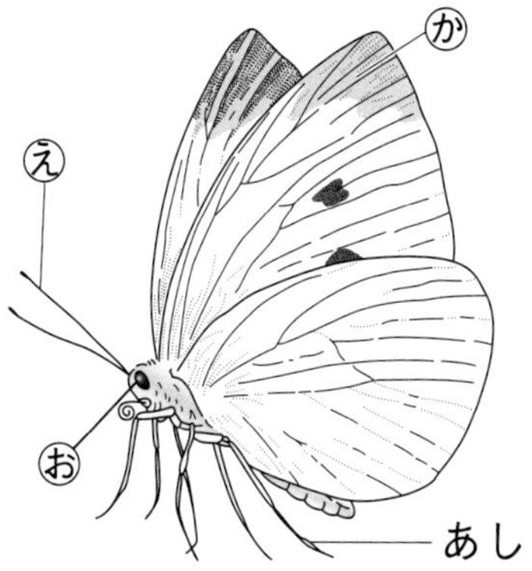

(1)　モンシロチョウのせい虫の体は、あ～うの3つの部分からできています。それぞれ何といいますか。

あ(　　　　　　　)　い(　　　　　　　)　う(　　　　　　　)

(2)　上の右の図のえ～かを、それぞれ何といいますか。

え(　　　　　　　)　お(　　　　　　　)　か(　　　　　　　)

(3)　次の文の(　)にあてはまる言葉や数字をかきましょう。

モンシロチョウのせい虫は、体が3つの部分からできていて、あしは①(　　　　　)に②(　　　　　)本ある。このような体のつくりをもつなかまを③(　　　　　)という。

5 こん虫のせい虫のとくちょう **次の文のうち、こん虫のせい虫の体についてかいたものに2つ○をつけましょう。** 1つ5〔10点〕

①(　　　)体が、頭・むね・はらの3つの部分からできている。

②(　　　)体が、頭・はらの2つの部分からできている。

③(　　　)あしが、はらに4本ある。

④(　　　)あしが、はらに6本ある。

⑤(　　　)あしが、むねに6本ある。

勉強した日　　月　　日

1　植物が育つようす
2　植物の体のつくり

きほんのワーク

もくひょう
植物が育つようすや、植物の体のつくりをかくにんしよう。

おわったら シールを はろう

教科書　40～45ページ　　答え　5ページ

図を見て、あとの問いに答えましょう。

1　植物の育ち

ホウセンカ

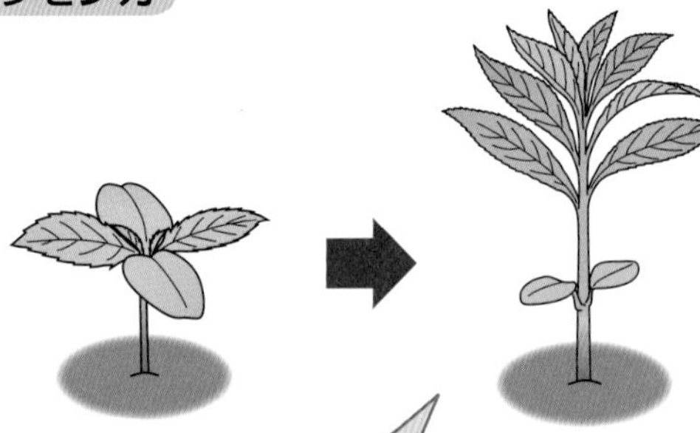

草たけは、①（ 高く　ひくく ）なった。
葉の数は、②（ へった　ふえた ）。
くきは、③（ 太く　細く ）なった。

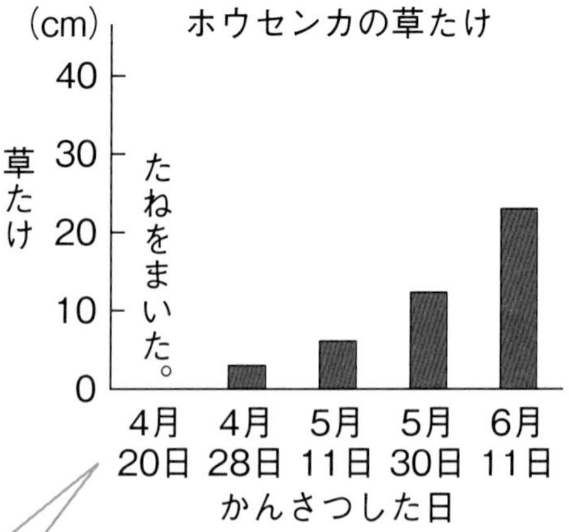

(cm)
ホウセンカの草たけ
40
30
20
10
0
草たけ
たねをまいた。
4月 20日
4月 28日
5月 11日
5月 30日
6月 11日
かんさつした日

調《しら》べた草たけは、グラフにまとめるとよい。

● ①～③の（　）のうち、正しいほうを◯でかこみましょう。

2　植物の体のつくり

ホウセンカ

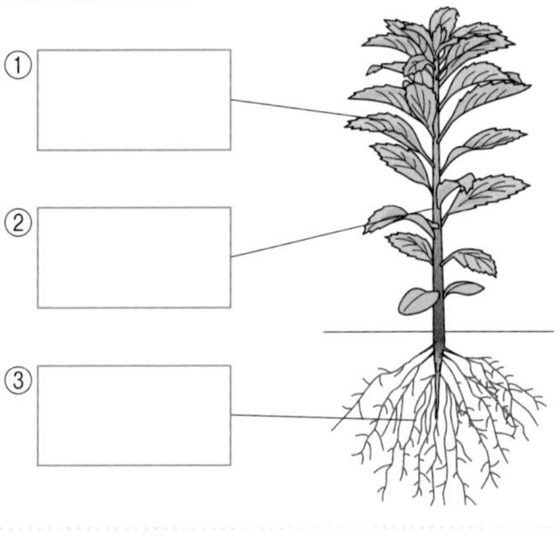

①
②
③

葉は
④［　　　］についていて、根は
⑤［　　　］に広がっている。

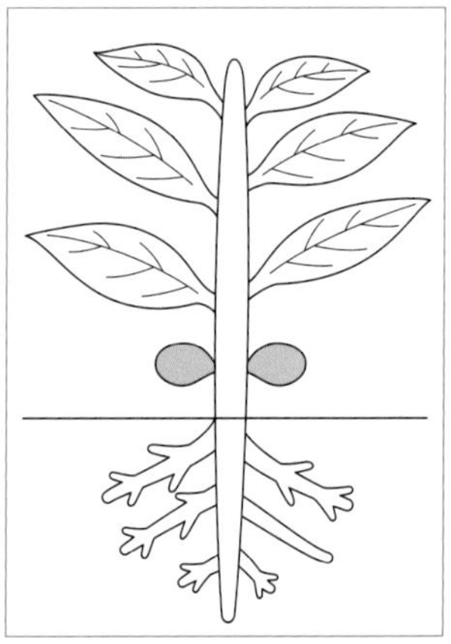

(1)　①～⑤の［　］にあてはまる言葉をかきましょう。
(2)　上の右の図で、葉を緑色、くきを青色、根を赤色にぬりましょう。

まとめ　〔 くき　葉　根　草たけ 〕からえらんで（　）にかきましょう。

●植物は、育つと①（　　　　）が高くなり②（　　　　）の数がふえ、くきが太くなる。
●植物の体は、③（　　　　）・④（　　　　）・葉でできている。

わくわくたんてい団
植物の根は、土の中で広がってのびていて、土の中から水や水にとけているよう分を取り入れています。また、根は植物の体をささえるはたらきもしています。

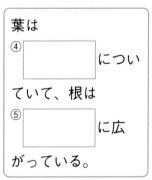

練習のワーク

教科書　40～45ページ　　答え　5ページ

できた数　　/12問中

おわったら シールを はろう

1 ホウセンカの育ちについて、次の問いに答えましょう。

(1) 次のグラフは、ホウセンカの草たけをきろくしたものです。①～③のホウセンカは、あ～うのどの日のようすですか。それぞれ□にかきましょう。

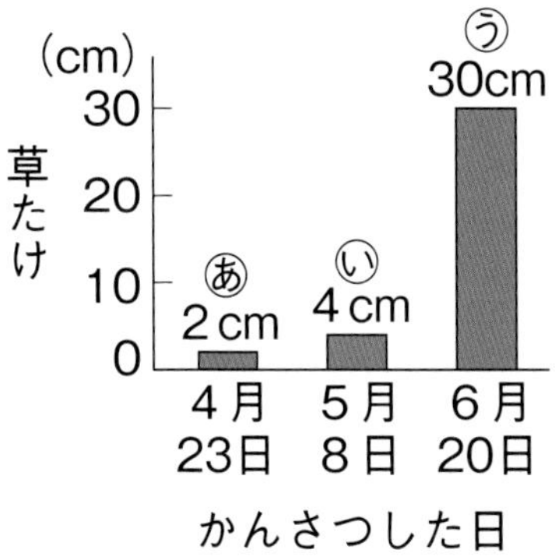

(cm)
30
20
10
0
草たけ
あ
2cm
い
4cm
う
30cm
4月 23日
5月 8日
6月 20日
かんさつした日

①□　　②□　　③□

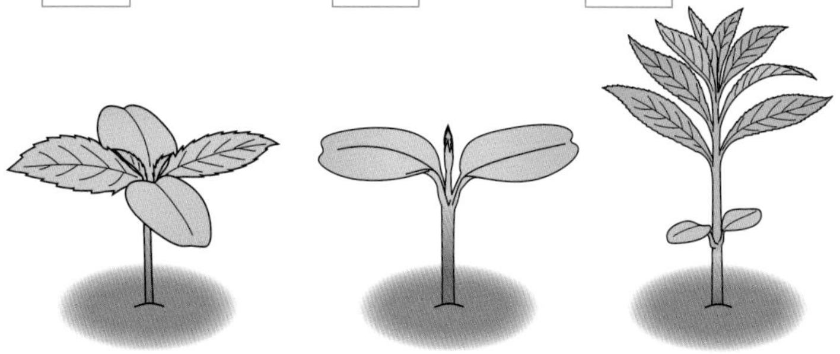

(2) 右の写真のホウセンカは6月ごろのようすです。春のころよりも数がふえたのは㋐、㋑のどちらですか。また、その部分を何といいますか。

記号(　　　)　名前(　　　　)

(3) 右の写真のホウセンカで、春のころよりも太くなったのは、㋐～㋒のどれですか。また、その部分を何といいますか。記号(　　　)　名前(　　　　)

ア
ウ
イ

2 右の図はホウセンカとヒマワリの体全体のようすです。次の問いに答えましょう。

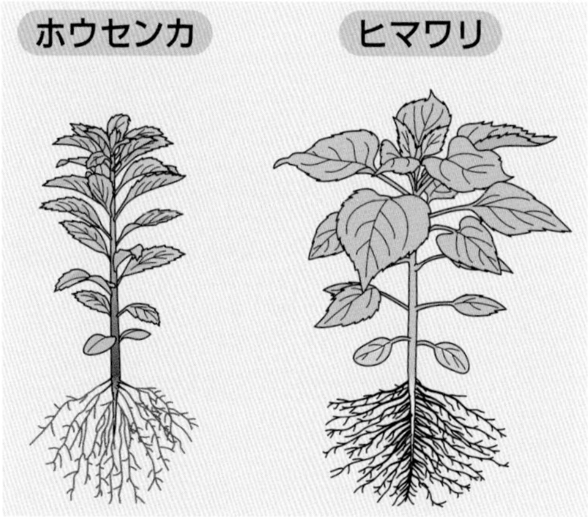

ホウセンカ
ヒマワリ

(1) ホウセンカとヒマワリで、土の中に広がっている体の部分を何といいますか。

(　　　　)

(2) 葉は体の何という部分についていますか。

(　　　　)

(3) ホウセンカとヒマワリの体のつくりについて、次の文のうち、正しいものには○、まちがっているものには×をつけましょう。

①(　　)ホウセンカとヒマワリは、どちらも根・くき・葉がある。

②(　　)ホウセンカとヒマワリは、根・くき・葉の形がすべて同じである。

③(　　)ホウセンカとヒマワリは、根の形がちがうが、葉の形は同じである。

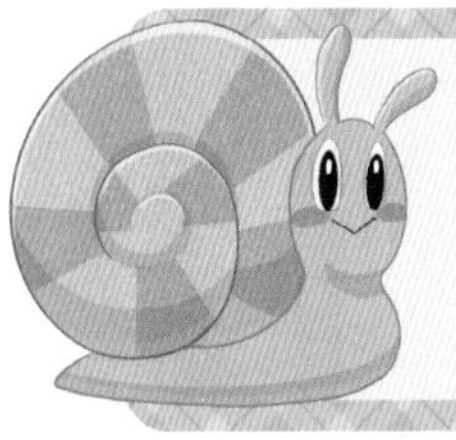

まとめのテスト

植物の育ちとつくり

とく点　/100点

おわったらシールをはろう

時間 20分

教科書　40～45ページ　答え　5ページ

1 **植物の体のつくり** 次の図は、ホウセンカとヒマワリの体の部分のようすです。あとの問いに答えましょう。　1つ5〔30点〕

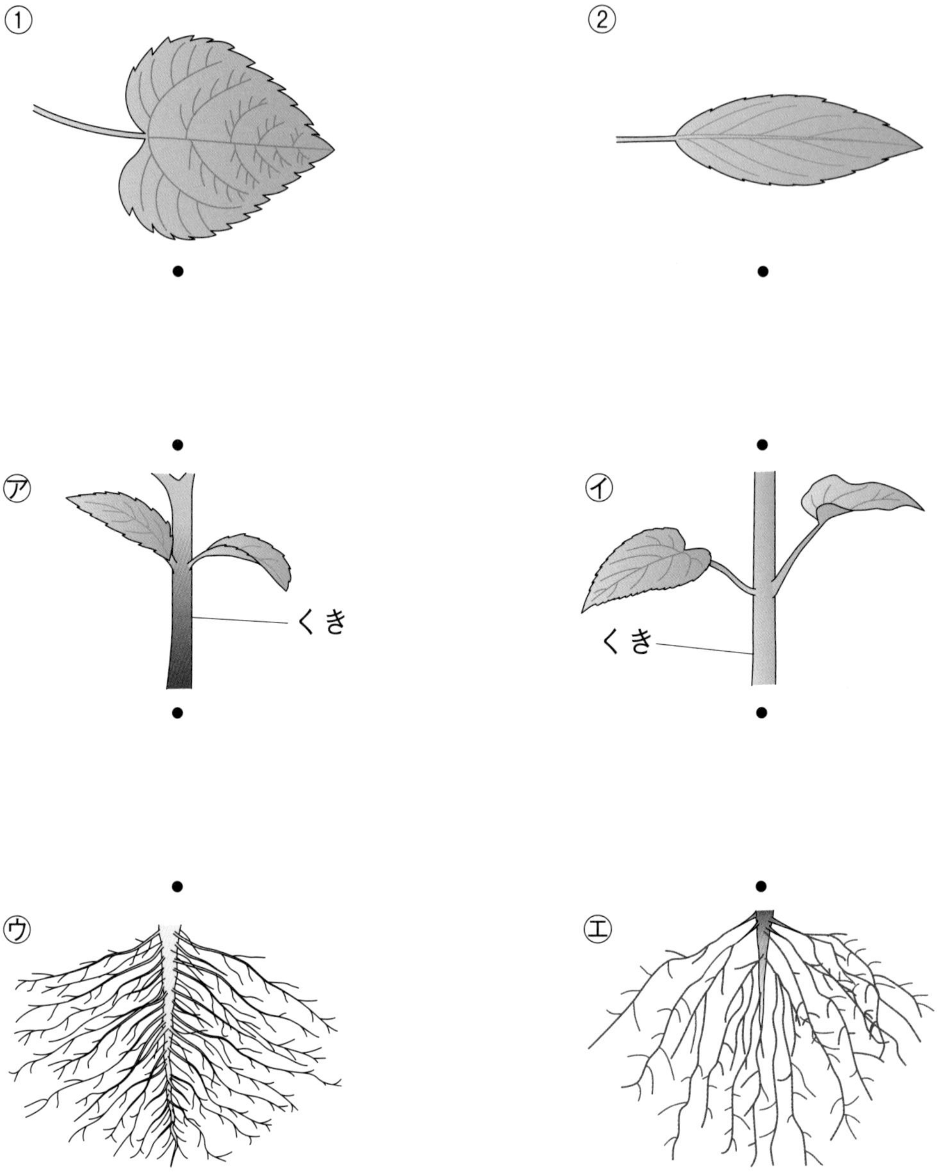

(1)　①、②は、それぞれホウセンカ、ヒマワリのどちらの葉ですか。

①（　　　　　　）　②（　　　　　　）

チャレンジ！ (2)　上の図で、同じ植物どうしの●を線でむすびましょう。

記述 (3)　㋒や㋓を何といいますか。また、花だんにはえているホウセンカなどをかんさつするとき、㋒や㋓が見えないのはなぜですか。　名前（　　　　　　）

理由《りゆう》（　　　　　　　　　　　　　　　　）

よく出る **2** **ホウセンカの育ち** **右の図は、6月ごろのホウセンカの体のようすです。次の問いに答えましょう。** 1つ8〔40点〕

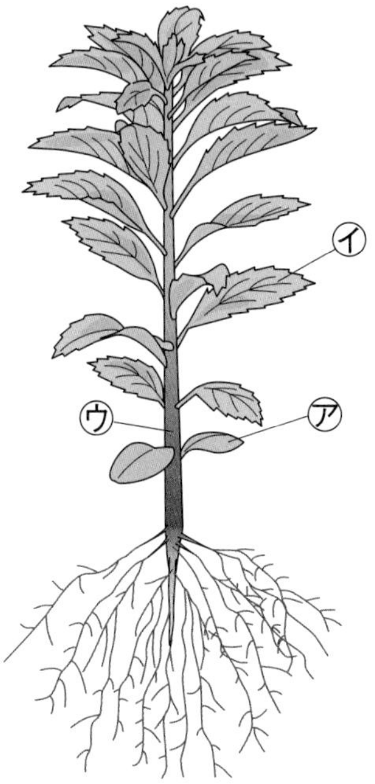

(1) めが出たときはじめに出てきたのは、㋐と㋑のどちらの葉ですか。 (　　　)

(2) (1)の葉を、何といいますか。 (　　　)

(3) 数がふえたのは、㋐と㋑のどちらの葉ですか。 (　　　)

(4) ㋒は、ホウセンカが育つとともに、どうなりますか。次のア～エからえらびましょう。 (　　　)

ア　太さはかわらず、長くなる。

イ　長さはかわらず、太くなる。

ウ　長くなり、太くなる。

エ　長くなり、細くなる。

(5) ビニルポットで育ててきたホウセンカを花だんに植《う》えかえます。根についていた土は落としますか、ついたままにしますか。

(　　　　　　　　　　)

3 **植物の体** **右の図は、ホウセンカ、ヒマワリの体のつくりを表したものです。次の問いに答えましょう。** 1つ5〔30点〕

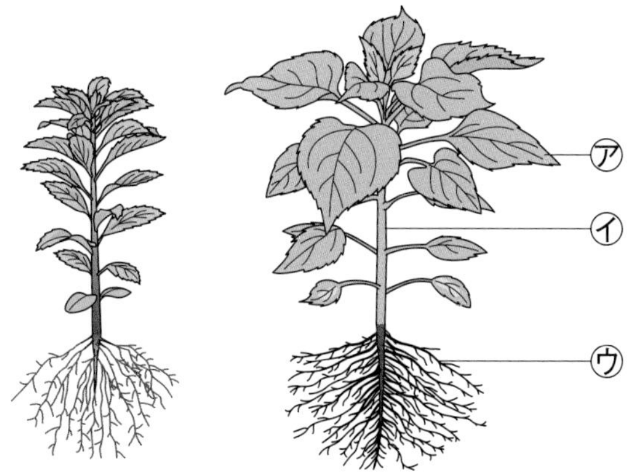

(1) ヒマワリの体の㋐～㋒の部分を何といいますか。

㋐(　　　　　)

㋑(　　　　　)

㋒(　　　　　)

(2) 体のつくりについて、次の文のうち、正しいものには○、まちがっているものには×をつけましょう。

①(　　　)ホウセンカとヒマワリは、葉の形が同じだが、葉の大きさがちがう。

②(　　　)ホウセンカとヒマワリは、どちらも葉はあるが、葉の形や大きさがちがう。

③(　　　)ホウセンカの葉の数は育つとともにふえるが、ヒマワリの葉の数はふえない。

勉強した日　月　日

1　風の力のはたらき

もくひょう
風の力でものを動かすはたらきをかくにんしよう。

おわったら シールを はろう

きほんのワーク

教科書 46～51ページ　答え 6ページ

図を見て、あとの問いに答えましょう。

1 風の力で動く車

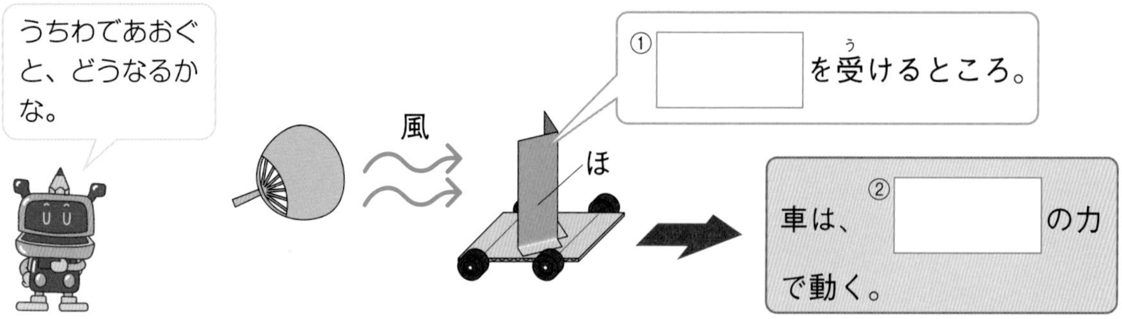

うちわであおぐと、どうなるかな。
風
ほ
①［　　　］を受《う》けるところ。
車は、②［　　　］の力で動く。

● ①、②の［　］にあてはまる言葉をかきましょう。

2 風の力のはたらき

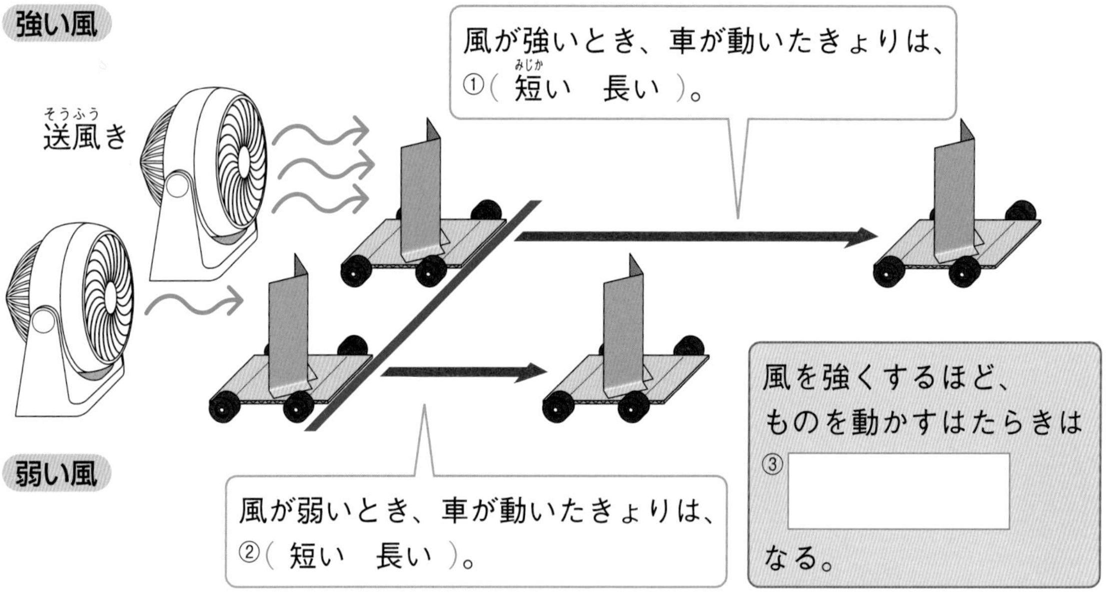

強い風
送風《そうふう》き
風が強いとき、車が動いたきょりは、①（ 短《みじか》い　長い ）。
弱い風
風が弱いとき、車が動いたきょりは、②（ 短い　長い ）。
風を強くするほど、ものを動かすはたらきは③［　　　］なる。

(1)　①、②の（　）のうち、正しいほうを◯でかこみましょう。
(2)　③の［　］にあてはまる言葉をかきましょう。

まとめ　〔 大きく　力 〕からえらんで（　）にかきましょう。

● 風の①（　　　　）は、ものを動かすはたらきがある。
● 風を強くすると、風の力がものを動かすはたらきは②（　　　　）なる。

わくわくたんてい団　わたしたちの身の回りには、ヨットや風車、風力発電《はつでん》など、風の力をりようしたものがいろいろあります。正月のたこあげも、風の力をりようしたものです。

練習のワーク

教科書　46～51ページ　答え　6ページ

できた数　/9問中

おわったらシールをはろう

1 次の図のように、ほのついた車をつくり、送風きで風を当てると、①や②のところまで走りました。あとの問いに答えましょう。

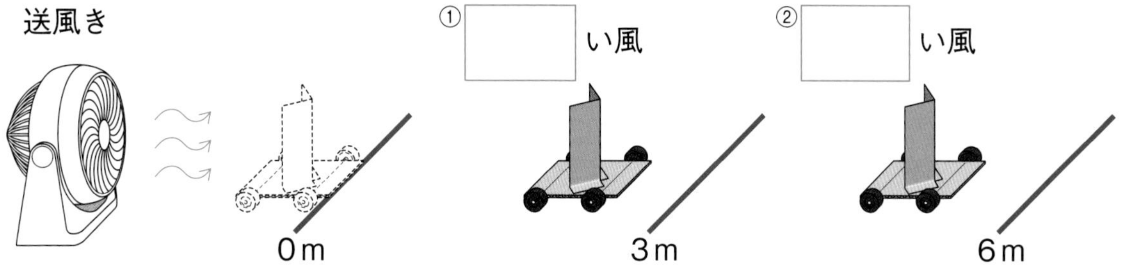
送風き
①　い風
②　い風
0m
3m
6m

(1) ①と②は、強い風を当てたときと、弱い風を当てたときのどちらですか。図の□にそれぞれかきましょう。

(2) 次の文の(　)にあてはまる言葉をかきましょう。

ほのついた車に風を当てると、車は動く。このことから、風の①(　　　)で、ものを動かすことができるとわかる。風が②(　　　)ほど、ものを動かすはたらきは大きくなる。

2 右の図のように、風で動く車に、送風きを使って弱い風と強い風を当て、車が走ったきょりを調べました。1～3ぱんが調べたけっかを、グラフにまとめました。次の問いに答えましょう。

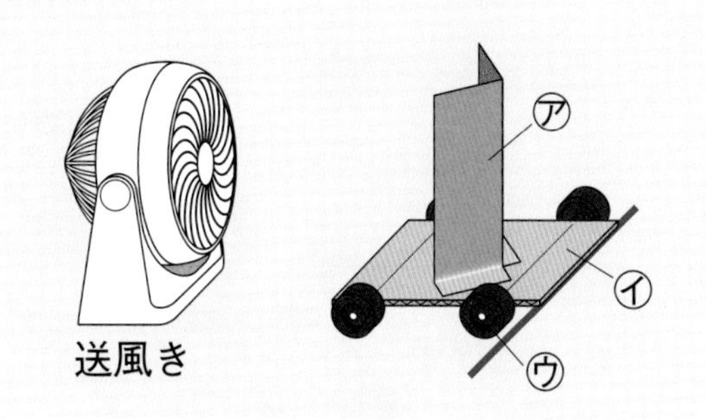
ア
イ
ウ
送風き

(1) 車は、㋐～㋒のどの部分に風を受けて走りますか。　(　　　)

(2) 右のグラフで、あ、いはそれぞれ風が強いときと弱いときのどちらですか。

あ(　　　)　い(　　　)

(3) じっけんのけっか、風が強いときと弱いときでは、それぞれ何mぐらい車は走りましたか。下の〔　〕からいちばん近い数字をえらびましょう。

強いとき(　　　)

弱いとき(　　　)

〔　2m　　4m　　6m　　8m　〕

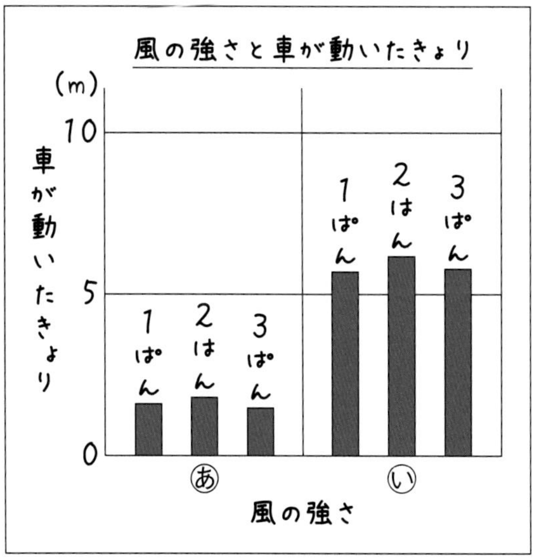
風の強さと車が動いたきょり
(m)
車が動いたきょり
10
5
0
1ぱん
2はん
3ぱん
あ
い
風の強さ

勉強した日　　月　　日

2　ゴムの力のはたらき

もくひょう・
ゴムののびと車が動くきょりのかんけいをかくにんしよう。

おわったらシールをはろう

きほんのワーク

教科書 52～59ページ　答え 6ページ

図を見て、あとの問いに答えましょう。

1 ゴムの力で走る車

車のうらがわにつけたフックに、①［　　］をかける。

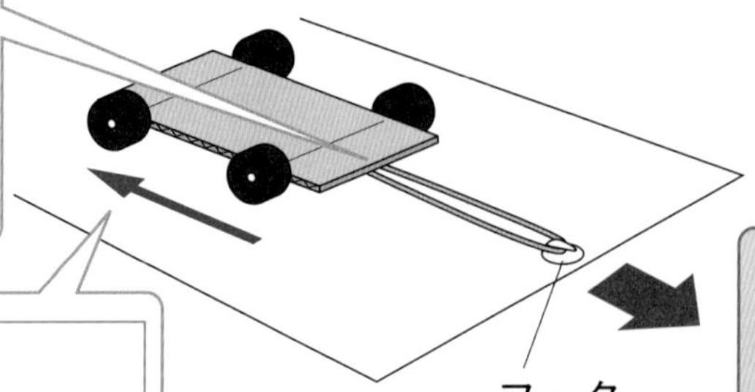

車をうしろに引いて、②［　　］をのばしてから、車をはなす。

車は，のばした③［　　］の力で動く。

● ①～③の［　］にあてはまる言葉をかきましょう。

2 ゴムの力のはたらき

ゴムを長くのばしたとき、車が動いたきょりは①（ 短い　長い ）。

ゴムを長くのばす

10cmのばす。

ゴムを短くのばす

5cmのばす。

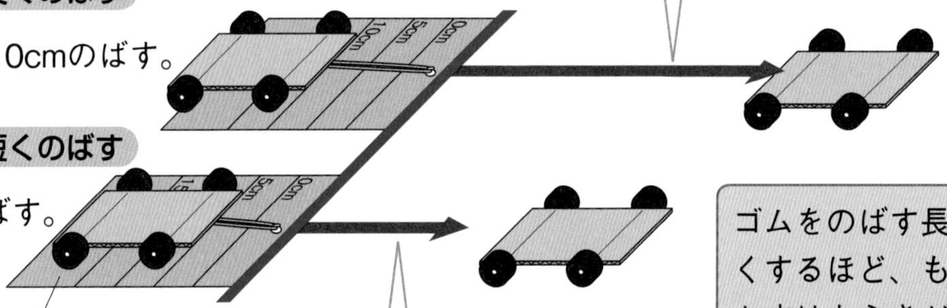

発《はっ》しゃ台

ゴムを短くのばしたとき、車が動いたきょりは②（ 短い　長い ）。

ゴムをのばす長さを長くするほど、ものを動かすはたらきが③［　　］なる。

(1) ①、②の（　）のうち、正しいほうを◯でかこみましょう。

(2) ③の［　］にあてはまる言葉をかきましょう。

まとめ〔 大きく　力 〕からえらんで（　）にかきましょう。

●ゴムの①（　　　　）は、ものを動かすはたらきがある。

●ゴムを長くのばすほど、ゴムの力がものを動かすはたらきは②（　　　　）なる。

わくわくたんてい団

わゴムをねじるとき、ねじる回数が多いほど、ゴムのもとにもどろうとする力は強くなり、いきおいよくもどります。しかし、ねじりすぎると切れてしまうことがあります。

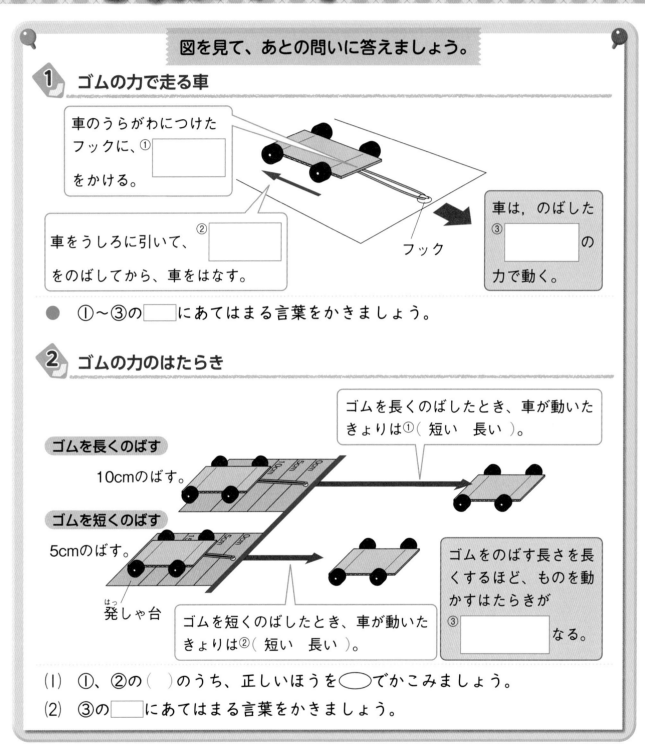

練習のワーク

教科書 52～59ページ　答え 6ページ

できた数 /6問中

おわったら シールを はろう

1 次の図のように、車につけたフックにわゴムをかけて手で車を引き、手をはなして車を走らせました。あとの問いに答えましょう。

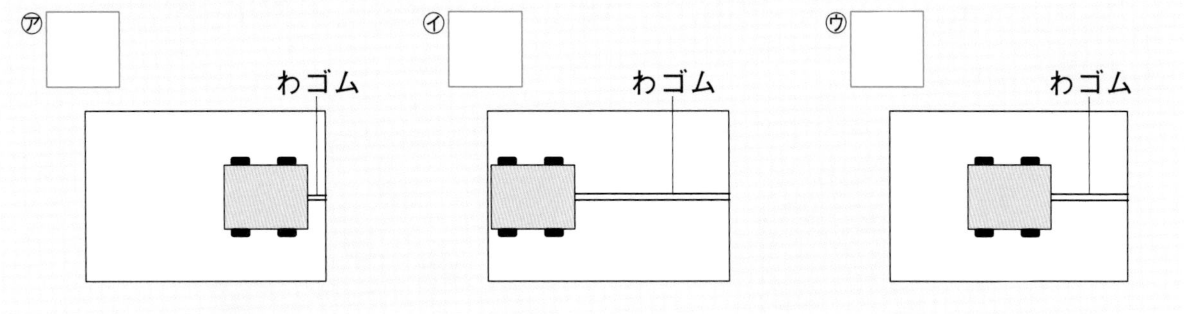
㋐
㋑
㋒
わゴム
わゴム
わゴム

(1) 上の図の㋐～㋒のうち、手をはなしたときに、車がいちばん遠くまで動くものをえらび、□に○をつけましょう。

(2) 車は何のはたらきによって動きますか。次のア～ウからえらびましょう。（　　　）

ア　車の力のはたらき　　イ　ゴムの力のはたらき　　ウ　風の力のはたらき

2 次の図のように、車につけたフックにわゴムをかけて、車を㋐や㋑のところまで引いて、手をはなすと、①や②のところまで走りました。あとの問いに答えましょう。

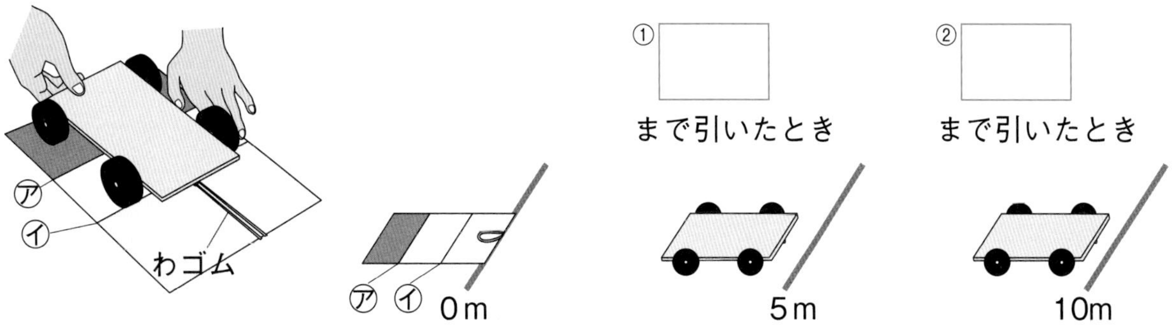
㋐
㋑
わゴム
㋐ ㋑
0m
①
まで引いたとき
5m
②
まで引いたとき
10m

(1) 上の図の①と②は、わゴムを㋐と㋑のどちらまで引いて、手をはなしたときですか。それぞれ□にかきましょう。

(2) 次の文の（　）にあてはまる言葉をかきましょう。

車につけたフックにわゴムをかけて引き、手をはなすと車は動く。このことから、ゴムの①（　　　　　　）で、ものを動かすことができることがわかる。ゴムを②（　　　　）くのばすほど、ものを動かすはたらきは大きくなる。

まとめのテスト

4　風とゴムの力のはたらき

とく点　/100点

おわったらシールをはろう

時間20分

教科書　46～59ページ　答え　6ページ

よく出る　**1**　**風の力**　強い風、中ぐらいの風、弱い風を出すことのできる送風きを使って、同じ車を動かすじっけんを3回おこないました。次の図はそのけっかです。あとの問いに答えましょう。　1つ8〔40点〕

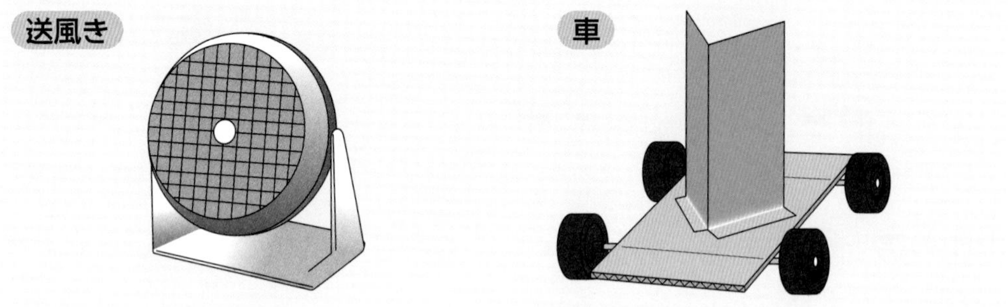
送風き
車

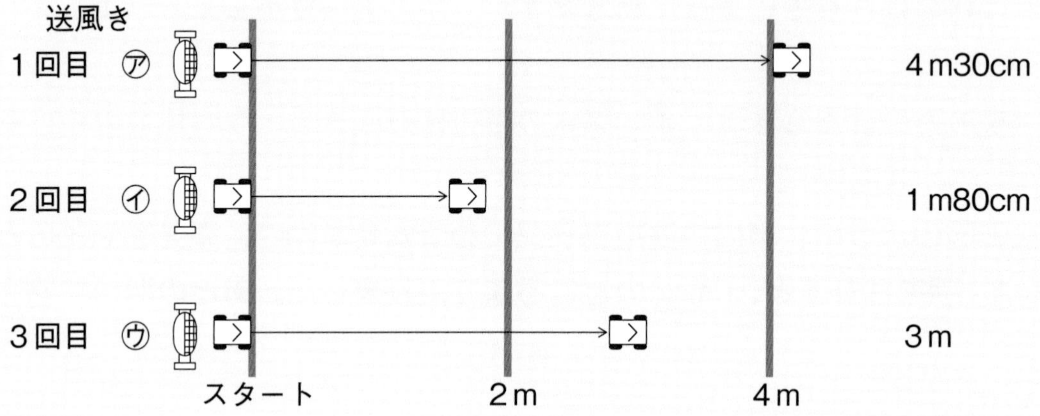
送風き
1回目　㋐　4m30cm
2回目　㋑　1m80cm
3回目　㋒　3m
スタート
2m
4m

⑴　車が動いたきょりが長いじゅんにならべると、どうなりますか。正しいものに○をつけましょう。

①（　　）㋐→㋒→㋑

②（　　）㋑→㋒→㋐

③（　　）㋒→㋑→㋐

⑵　風がいちばん強かったのは、何回目のじっけんですか。㋐～㋒からえらびましょう。（　　）

⑶　風がいちばん弱かったのは、何回目のじっけんですか。㋐～㋒からえらびましょう。（　　）

⑷　風にはどんなはたらきがありますか。（　　）

⑸　風を強くすると、⑷のはたらきはどうなりますか。

（　　）

よく出る

2 ゴムの力　次の図のように、ゴムをのばす長さをかえて、車がどのぐらいのきょりを動くか調べました。あとの問いに答えましょう。

1つ9〔36点〕

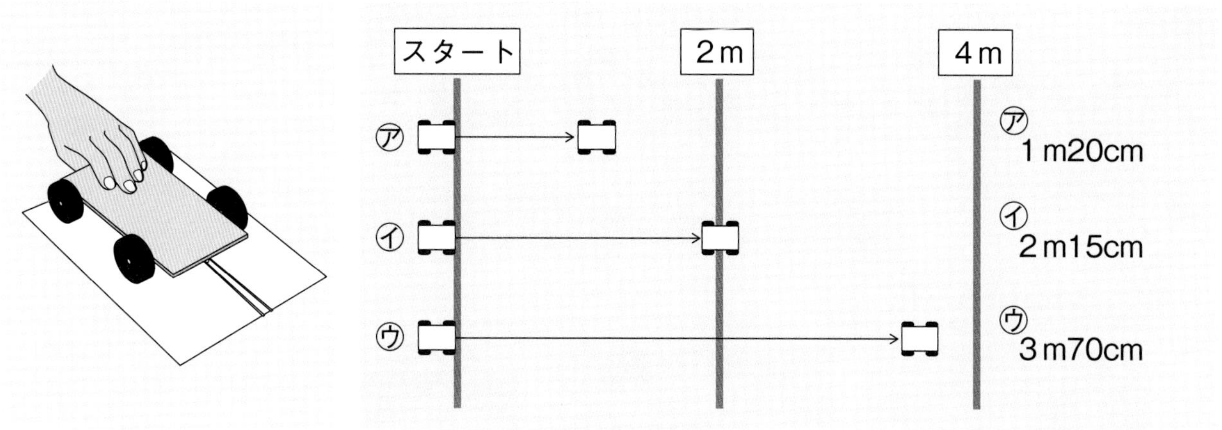

⑴　動いたきょりが長いじゅんに、㋐～㋒をならべましょう。

（　　　→　　　→　　　）

⑵　ゴムをのばした長さが短いじゅんに、㋐～㋒をならべましょう。

（　　　→　　　→　　　）

⑶　のばしたゴムはどのようになりますか。次の文のうち、正しいものに○をつけましょう。

①（　　　）のびたままになっている。
②（　　　）もっとのびようとする。
③（　　　）もとにもどろうとする。

⑷　ゴムをのばす長さを長くするほど、ものを動かすはたらきはどうなりますか。

（　　　　　　　　）

チャレンジ!

3 風やゴムの力のりよう　次の問いに答えましょう。

1つ8〔24点〕

⑴　次の㋐～㋓を、風の力をりようしたものと、ゴムの力をりようしたものに分け、記号でかきましょう。

㋐

㋑

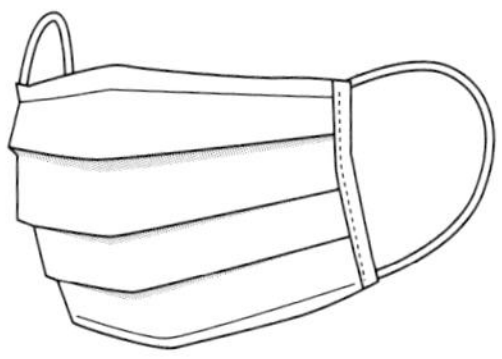

㋒

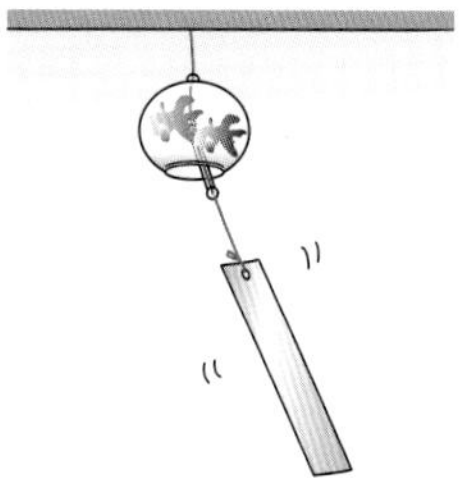

㋓

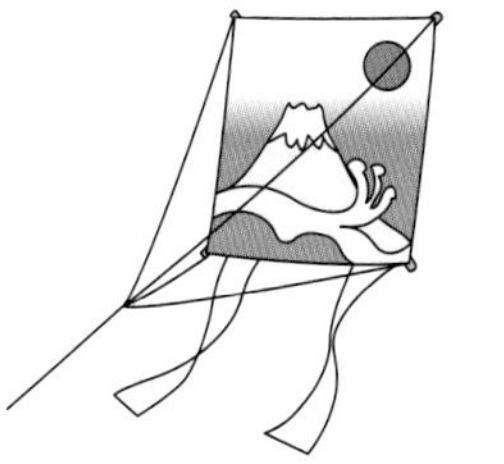

風の力（　　　　　　）　ゴムの力（　　　　　　）

⑵　次の文の（　）にあてはまる言葉をかきましょう。

ゴムのタイヤは、地面からの（　　　　）をやわらげたり、すべりにくくするために使われる。また、ゴムをまぜたざいりょうでつくられた地面は、ころんでもけがをしにくいので、公園などでりようされている。

勉強した日　月　日

1　花がさいたようす

きほんのワーク

もくひょう
育ててきた植物がどのように花をさかせているかをかくにんしよう。

おわったらシールをはろう

教科書　60～63ページ　答え　7ページ

図を見て、あとの問いに答えましょう。

1 いろいろな花

オクラ

マリーゴールド

花によって色も形もちがうね。

①［　　］　②［　　］

● ①、②の［　］に、それぞれの植物の花の名前を〔　〕からえらんでかきましょう。
〔　ヒマワリ　　ホウセンカ　〕

2 植物の育ち

ホウセンカ

草たけが、春よりも①（ ひくく　高く ）なった。

葉の数が、春よりも②（ 少なく　多く ）なった。

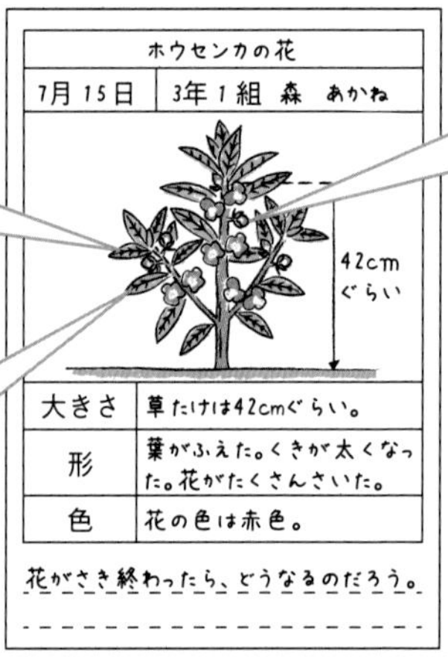
ホウセンカの花
7月15日
3年1組 森 あかね
42cm ぐらい
大きさ
草たけは42cmぐらい。
形
葉がふえた。くきが太くなった。花がたくさんさいた。
色
花の色は赤色。
花がさき終わったら、どうなるのだろう。

春にはなかった③［　　］がたくさんさいた。

(1) ①、②の（　）のうち、正しいほうを〇でかこみましょう。

(2) ③の［　］にあてはまる言葉をかきましょう。

まとめ　〔 葉　花　くき 〕からえらんで（　）にかきましょう。

●植物が育つと草たけがのび、①（　　　　）が太くなり、②（　　　　）の数がふえる。さらに植物が育つと、③（　　　　）がさく。

わくわくたんてい団
いろいろな植物の花がどこにさくかを調べると、ヒマワリやチューリップ、タンポポのようにくきの先にさくものと、ホウセンカやピーマンのようにくきのとちゅうにさくものがあります。

勉強した日　月　日

練習のワーク

教科書　60～63ページ　答え　7ページ

できた数　/10問中

おわったら シールを はろう

1　植物が次の写真のように育ちました。あとの問いに答えましょう。

① □

② □

虫めがねで太陽を
ぜったいに見ないでね。

(1)　①、②の植物の名前を、□にかきましょう。

(2)　①、②の植物のつぼみと花を、㋐～㋓からえらびましょう。

①つぼみ(　　　)　花(　　　)　②つぼみ(　　　)　花(　　　)

㋐

㋑

㋒

㋓

写真をとっておくと、後で見返すときに役にたつよ。

2　右の図は、ホウセンカを育てたきろくです。次の問いに答えましょう。

(1)　7月14日の草たけは何cmですか。

(　　　)

(2)　草たけは、日がたつとどうなっていきましたか。(　　　)

(3)　葉が10まいになったのは、何月何日ですか。(　　　)

(4)　花がさいたのは、何月何日ですか。

(　　　)

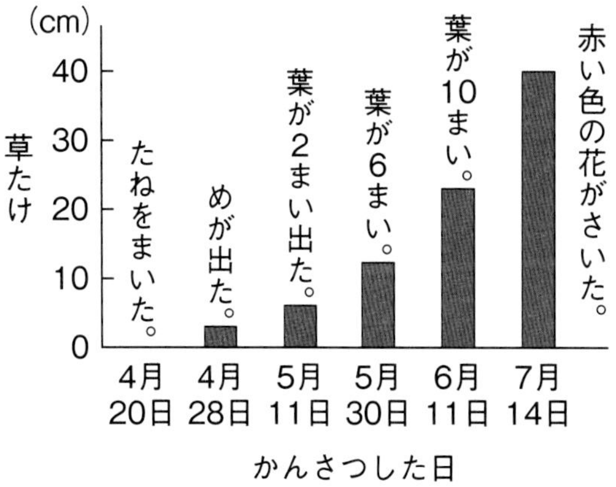
(cm)
40
30
20
10
0
草たけ
たねをまいた。
めが出た。
葉が2まい出た。
葉が6まい。
葉が10まい。
赤い色の花がさいた。
4月20日
4月28日
5月11日
5月30日
6月11日
7月14日
かんさつした日

勉強した日　　月　　日

1　こん虫などのすみか
2　こん虫の体のつくり

きほんのワーク

もくひょう
こん虫などのいる場所や食べ物、体のつくりをかくにんしよう。

おわったらシールをはろう

教科書 66～74ページ　答え 7ページ

図を見て、あとの問いに答えましょう。

1 こん虫などのすみか

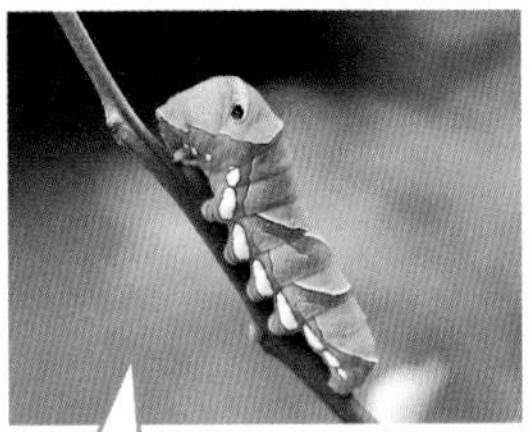

アゲハのよう虫の食べ物は①［　　　］の葉。

アゲハのせい虫は、よう虫の食べ物になる植物に②［　　　］をうみにくる。

こん虫などの③［　　　］があるところや、かくれることができる場所をさがすと、こん虫などが見つかる。

● ①～③の［　］にあてはまる言葉をかきましょう。

2 こん虫のせい虫の体のつくり

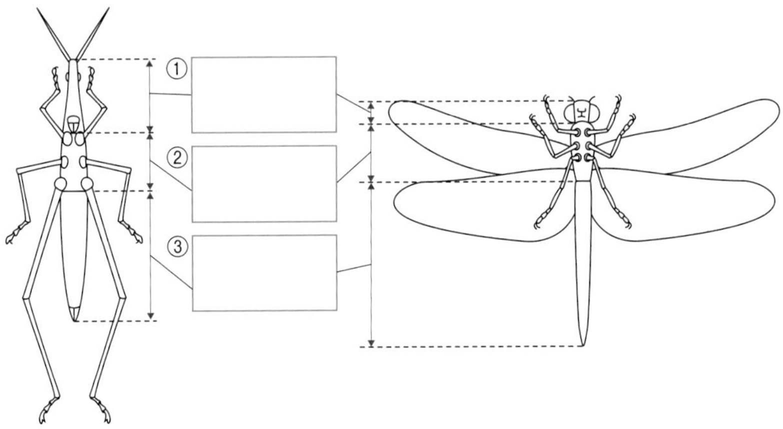

ショウリョウバッタやアキアカネのせい虫の体は、①～③の３つの部分からできていて、体のつくりがチョウと④（ちがう／同じである）。

(1)　①～③の［　］にあてはまる言葉をかきましょう。

(2)　図のこん虫のせい虫の頭を赤色、むねを黄色、はらを青色でぬりましょう。

(3)　④の（　）のうち、正しいほうを◯でかこみましょう。

まとめ　〔　せい虫　食べ物　〕からえらんで（　）にかきましょう。

● こん虫などのすみかは、①（　　　　）のある場所や、かくれることができる場所である。

● こん虫の②（　　　　）は、体が頭・むね・はらの３つに分かれ、むねにあしが６本ある。

わくわくたんてい団　クモは、体が「頭とむね」の部分と「はら」の２つの部分からできていて、あしが８本あり、ダンゴムシは、あしが14本あるので、どちらもこん虫ではありません。

練習のワーク

教科書　66～74ページ　答え　7ページ

できた数　/19問中

おわったら
シールを
はろう

1 校庭や野原でこん虫をさがしました。次の問いに答えましょう。

(1)　こん虫のさがし方やさがすときに気をつけることについて、正しい文には○、まちがっている文には×をつけましょう。

①(　　　)こん虫の食べ物があるところをさがす。

②(　　　)ハチのなかまなどのさすこん虫には近づいたりさわったりしない。

③(　　　)こん虫がかくれる場所では見つからないのでさがさない。

④(　　　)アゲハは、たまごをうむミカンの葉があるところをさがす。

(2)　次の文の(　)にあてはまる言葉を、下の〔　〕からえらんでかきましょう。

こん虫は、①(　　　　　)や②(　　　　　)ところがある場所にいることが多い。こん虫をかんさつすると、こん虫は、まわりの③(　　　　　)とかかわり合って生きていることがわかる。

〔　かくれる　　見つかる　　しぜん　　食べ物　〕

2 いろいろな生き物の体のつくりをくらべました。あとの問いに答えましょう。

㋐□

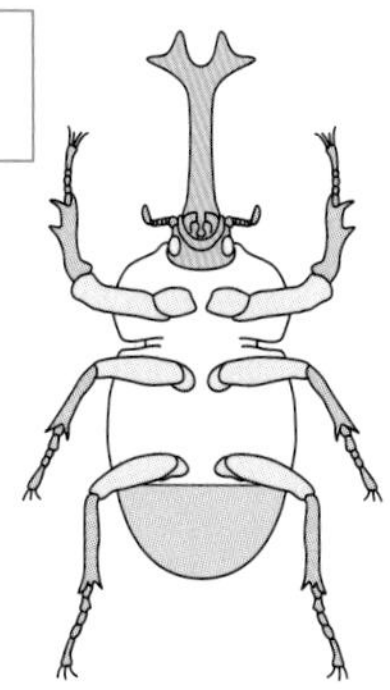

カブトムシ

㋑□

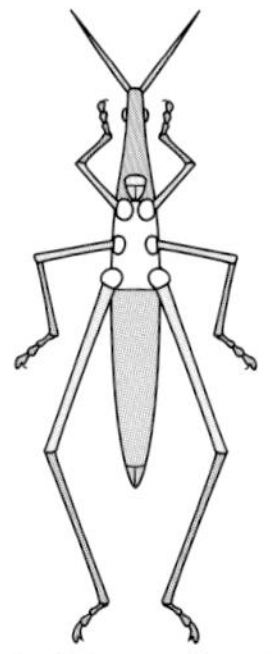

ショウリョウバッタ

㋒□

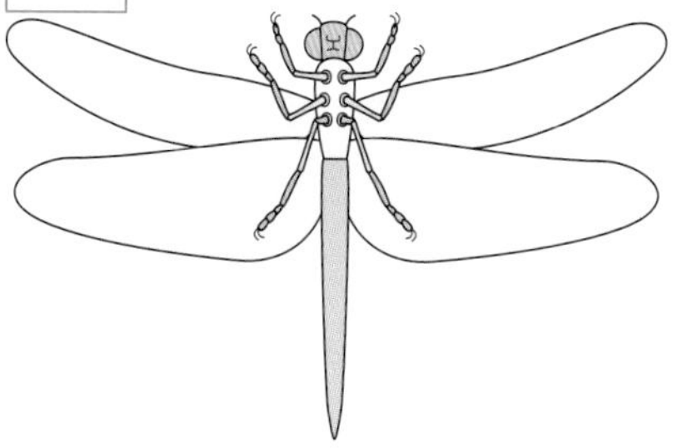

アキアカネ

(1)　㋐～㋒の体は、それぞれいくつの部分からできていますか。

㋐(　　　　　)　㋑(　　　　　)　㋒(　　　　　)

(2)　㋐～㋒のあしの数は、それぞれ何本ですか。

㋐(　　　　　)　㋑(　　　　　)　㋒(　　　　　)

(3)　あしは体の何という部分についていますか。

(　　　　　)

(4)　上の図の㋐～㋒、右の図の㋓、㋔について、体のつくりから、こん虫といえるものには○、こん虫といえないものには×を□につけましょう。

㋓□

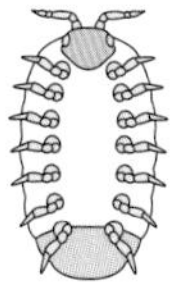

ダンゴムシ

㋔□

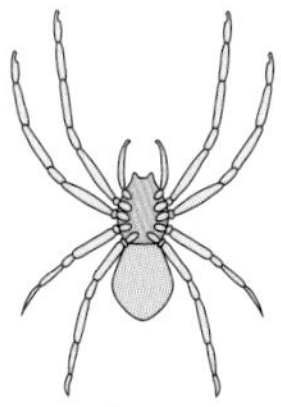

クモ

勉強した日　　月　　日

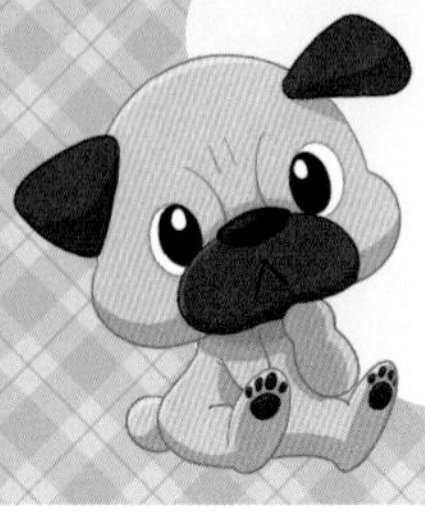

3　こん虫の育ち

きほんのワーク

もくひょう・
さなぎになるこん虫とならないこん虫の育ち方をかくにんしよう。

おわったらシールをはろう

教科書　75～81ページ たんけんシート　　答え　8ページ

図を見て、あとの問いに答えましょう。

1 カブトムシの育ち

①［　　　］　②［　　　］　③［　　　］　④［　　　］

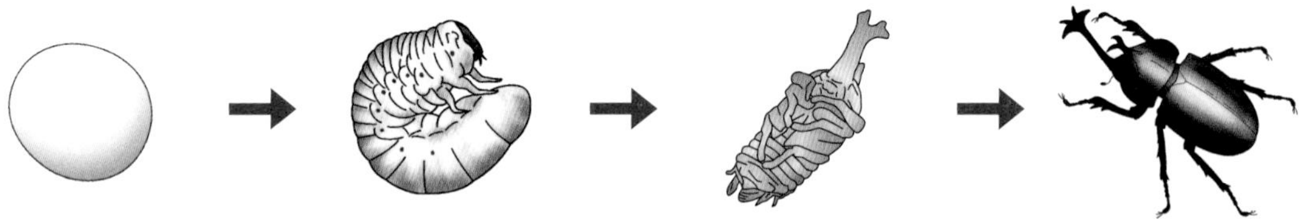

カブトムシは，たまごからよう虫になり、さなぎに⑤（なってから　ならないで）せい虫になる。

(1)　①～④のすがたを何といいますか。［　　］にかきましょう。

(2)　⑤の（　）のうち、カブトムシの育ちとして正しいほうを◯でかこみましょう。

2 トンボの育ち

①［　　　］　②［　　　］　③［　　　］

トンボは，たまごからよう虫になり、さなぎに④（なってから　ならないで）せい虫になる。

(1)　①～③のすがたを何といいますか。［　　］にかきましょう。

(2)　④の（　）のうち、トンボ（アキアカネ）の育ちとして正しいほうを◯でかこみましょう。

まとめ　〔　よう虫　さなぎ　カブトムシ　〕からえらんで（　）にかきましょう。

●①（　　　　）やチョウは、たまご→よう虫→②（　　　　）→せい虫のじゅんに育つ。

●バッタやトンボは、たまご→③（　　　　）→せい虫のじゅんに育つ。

わくわくたんてい団

バッタは、よう虫もせい虫も草むらで生活しています。トンボは、よう虫とせい虫では生活する場所が大きくちがっていて、よう虫は水の中でくらし、せい虫は空をとんでいます。

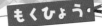

勉強した日　月　日

練習のワーク

教科書 75～81ページ たんけんシート　答え 8ページ

できた数　/17問中

おわったら シールを はろう

1 次の図は、いろいろなこん虫のせい虫です。あとの問いに答えましょう。

㋐

㋑
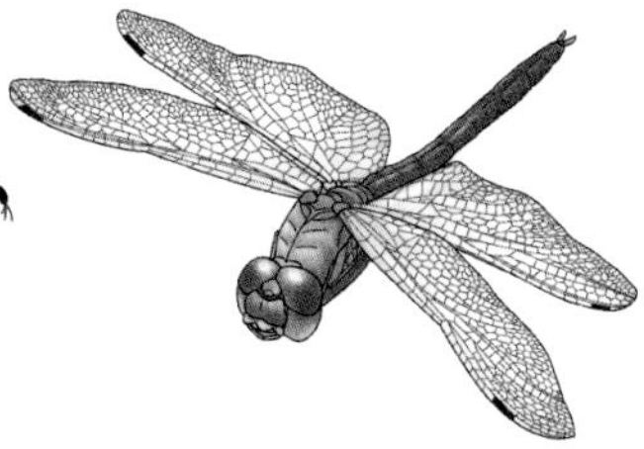

㋒

㋓
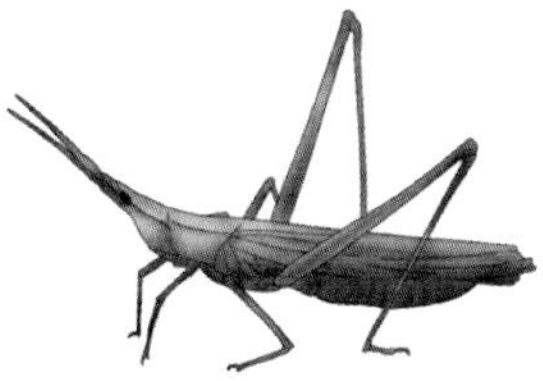

(1) 上の図の㋐～㋓のこん虫の名前を、下の〔　〕からえらんで□にかきましょう。

〔 アゲハ　カブトムシ　モンシロチョウ　ショウリョウバッタ　アキアカネ 〕

(2) 右の図は、上の図の㋐～㋓のこん虫のさなぎを表しています。どのこん虫のさなぎですか。記号で答えましょう。

[あ](　　　) [い](　　　)

[あ]
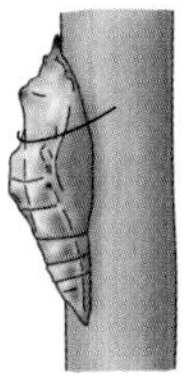

[い]
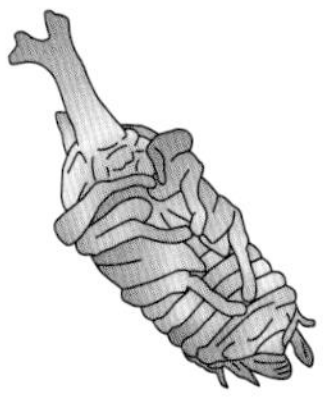

(3) 次の図は、上の図の㋐～㋓のこん虫のよう虫を表しています。どのこん虫のよう虫ですか。記号で答えましょう。

[う](　　　) [え](　　　) [お](　　　) [か](　　　)

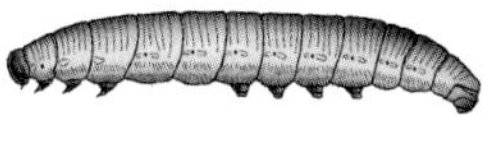

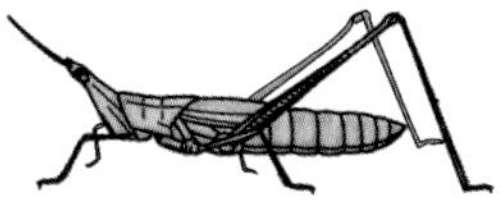

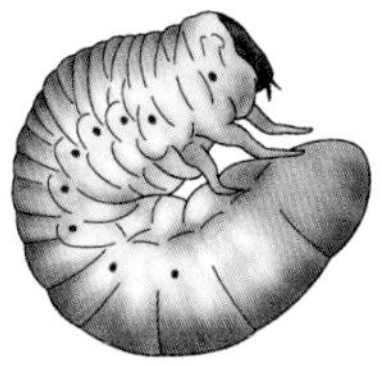

(4) 次の文のうち、正しいものには○、まちがっているものには×をつけましょう。

①(　　　)ショウリョウバッタは、さなぎになってからせい虫になる。

②(　　　)カブトムシは、よう虫が皮をぬいでせい虫になる。

③(　　　)モンシロチョウは、さなぎになってからせい虫になる。

④(　　　)アキアカネは、よう虫が皮をぬいでせい虫になる。

⑤(　　　)こん虫のよう虫は、皮をぬいで大きくなる。

⑥(　　　)こん虫は、しゅるいがちがっても、すべて同じじゅんに育つ。

⑦(　　　)こん虫は、しゅるいによって育ちがちがう。

まとめのテスト

5　こん虫のかんさつ

とく点　/100点

おわったら シールを はろう

時間 20分

教科書 66～81ページ、たんけんシート　答え 8ページ

よく出る **1** こん虫の育ち　次の図は、いろいろなこん虫の育ちを表しています。あとの問いに答えましょう。　1つ4〔68点〕

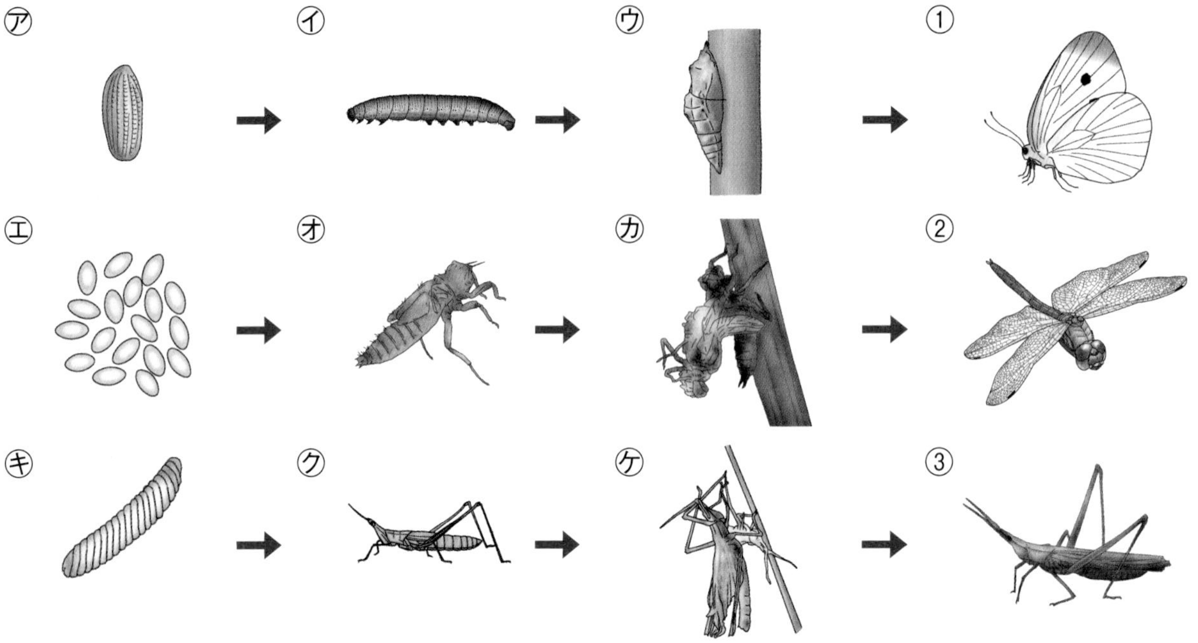

(1)　①～③のこん虫の名前を、下の〔　〕からえらんでかきましょう。

①(　　　　　)　②(　　　　　)　③(　　　　　)

〔　アキアカネ　　ショウリョウバッタ　　カブトムシ　　モンシロチョウ　〕

(2)　㋐～㋔、㋖、㋗のすがたを、それぞれ何といいますか。

㋐(　　　　　)　㋑(　　　　　)　㋒(　　　　　)

㋓(　　　　　)　㋔(　　　　　)

㋖(　　　　　)　㋗(　　　　　)

(3)　次の文のうち、正しいものには○、まちがっているものには×をつけましょう。

①(　　　)ショウリョウバッタやアキアカネはさなぎにならない。

②(　　　)こん虫は、すべて同じじゅんに育つ。

③(　　　)ショウリョウバッタのよう虫は、皮をぬいで大きくなる。

④(　　　)アキアカネはさなぎにならないので、こん虫ではない。

(4)　㋐、㋓、㋖は、どんなところで見つけることができますか。下の〔　〕からえらんでかきましょう。

㋐(　　　　　)　㋓(　　　　　)　㋖(　　　　　)

〔　水の中　　ミカンの葉　　土の中　　木のえだ　　キャベツの葉　〕

よく出る

2 トンボとバッタのせい虫の体のつくり

次の図は、トンボとバッタの体のつくりを表したものです。あとの問いに答えましょう。

1つ4〔12点〕

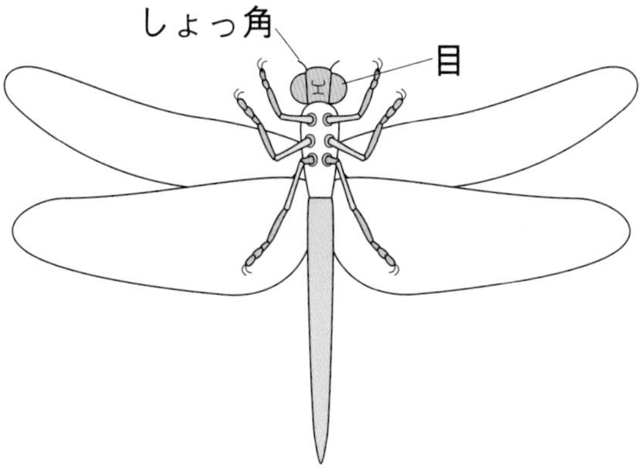

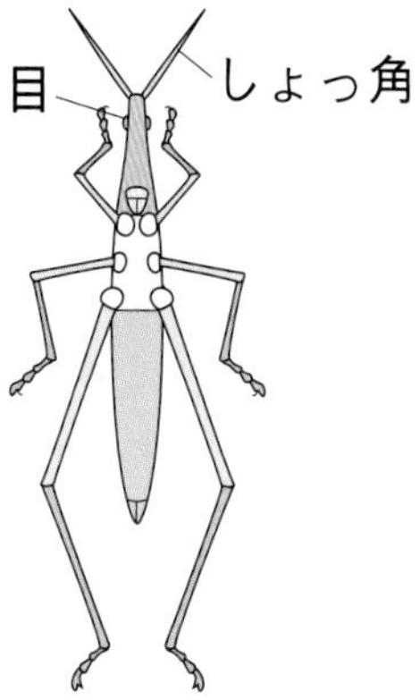

(1) トンボやバッタのせい虫の体は、いくつの部分からできていますか。
（　　　　）

(2) トンボやバッタのせい虫のあしは何本ですか。（　　　　）

(3) トンボやバッタはこん虫といえますか、いえませんか。（　　　　）

3 いろいろなこん虫の育ち

次の図のこん虫について、あとの問いに答えましょう。

1つ5〔20点〕

㋐ アゲハ

㋑ アキアカネ

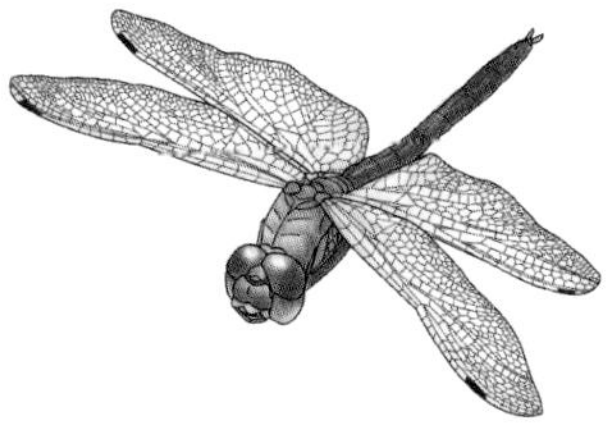

㋒ モンシロチョウ

㋓ ショウリョウバッタ

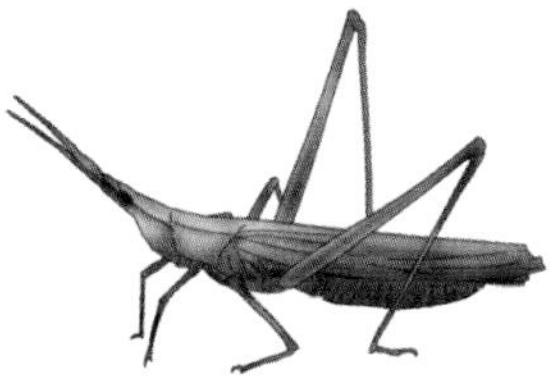

㋔ カブトムシ

(1) たまご→よう虫→さなぎ→せい虫のじゅんに育つこん虫はどれですか。㋐～㋔からすべてえらんで、記号で答えましょう。（　　　　）

(2) たまご→よう虫→せい虫のじゅんに育つこん虫はどれですか。㋐～㋔からすべてえらんで、記号で答えましょう。（　　　　）

(3) 土の中でよう虫を見つけることができるこん虫はどれですか。記号で答えましょう。（　　）

(4) 水の中にたまごをうみ、よう虫のとき水の中でくらすこん虫はどれですか。記号で答えましょう。（　　）

勉強した日　　月　　日

1　実ができたようす
2　かんさつのまとめ

きほんのワーク

もくひょう
育ててきた植物が花をさかせた後、どうなるかをかくにんしよう。

おわったらシールをはろう

教科書　82～89ページ　　答え　9ページ

図を見て、あとの問いに答えましょう。

1　実ができたようす

ホウセンカ

花がさいていたところに、①［　　　］ができる。

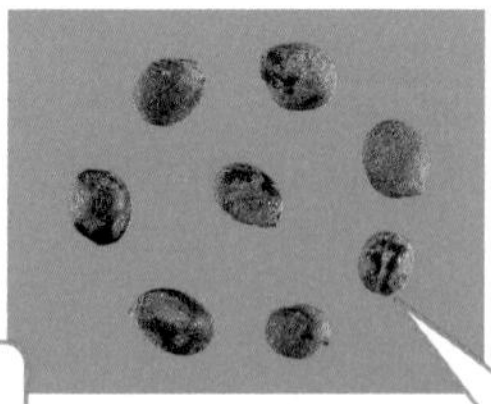

実の中には、②［　　　］ができている。

● ①、②の［　］にあてはまる言葉をかきましょう。

2　植物の一生

①［　　　］が出た。

草たけが高くなり、②［　　　］の数がふえ，くきが太くなった。

③［　　　］がさいた。

花のさいたところに④［　　　］ができた。

実の中に、⑤［　　　］ができた。

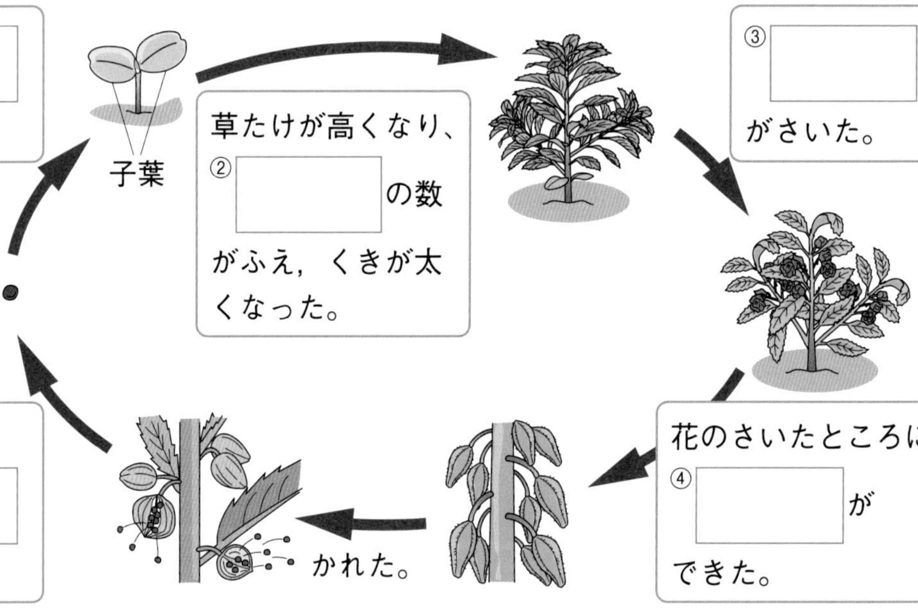

● ①～⑤の［　］にあてはまる言葉をかきましょう。

まとめ　〔　たね　実　〕からえらんで（　）にかきましょう。

●花がさいた後、花がさいていたところに①（　　　　）ができた。
●実の中には②（　　　　）ができていて、やがて植物はかれた。

わくわくたんてい団　ヒマワリのつぼみは、太陽の動きにあわせて向きをかえます。しかし、花がさいてからは、くきがのびなくなり、かたくなるため、向きをかえることはなくなります。

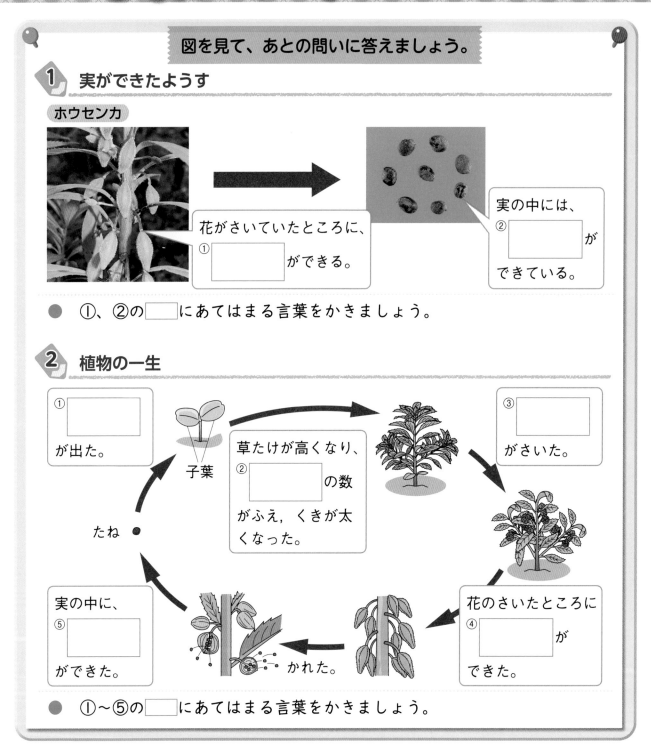

練習のワーク

教科書　82～89ページ　答え　9ページ

できた数　　/12問中

おわったら シールを はろう

1　次の写真は、しゅるいがちがう２つの植物のつぼみ、花、実、たねをばらばらにならべたものです。あとの問いに答えましょう。

①

・

・ ㋐

・

・ ㋒

・

・ ㋔
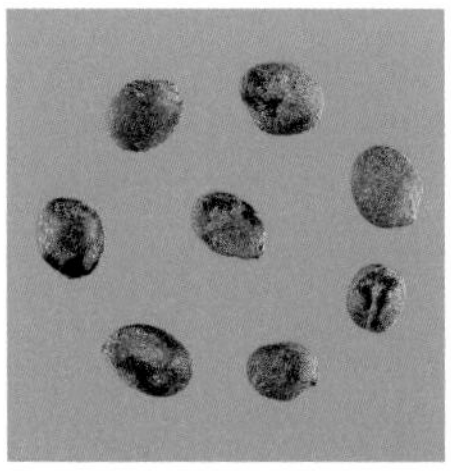

②
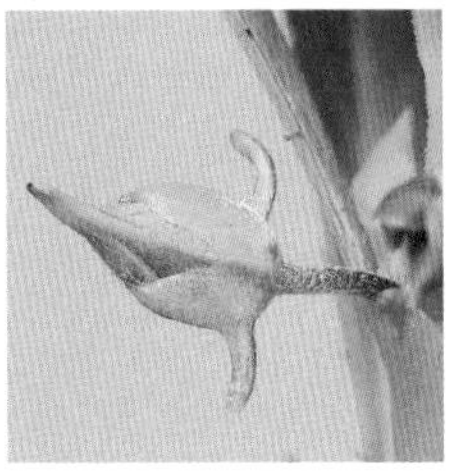
・

・ ㋑

・

・ ㋓

・

・ ㋕
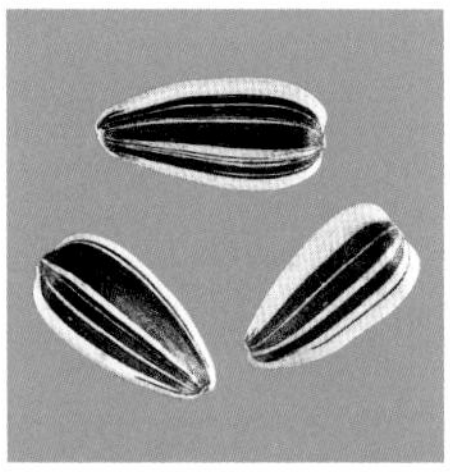

(1)　上の写真の①、②は、何という植物のつぼみですか。下の〔　〕からえらんでかきましょう。

①(　　　　　　　)　②(　　　　　　　)

〔　ヒマワリ　　ホウセンカ　〕

(2)　同じ植物どうしの・を線でむすびましょう。

(3)　①、②の植物の実は、何があったところにできますか。　(　　　　　)

(4)　①、②の植物の葉やくきは、実ができた後、どうなりますか。

(　　　　　　　)

(5)　①、②の植物の育つじゅんは、同じですか、ちがいますか。

(　　　　　)

(6)　植物の一生について、次の文のうち、正しいものには○、まちがっているものには×をつけましょう。

①(　　　)植物のたねは色、形、大きさはどれも同じである。

②(　　　)植物のたねからはじめに出る葉は子葉である。

③(　　　)植物の草たけがのびても、葉の数はかわらない。

④(　　　)植物の実は花がさいた後にでき、実の中にたねができる。

⑤(　　　)実ができた後も、植物の草たけは高くなる。

勉強した日　月　日

まとめのテスト

植物の一生

とく点　/100点

おわったら シールを はろう

時間 20分

教科書 82～89ページ　答え 9ページ

よく出る **1** **ホウセンカの一生** 次の図は、ホウセンカの一生を表したものです。あとの問いに答えましょう。 1つ3〔36点〕

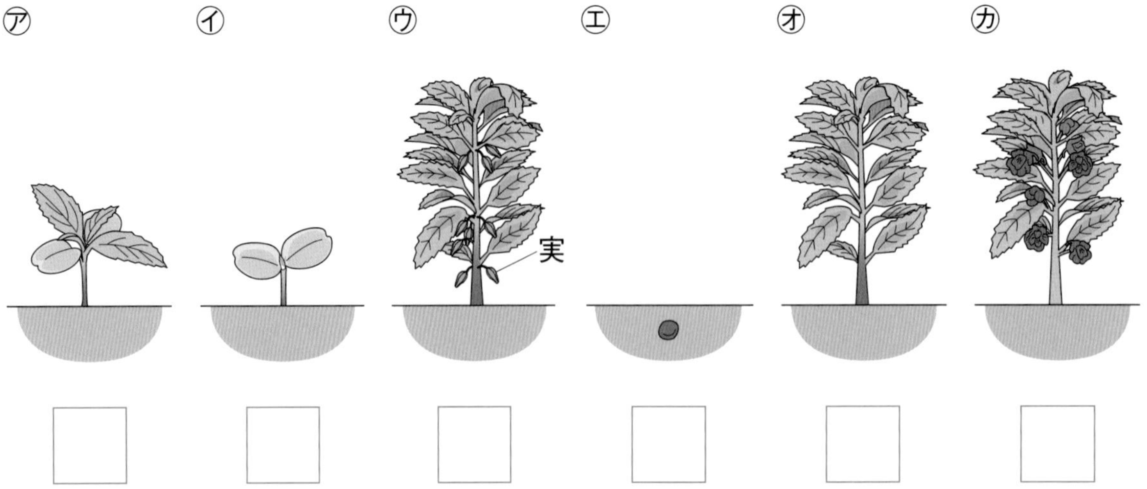

(1) 上の図の□に、ホウセンカの育つじゅんに１～６の数字をかきましょう。

(2) 次の文にあてはまるものを上の図の㋐～㋕からえらびましょう。

① たねをまいて２週間ぐらいしたら、めが出た。（　　）

② 葉の数がふえ、くきものびて太くなった。（　　）

③ 花がさいた後、緑色の実ができた。（　　）

(3) 緑色の実ができた後、葉や実はどのようにかわりますか。次の①、②のうち、正しいほうに○をつけましょう。

①（　　）葉は茶色くなりかれて、実が黄色っぽくなる。

②（　　）葉も実も緑色のままで、草たけがさらにのび、葉がふえる。

(4) 実の中にはたねができます。１つの実の中にできるたねの数について、次の①、②のうち、正しいほうに○をつけましょう。

①（　　）１つの実の中に１つのたねができる。

②（　　）１つの実の中にたくさんのたねができる。

(5) ホウセンカは、たねができた後、どうなりますか。次の①～③のうち、正しいものに○をつけましょう。

①（　　）その後も、大きくなっていく。

②（　　）やがてかれる。

③（　　）もう一度《いちど》花がさく。

2 ホウセンカの育ち 次の図は、ホウセンカの育ちをきろくしたカードです。あとの問いに答えましょう。　1つ4〔24点〕

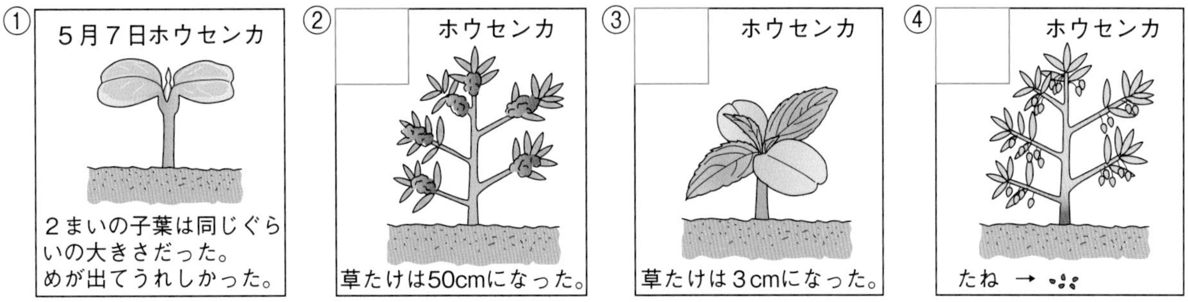
①
5月7日ホウセンカ
2まいの子葉は同じぐらいの大きさだった。
めが出てうれしかった。
②
ホウセンカ
草たけは50cmになった。
③
ホウセンカ
草たけは3cmになった。
④
ホウセンカ
たね →

(1)　②～④のかんさつカードは、いつのきろくですか。次のア～ウからえらんで、□に記号をかきましょう。

ア　7月15日　　イ　9月10日　　ウ　5月14日

(2)　次のきろく文は、①～④のどのカードのものですか。番号をかきましょう。

㋐　子葉の間から、ギザギザした、細長い葉が出てきた。（　　　）

㋑　赤色の花がたくさんさいた。（　　　）

㋒　花がさいていたところに実ができ、中にはたねがたくさんあった。（　　　）

3 植物の実 いろいろな植物の実をかんさつしました。次の㋐、㋑は何という植物の実ですか。下の〔　〕からえらんでかきましょう。　1つ6〔12点〕

㋐（　　　　　　）　㋑（　　　　　　）

㋐

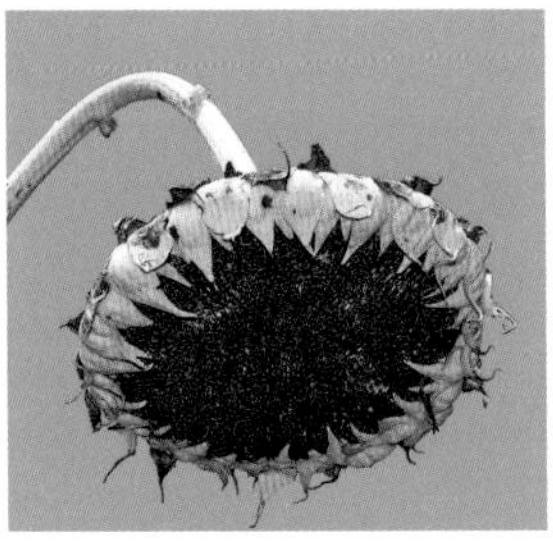

㋑

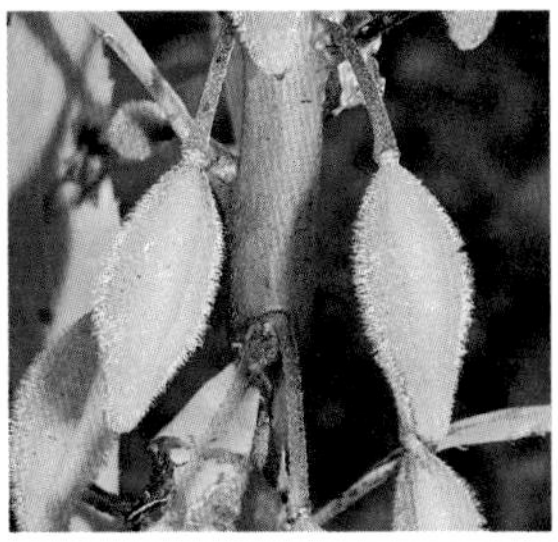

ホウセンカの実にさわると、たねがはじけるよ。

〔　ヒマワリ　　ホウセンカ　〕

4 植物の一生 次の文は、植物の一生についてかいたものです。正しいものには○、まちがっているものには×をつけましょう。　1つ4〔28点〕

①（　　　）たねをまいてはじめに出てくる子葉は、どの植物も同じ形をしている。

②（　　　）子葉の後に出てくる葉は、子葉とはちがう形をしている。

③（　　　）植物が育ってくると、葉の数はふえるが、葉の大きさは大きくならない。

④（　　　）つぼみや花の形や色は、植物のしゅるいによってちがう。

⑤（　　　）実ができるのは、花がさいていたところとはかぎらない。

⑥（　　　）実の形や色は、植物のしゅるいがちがってもよくにている。

⑦（　　　）花がさいた後にできるたねは、春にまいたたねと色や形がよくにている。

勉強した日　月　日

1　かげのでき方と太陽

きほんのワーク

もくひょう・
日光がものに当たるとかげがどこにできるのかをかくにんしよう。

おわったらシールをはろう

教科書　90 ～ 94ページ　答え　9ページ

図を見て、あとの問いに答えましょう。

1　かげができるときの太陽のいち

太陽は、かげの①（ 同じ　反対《はんたい》 ）がわにある。

鉄《てつ》ぼうのかげができる向《む》きは、人のかげができる向きと②（ 同じ　ちがう ）。

かげのでき方はどうなっているかな？

● 太陽のいちやかげのできる向きについて、①、②の（　）のうち、正しいほうを⬭でかこみましょう。

2　しゃ光板《こうばん》の使い方

太陽を見るときは、目をいためないようにするため、かならず①［　　　］を使う。

①のきぐを②（ 通して　通さずに ）太陽を見る。

➡ ①のきぐを使って太陽を見る時間は、できるだけ③（ 長く　短く ）する。

(1) 太陽を見るときに使うきぐの名前を、①の［　］にかきましょう。

(2) ①のきぐの使い方について、②、③の（　）のうち、正しいほうを⬭でかこみましょう。

まとめ　〔 同じ　反対　日光《にっこう》 〕からえらんで（　）にかきましょう。

● かげは、ものが①（　　　　）をさえぎると、太陽の②（　　　　）がわにできる。

● 日光によってできるもののかげは、どれも③（　　　　）向きである。

わくわくたんてい団　かげの色は黒だけではありません。色のついたとうめいなセロハンに光を当てると、セロハンと同じ色のかげができます。

練習のワーク

教科書　90～94ページ　答え　9ページ

できた数　/12問中

おわったら シールを はろう

1　晴れた日の昼間に、かげのでき方を調べました。次の問いに答えましょう。

(1)　右の図１のように人のかげができているとき、太陽は㋐、㋑のどちらのほうにありますか。□に○をつけましょう。

(2)　人やもののかげができるとき、かげと太陽は、同じがわにありますか、反対がわにありますか。

(　　　　　　)

(3)　次の図２の㋐～㋔のうち、かげのでき方が正しいものに３つ○を、まちがっているものに２つ×をつけましょう。

図１

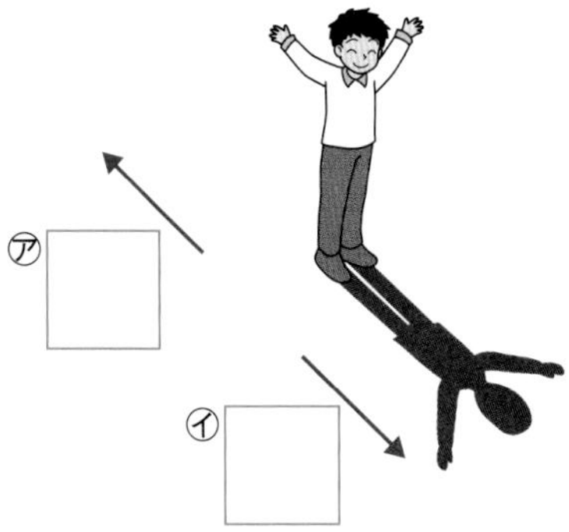

図２

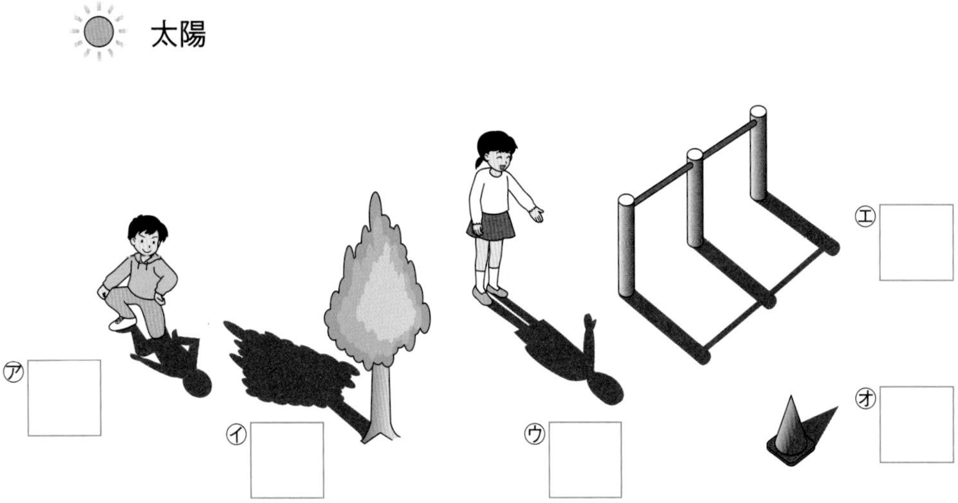

2　右の図のようなきぐを使って太陽のいちを調べました。次の問いに答えましょう。

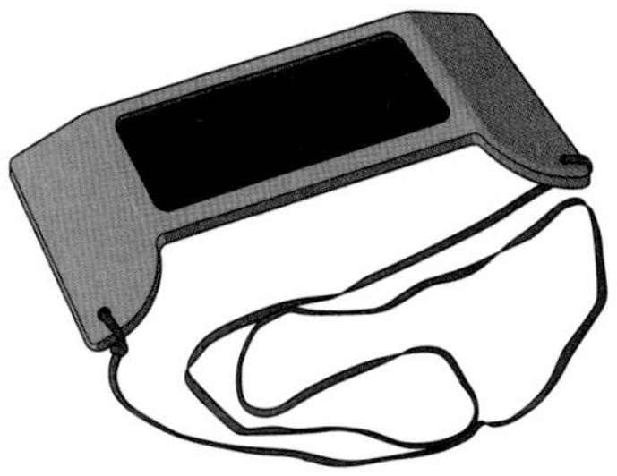

(1)　右の図のきぐを何といいますか。

(　　　　　　)

(2)　右の図のきぐを使うのは、何をいためないようにするためですか。(　　　　　　)

(3)　次の文のうち、正しいものには○、まちがっているものには×をつけましょう。

①(　　　)このきぐは、太陽の光を目に集めるはたらきがある。

②(　　　)目にこのきぐを当ててから、太陽のほうに顔を向ける。

③(　　　)このきぐを使うと、長い時間太陽を見てもよい。

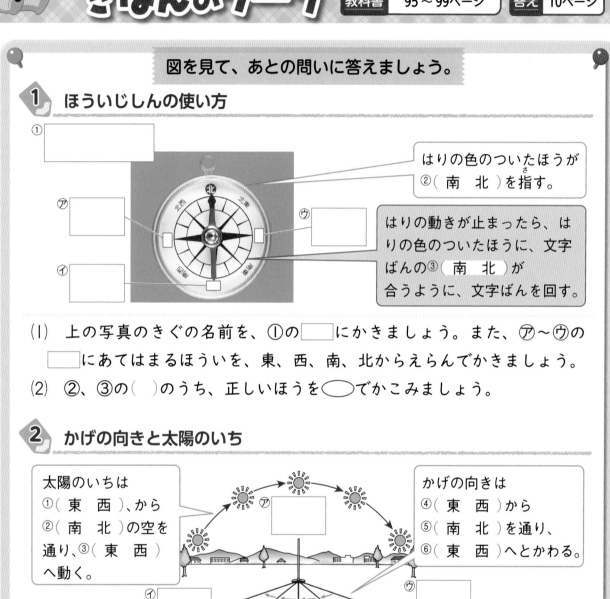

勉強した日　月　日

2 かげの向きと太陽のいち

きほんのワーク

もくひょう：1日のうちの太陽のいちと、かげの向きをかくにんしよう。

おわったらシールをはろう

教科書 95～99ページ　答え 10ページ

図を見て、あとの問いに答えましょう。

1 ほういじしんの使い方

① ［　　］

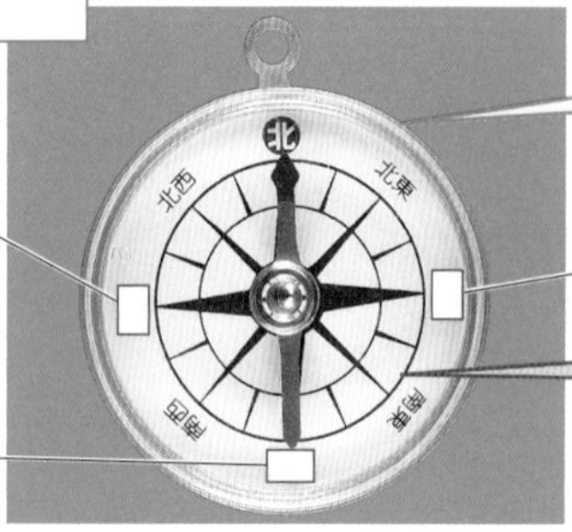

㋐ ［　　］　㋑ ［　　］　㋒ ［　　］

はりの色のついたほうが②（ 南　北 ）を指す。

はりの動きが止まったら、はりの色のついたほうに、文字ばんの③（ 南　北 ）が合うように、文字ばんを回す。

(1) 上の写真のきぐの名前を、①の［　］にかきましょう。また、㋐～㋒の［　］にあてはまるほういを、東、西、南、北からえらんでかきましょう。

(2) ②、③の（　）のうち、正しいほうを◯でかこみましょう。

2 かげの向きと太陽のいち

太陽のいちは①（ 東　西 ）、から②（ 南　北 ）の空を通り、③（ 東　西 ）へ動く。

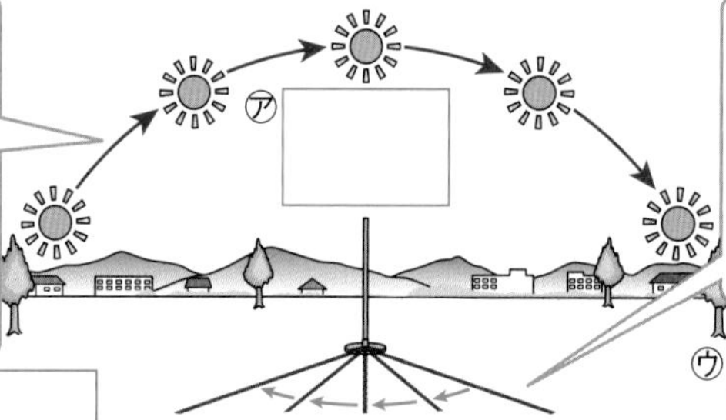

㋐ ［　　］　㋑ ［　　］　㋒ ［　　］　㋓ ［　　］

かげの向きは④（ 東　西 ）から⑤（ 南　北 ）を通り、⑥（ 東　西 ）へとかわる。

(1) ㋐～㋓の［　］にあてはまるほういを、東、西、南、北でかきましょう。

(2) かげの向きや太陽のいちについて、①～⑥の（　）のうち、正しいほうを◯でかこみましょう。

まとめ　〔 東　西　南　太陽 〕からえらんで（　）にかきましょう。

● かげの向きがかわるのは、①（　　　）のいちがかわるからである。

● 太陽のいちは、②（　　　）→③（　　　）の空→④（　　　）へとかわる。

わくわくたんてい団：太陽のいちが東→南→西へとかわるように見えるのは、太陽が地球（ちきゅう）のまわりを動いているのではなく、地球が西から東へと回てんしているためです。

練習のワーク

教科書　95～99ページ　　答え　10ページ

できた数　　/13問中

おわったら
シールを
はろう

1 **右の図のようなきぐを使って、ほういを調べました。次の問いに答えましょう。**

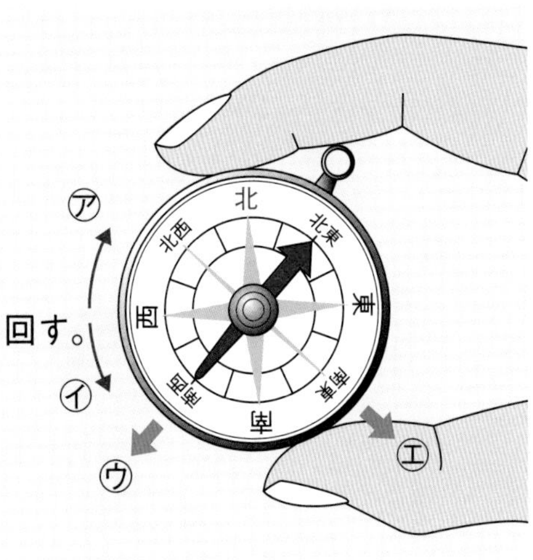

㋐
回す。
㋑
㋒
㋓
北
北東
東
南東
南
南西
西
北西

(1)　右の図のきぐを何といいますか。

（　　　　　　　　）

(2)　次の文は、このきぐの使い方についてかいたものです。（　）にあてはまる言葉をかきましょう。

　①（　　　　）の動きが止まったら、文字ばんを回し、②（　　　　）の文字をはりの色のついた先に合わせる。

(3)　図のようになったとき、文字ばんを㋐、㋑のどちら向きに回しますか。

（　　　）

(4)　図の㋒、㋓の矢じるしのほういを、東、西、南、北からえらんでかきましょう。

㋒（　　　　　）　㋓（　　　　　）

2 **右の図のように、ぼうを立て、午前10時、正午、午後２時のかげのようすを調べました。次の問いに答えましょう。**

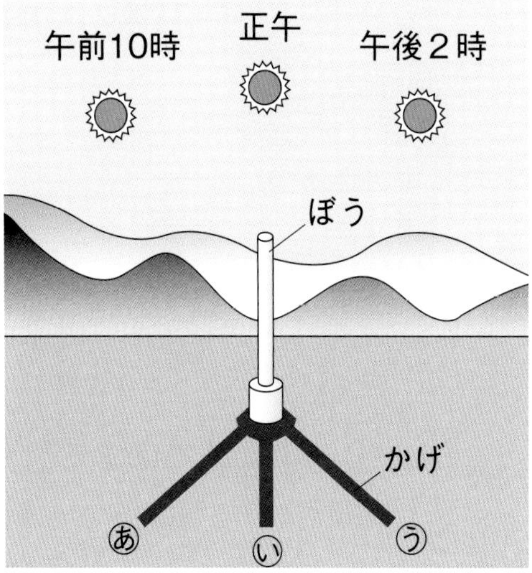

午前10時
正午
午後２時
ぼう
かげ
あ
い
う

(1)　次の①～③のときのかげを、右の図のあ～うからえらびましょう。

①　午前10時　　（　　　）

②　正午　　（　　　）

③　午後２時　　（　　　）

(2)　次の文の（　）にあてはまる言葉を、下の〔　〕からえらんでかきましょう。

　太陽のいちは、午前中は①（　　　　）のほうから②（　　　　）の空へとかわり、午後は③（　　　　）のほうへとかわる。かげの向きがかわるのは、④（　　　　）のいちがかわるからである。

〔　東　　西　　南　　北　　太陽　　ぼう　〕

太陽のいちのかわり方とぼうのかげの向きのかわり方は反対だね。

勉強した日　　月　　日

3　日なたと日かげの地面

もくひょう
日なたと日かげの地面のようすのちがいについてかくにんしよう。

おわったらシールをはろう

きほんのワーク

教科書 100～107ページ　答え 10ページ

図を見て、あとの問いに答えましょう。

1　温《おん》度《ど》計《けい》の使い方

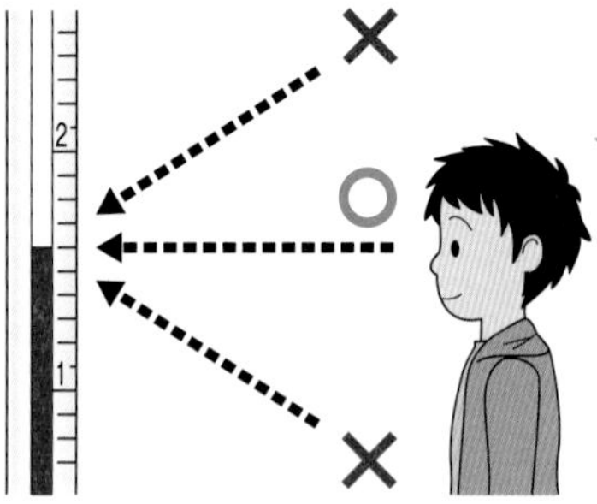

えきの先の目もりを、
①（ 真横《まよこ》　ななめ ）
から読む。

えきの先が目もりの線の間にあるときは、
②（ 近いほう　遠いほう ）の目もりを読む。

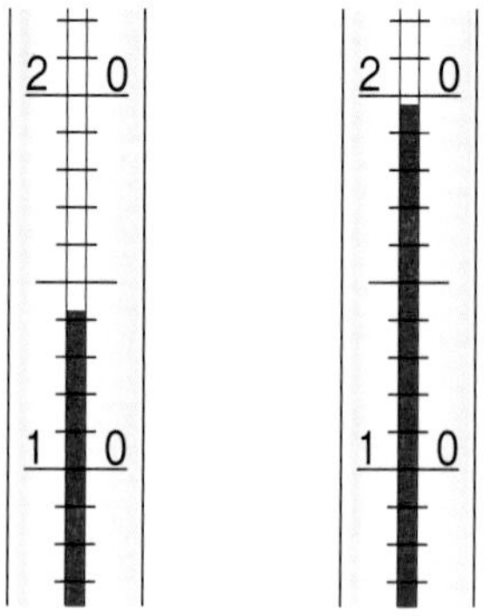

③ □ ℃　④ □ ℃

(1)　①、②の（　）のうち、正しいほうを◯でかこみましょう。

(2)　③、④の温度を読んで、□にかきましょう。

2　日なたと日かげの地面のちがい

	日なたの地面	日かげの地面
明るさ	①　　　　。	②　　　　。
あたたかさ	③　　　　。	④　　　　。
しめりぐあい	かわいている。	しめっている。
午前９時	15℃	13℃
正午	21℃	16℃

日なたの地面は、
⑤ □ によって
あたためられる。

(1)　①～④にあてはまる言葉を、下の〔　〕からえらんでかきましょう。

〔　明るい　　暗《くら》い　　あたたかい　　つめたい　〕

(2)　⑤の□にあてはまる言葉をかきましょう。

まとめ　〔　日光　日かげ　〕からえらんで（　）にかきましょう。

- 日なたの地面はあたたかくかわいている。①（　　　　）の地面はつめたくしめっている。
- 地面の温度がちがうのは、日なたの地面が②（　　　　）であたためられるからである。

わくわくたんてい団
月の地面の温度は、太陽の光が当たっているところは120℃にもなりますが、太陽の光が当たらないところは0℃よりもひくい温度（マイナス170℃）となります。

練習のワーク

教科書 100～107ページ　答え 10ページ

できた数 /12問中

おわったらシールをはろう

1 日なたや日かげのようすを調べました。次の文の(　)に、日なた、日かげのどちらかをかきましょう。

① 動物《どうぶつ》が木の下で休んでいたのは、(　　　　　　)がすずしいからである。

② プールサイドを歩いたとき、(　　　　　　)では足のうらがあつかった。

③ 地面をさわって調べると、(　　　　　　)の地面はあたたかかった。

④ 地面をさわって調べると、(　　　　　　)の地面はしめっていた。

2 右の図のようにして地面の温度をはかりました。次の問いに答えましょう。

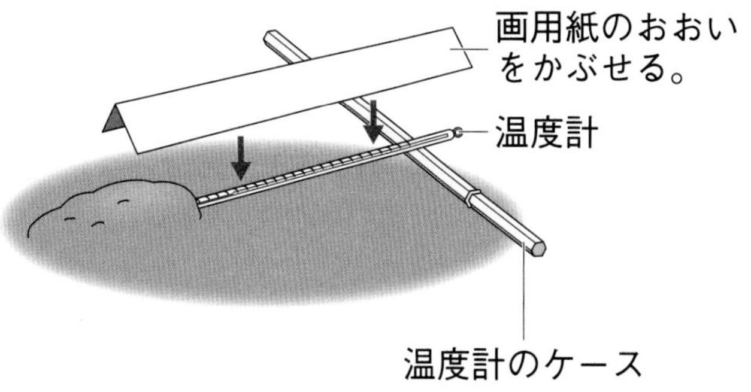

画用紙のおおいをかぶせる。
温度計
温度計のケース

(1) 右の図で、温度計におおいをしているのはなぜですか。正しいせつ明に○をつけましょう。

①(　　)温度計に風が当たらないようにするため。

②(　　)温度計に日光が当たらないようにするため。

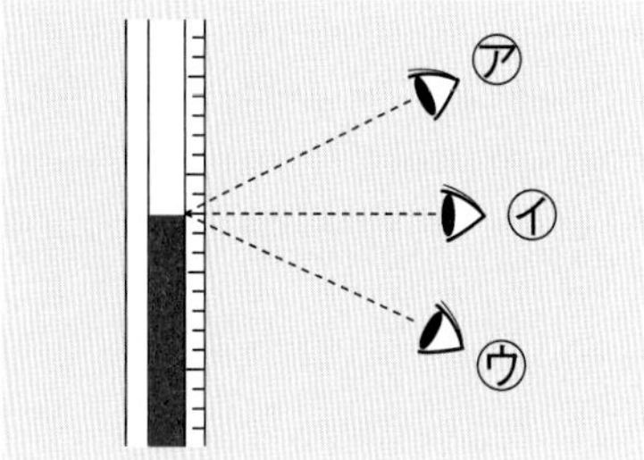

㋐
㋑
㋒

(2) いしょくごてで地面を少しほって、温度計にうすく土をかぶせます。かぶせる部分に○をつけましょう。

①(　　)温度計のいちばん上の部分

②(　　)えきだめの部分

(3) 温度計の目もりは、右の図の㋐～㋒のどこから読みますか。(　　)

3 右の図は、日なたや日かげの地面の温度を調べてきろくしたものです。次の問いに答えましょう。

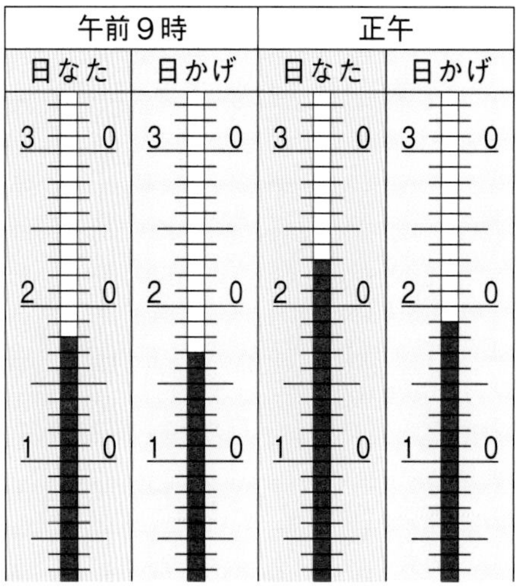

午前9時
正午
日なた
日かげ
日なた
日かげ
30
20
10

(1) 日なたと日かげの正午の温度を読みましょう。

日なた(　　　　)　日かげ(　　　　)

(2) 正午の地面の温度は、日なたと日かげのどちらが高いですか。(　　　　)

(3) 日なたの地面の温度は、午前9時と正午のどちらが高いですか。(　　　　)

(4) (2)や(3)のようになるのは、地面が何によってあたためられるからですか。(　　　　)

勉強した日　　月　　日

まとめのテスト

6　かげと太陽

とく点　　/100点

おわったら シールを はろう

時間 20分

教科書　90～107ページ　　答え　11ページ

よく出る **1** **かげの向きと太陽のいち** 次の図のように、ぼうを立て、そのぼうのかげの向きと太陽のいちを調べました。あとの問いに答えましょう。　1つ4〔40点〕

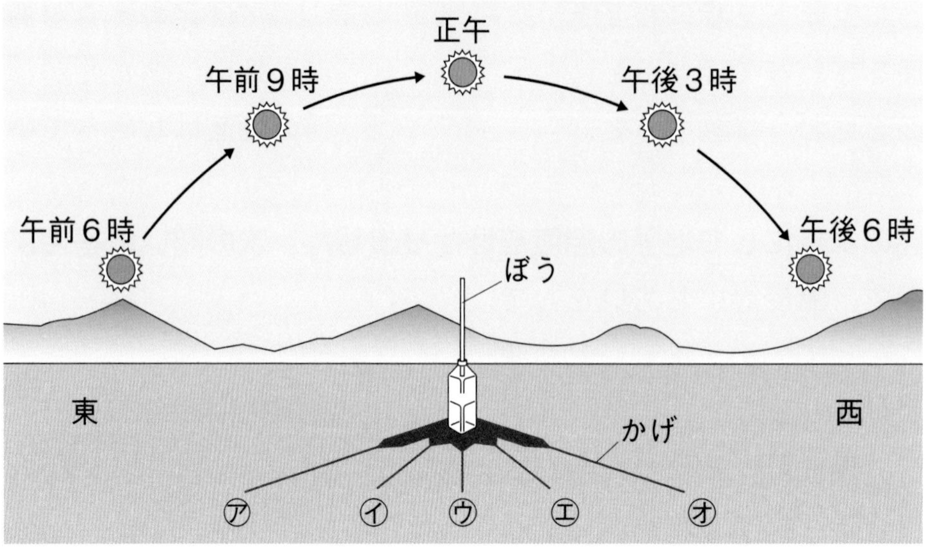

(1)　上の図で、午前6時のときのかげは、㋐～㋔のどれですか。　(　　　)

(2)　㋑のかげは、何時の太陽によってできたものですか。図の中の時こくで答えましょう。　(　　　　)

(3)　午前6時から午後6時にかけて、太陽のいちとかげの向きは、それぞれどのようにかわりましたか。東、西、南、北で答えましょう。

太陽(　　　→　　　→　　　)　かげ(　　　→　　　→　　　)

(4)　太陽をかんさつするときに使うきぐを、次のア～ウからえらびましょう。　(　　　)

ア　しゃ光板　　イ　虫めがね　　ウ　かがみ

記述 (5)　太陽をかんさつするとき、目をいためるため、してはいけないことがあります。それはどんなことですか。

(　　　　　　　　　　　　　　　　　　　　)

(6)　かげのでき方について、次の文のうち、正しいものには○、まちがっているものには×をつけましょう。

①(　　　)かげは太陽の反対がわにできていた。

②(　　　)自分のかげの向きと友だちのかげの向きはちがっていた。

③(　　　)午前と午後では、かげの向きがちがっていた。

④(　　　)正午のかげは、北のほうにできていた。

2 温度計 地面の温度をはかりました。次の問いに答えましょう。 1つ5〔25点〕

(1) 次の①～④の温度をかきましょう。

①(　　　　) ②(　　　　) ③(　　　　) ④(　　　　)

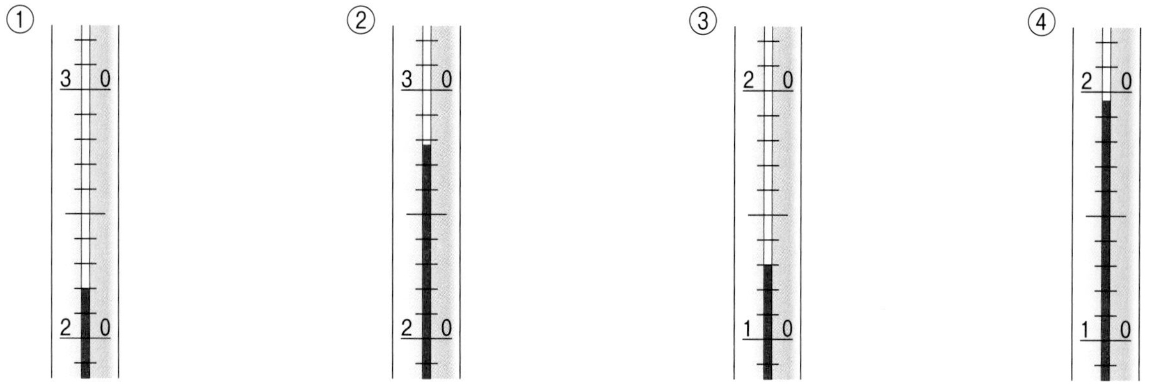

(2) 日なたの地面の温度をはかるとき、温度計のえきだめに日光が当たるようにしますか、当たらないようにしますか。 (　　　　)

3 日なたと日かげの地面の温度 右の図の㋐～㋓は、午前９時と正午にはかった、日なたと日かげの地面の温度です。次の問いに答えましょう。 1つ5〔35点〕

(1) 次の①、②の地面の温度を表しているものを、右の図の㋐～㋓からそれぞれえらびましょう。

① 午前９時の日かげ (　　　)

② 正午の日なた (　　　)

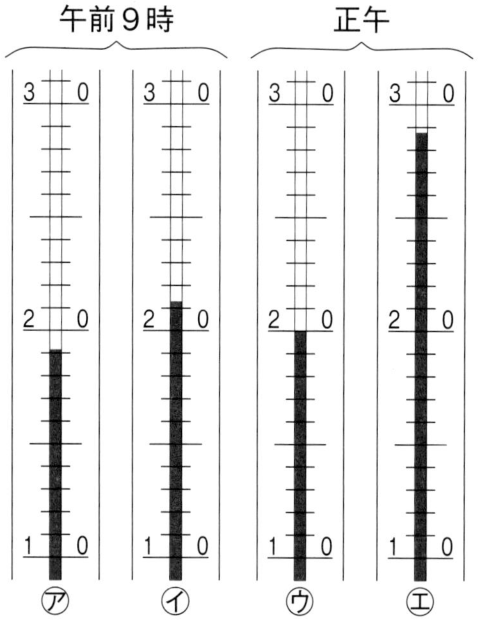

(2) 同じ時こくでくらべたとき、地面の温度が高いのは、日なたと日かげのどちらですか。 (　　　)

記述 (3) (2)のようになるのはなぜですか。

(　　　　　　　　　　)

(4) 日かげの地面の温度のかわり方は、日なたにくらべて大きいですか、小さいですか。次のア～ウからえらびましょう。 (　　　)

ア 大きい　　イ 小さい　　ウ かわらない

(5) 次の文のうち日なたのようすには○、日かげのようすには△をつけましょう。

①(　　　)地面にさわるとしめっている。

②(　　　)地面にさわるとかわいている。

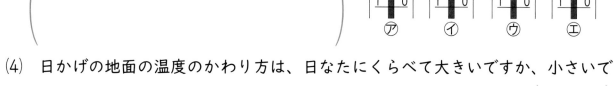

勉強した日　　月　　日

1　はね返した日光の進み方
2　はね返した日光を重ねたとき

きほんのワーク

もくひょう
日光を重ねた部分の明るさやあたたかさをくらべてみよう。

おわったら シールを はろう

教科書 108～114ページ　答え 11ページ

図を見て、あとの問いに答えましょう。

1 はね返《かえ》した日光の進《すす》み方

日光は、①［　　　］ではね返すことができる。

はね返した日光は、
②(曲《ま》がって　まっすぐに)
進む。

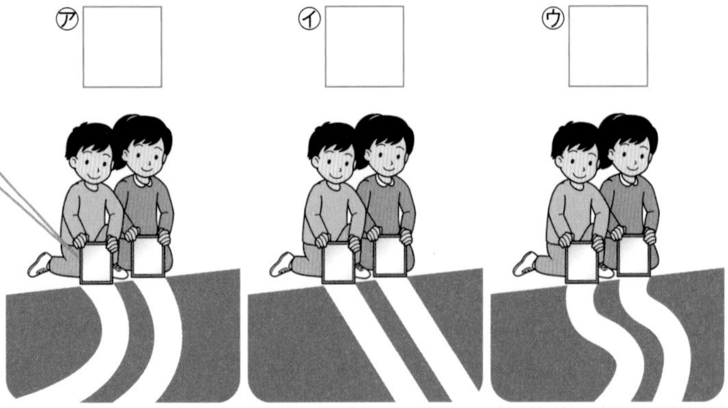

(1)　①の［　］にあてはまる言葉をかきましょう。また、㋐～㋒の日光の進み方のうち、正しいものには○、まちがっているものには×をつけましょう。
(2)　②の(　)のうち、正しいほうを◯でかこみましょう。

2 日光を集めたときの明るさとあたたかさ

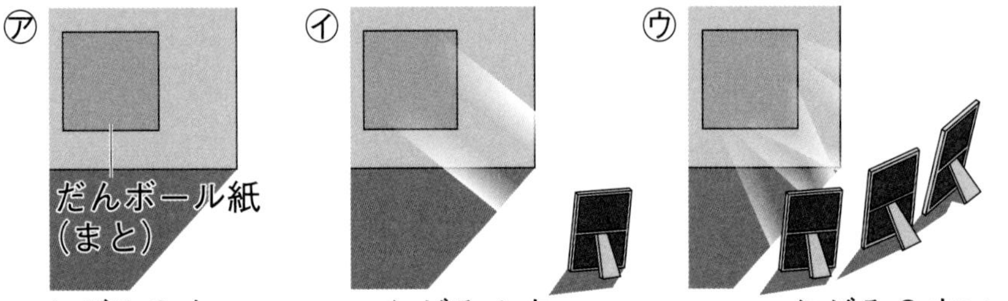

かがみ０まい　かがみ１まい　かがみ３まい

①明るいじゅん
［　］→［　］→［　］

②あたたかいじゅん
［　］→［　］→［　］

はね返した日光を重《かさ》ねると、③(明るく　暗く)、④(あたたかく　つめたく)なる。

(1)　①の［　］に、まとが明るいじゅんに㋐～㋒をならべましょう。
(2)　②の［　］に、まとがあたたかいじゅんに㋐～㋒をならべましょう。
(3)　③、④の(　)のうち、正しいほうを◯でかこみましょう。

まとめ　〔 日光　高く　まっすぐに 〕からえらんで(　)にかきましょう。

●かがみではね返した日光は、①(　　　　)進む。はね返した②(　　　　)を重ねると、重なったところは、より明るく、温度はより③(　　　　)なる。

わくわくたんてい団
かげ絵やえい画は光がまっすぐに進むことをりようしたものです。どちらもスクリーンと光の間にうつしたいものを入れてそのかげを見せているのです。

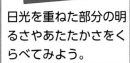

練習のワーク

1 **はね返した日光をまとに重ねて当て、明るさや温度のちがいを調べます。次の問いに答えましょう。**

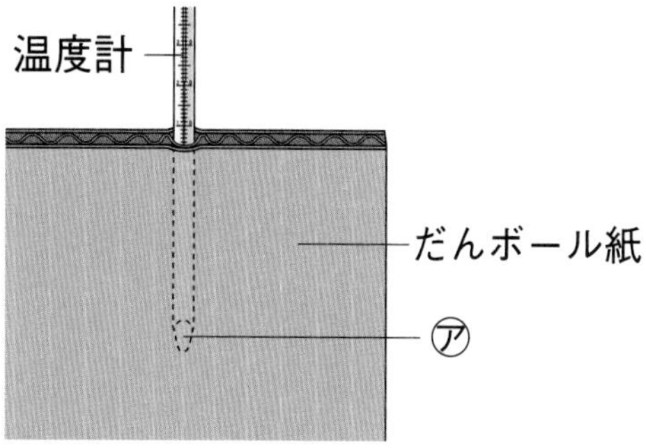

(1)　右の図のように、だんボール紙でつくったまとに温度計をさしこみました。だんボール紙にさしこむ温度計の㋐の部分を何といいますか。

（　　　　　）

(2)　まとにかがみ１まいではね返した日光と、かがみ３まいではね返した日光を当てて、明るさや温度をくらべます。調べるときに何に気をつけますか。正しいものには○、まちがっているものには×をつけましょう。

①（　　　）同じ時間だけ光を当てるため、ストップウォッチで時間をはかる。

②（　　　）明るさは、はね返した日光を顔に当ててくらべる。

③（　　　）温度計の㋐が入っているところに日光を当てる。

2 **右の図のように、かがみではね返した日光を、日かげになったかべに当て、明るさや温度を調べました。次の問いに答えましょう。**

(1)　㋐～㋒のうち、いちばん明るいのはどこですか。（　　　　）

(2)　㋐～㋒の温度をはかり、右下の表《ひょう》のようにまとめます。①～③に、かがみ何まいに日光を当てたか、数字でかきましょう。

(3)　(2)のとき、㋐～㋒の温度はどうなりましたか。次の〔　〕からえらんで、右の表の④～⑥にかきましょう。

〔　23℃　　32℃　　26℃　〕

(4)　はね返した日光を重ねるにつれて、明るさや温度はどのようになりますか。次の文の（　）にあてはまる言葉をかきましょう。

日光を重ねるほど、日光が当たったところの明るさは①（　　　　　）なり、温度は②（　　　　　）なる。

場所	かがみのまい数	温度
㋐	①　　　　まい	④
㋑	②　　　　まい	⑤
㋒	③　　　　まい	⑥

3 日光を集めたとき

もくひょう・

虫めがねで集めた日光の明るさやあたたかさをかくにんしよう。

おわったらシールをはろう

きほんのワーク

教科書 115〜119ページ | 答え 11ページ

図を見て、あとの問いに答えましょう。

1 虫めがねを使った日光の集め方

虫めがねを使うと、日光を①（ 集め さえぎ ）ることができる。

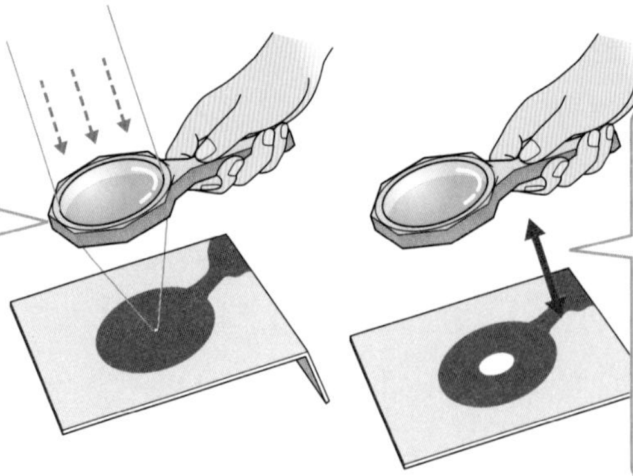

虫めがねを紙に近づけたり遠ざけたりすると、②□□□□□を集める部分の大きさをかえることができる。

(1) ①の（ ）のうち、正しいほうを◯でかこみましょう。

(2) ②の□にあてはまる言葉をかきましょう。

2 日光を集めたときの明るさとあたたかさ

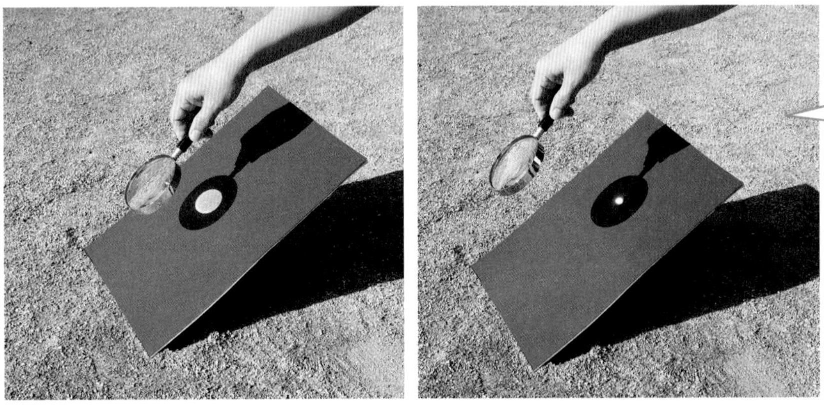

日光を小さく集めていると、黒い紙から②□□□□□が出てくる。

とてもあつくなるんだね。

日光を集める部分が①（ 大きい 小さい ）ほど、明るくなり、あつくなる。

(1) ①の（ ）のうち、正しいほうを◯でかこみましょう。

(2) ②の□にあてはまる言葉をかきましょう。

まとめ 〔 小さい 集める 日光 虫めがね 〕からえらんで（ ）にかきましょう。

● 虫めがねを使うと、①（ ）を②（ ）ことができる。

● ③（ ）で日光を集める部分が④（ ）ほど、明るくなり、あつくなる。

わくわくたんてい団 大きな虫めがねと小さな虫めがねで日光を集めると、大きな虫めがねのほうが多く日光を集めることができるので、はやく紙をこがすことができます。

勉強した日　月　日

練習のワーク

教科書 115～119ページ　答え 12ページ

できた数　/7問中

おわったら シールを はろう

1 　虫めがねを通った日光を黒い紙に当てて、明るさなどを調べました。あとの問いに答えましょう。

黒い紙
㋐
㋑
㋒

(1)　上の図で、虫めがねを通った日光はどうなりましたか。正しいほうに○をつけましょう。

①(　　　)広がった。

②(　　　)集められた。

虫めがねで太陽を見てはいけません。

(2)　㋐～㋒のうち、いちばん明るいのはどれですか。図の□に○をつけましょう。

(3)　㋐～㋒のうち、しばらくすると、紙からけむりが出てくるのはどれですか。

(　　　)

(4)　(3)で、けむりが出てきたのはなぜですか。正しいほうに○をつけましょう。

①(　　　)日光が広がって、空気中のほこりが見えるようになったから。

②(　　　)日光が集められて、紙があつくなってもえ始めたから。

2 　下の図のように、虫めがねを通った日光を黒い紙に当てて、その紙を上下に動かしました。次の問いに答えましょう。

(1)　紙を上下に動かしたとき、明るい部分の大きさはどうなりますか。次の文のうち、正しいほうに○をつけましょう。

①(　　　)大きくなったり、小さくなったりする。

②(　　　)大きさはかわらない。

(2)　㋐～㋒のうち、明るい部分がいちばん明るいのはどれですか。また、いちばんあついのはどれですか。

いちばん明るい(　　　)

いちばんあつい(　　　)

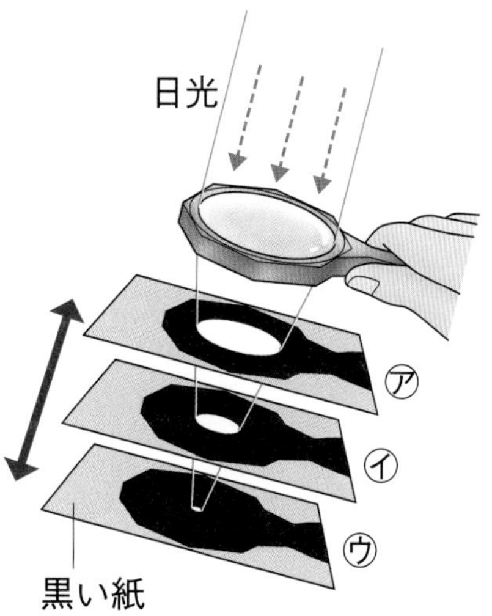

日光
㋐
㋑
㋒
黒い紙

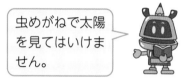

勉強した日　　月　　日

まとめのテスト

7　光のせいしつ

とく点　　/100点

おわったら シールを はろう

時間 20分

教科書　108～119ページ　　答え　12ページ

1 **はね返した日光** かがみではね返した日光について、次の問いに答えましょう。　1つ4〔8点〕

(1)　太陽からとどいた日光が、図の㋐にとどくまでのじゅんに、㋑～㋓をならべましょう。

（ 太陽 →　　　→　　　→　　　→ ㋐ ）

記述 (2)　かがみではね返した日光は、次のかがみに当たるまで、どのように進んでいますか。

（　　　　　　　　　　）

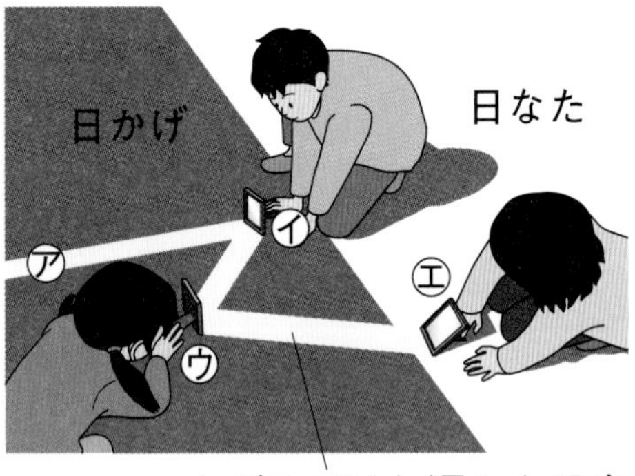

よく出る **2** **はね返した日光** 3まいの同じかがみを使って、はね返した日光を重ねました。あとの問いに答えましょう。　1つ4〔32点〕

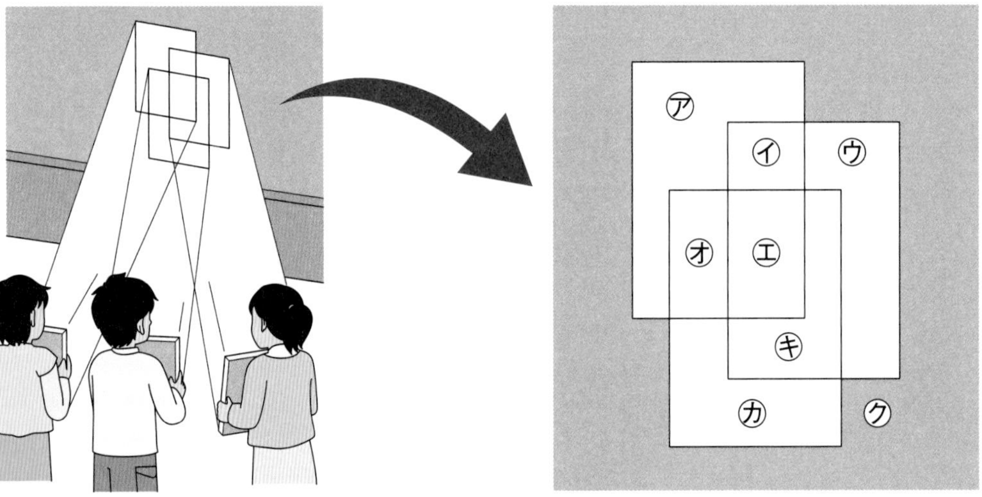

(1)　いちばん明るいところは、㋐～㋗のどこですか。　（　　）

(2)　いちばん暗いところは、㋐～㋗のどこですか。　（　　）

(3)　いちばん温度が高いところは、㋐～㋗のどこですか。　（　　）

(4)　いちばん温度がひくいところは、㋐～㋗のどこですか。　（　　）

(5)　㋐と同じ明るさになるところは、㋑～㋗のどこですか。すべて答えましょう。

（　　　　　）

(6)　㋑と同じ明るさになるところは、㋐、㋒～㋗のどこですか。すべて答えましょう。　（　　　　　）

(7)　はね返した日光を重ねる数が多くなるほど、明るさとあたたかさはそれぞれどうなりますか。明るさ（　　　　　）　あたたかさ（　　　　　）

よく出る **3** **集めた日光** **次の図のように、虫めがねを使って黒い紙に日光を集めました。あとの問いに答えましょう。**

1つ5〔25点〕

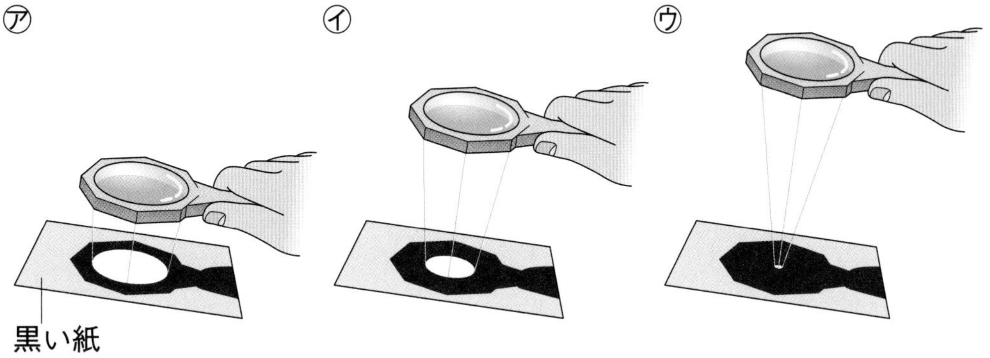

(1) 上の図の㋐～㋒のうち、日光を集めた部分がいちばん明るくなるのは、どのときですか。 (　　　)

(2) 上の図の㋐～㋒のうち、日光を集めた部分がいちばんあつくなるのは、どのときですか。 (　　　)

記述 (3) しばらく(2)のようにしておくと、黒い紙はどうなりますか。

(　　　　　　　　　　　　　　　　　　　　　　　　)

(4) 次の①～④のうち、虫めがねを使ってしてはいけないことに2つ○をつけましょう。

①(　　　)虫めがねを使って太陽を見る。

②(　　　)虫めがねを使って、タンポポなどの植物をかんさつする。

③(　　　)虫めがねで集めた日光を人の体や服《ふく》に当てる。

④(　　　)虫めがねを使って、こん虫などをかんさつする。

4 **光のせいしつ** **次の文は、光についてかいたものです。正しいものには○、まちがっているものには×をつけましょう。**

1つ5〔35点〕

①(　　　)日かげのかべにかがみではね返した日光を当てると、明るくなる。

②(　　　)日かげのかべにかがみではね返した日光を当てても、あたたかくならない。

③(　　　)1まいのかがみではね返した日光を当てた場所と、3まいのかがみではね返した日光を重ねて当てた場所では、明るさにちがいがない。

④(　　　)1まいのかがみではね返した日光を当てた場所より、3まいのかがみではね返した日光を重ねて当てた場所のほうがあたたかくなる。

⑤(　　　)虫めがねで日光を集めた部分が小さいほど、明るさは暗くなる。

⑥(　　　)虫めがねで日光を集めた部分は、大きくても小さくても、明るさにちがいはない。

⑦(　　　)かがみではね返した日光は、まっすぐに進む。

勉強した日　月　日

1　明かりがつくとき①

もくひょう
明かりをつけるきぐの使い方をかくにんしよう。

おわったらシールをはろう

きほんのワーク

教科書 120～125ページ　答え 12ページ

図を見て、あとの問いに答えましょう。

1 豆電球《まめでんきゅう》とかん電池

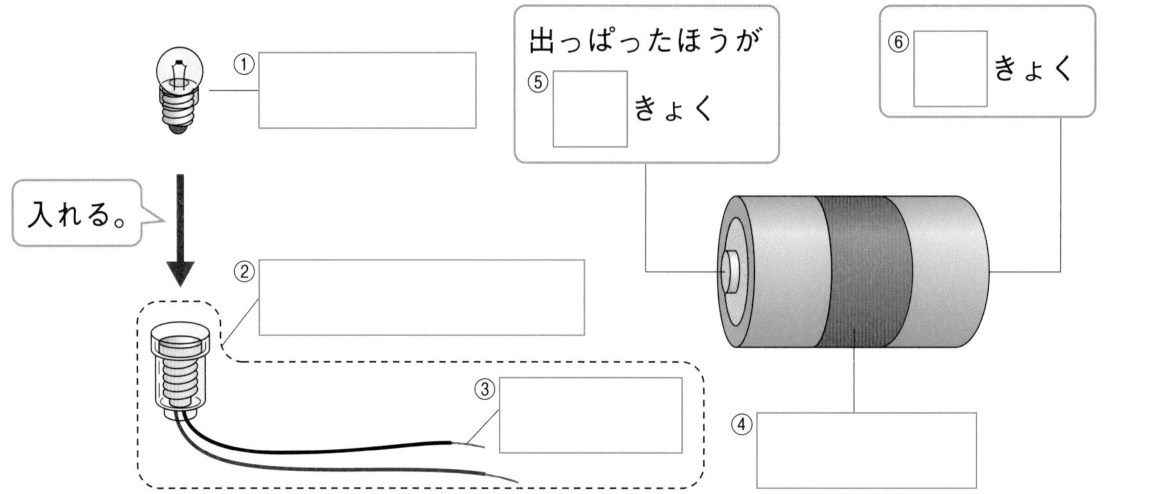

①
出っぱったほうが
⑤　きょく
⑥　きょく
入れる。
②
③
④

(1)　①～④の□に名前をかきましょう。

(2)　⑤、⑥の□にあてはまる記号を、〔　〕からえらんでかきましょう。

〔　＋《プラス》　－《マイナス》　〕

2 どう線のつなぎ方

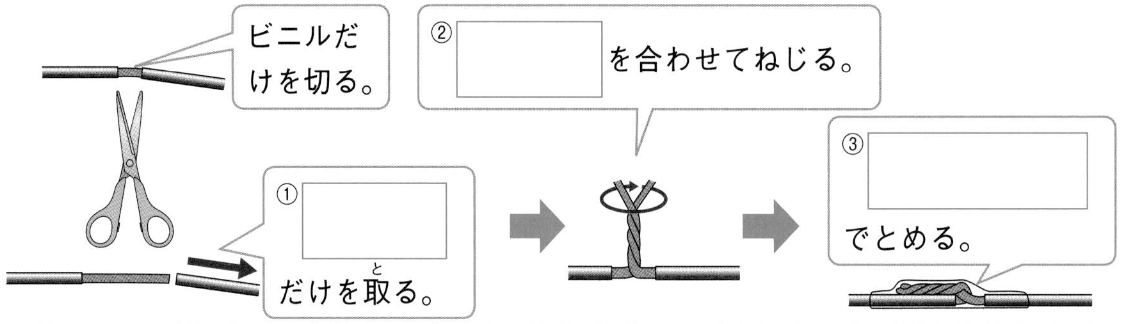

ビニルだけを切る。
②　を合わせてねじる。
①
だけを取《と》る。
③
でとめる。

●　①～③の□にあてはまる言葉を、〔　〕からえらんでかきましょう。

〔　どう線　ビニル　セロハンテープ　〕

まとめ　〔　どう線　＋きょく　－きょく　〕からえらんで（　）にかきましょう。

●かん電池は出っぱったほうが①（　　　）で、反対がわが②（　　　）である。

●③（　　　）をつなぐときは、外がわのビニルを取ってからつなぐ。

わくわくたんてい団　かん電池のしゅるいには、マンガン電池やアルカリ電池などがあります。大きさは、大きいじゅんに、たん1形からたん2形、たん3形、たん4形、たん5形などがあります。

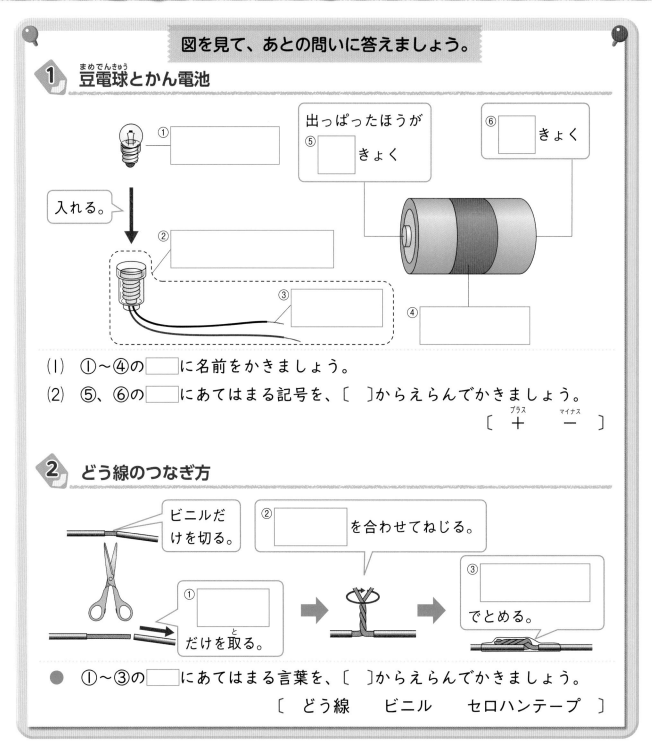

練習のワーク

教科書 120～125ページ　答え 12ページ

できた数　/10問中

おわったら シールを はろう

1 次の図は、明かりをつけるためのきぐです。あとの問いに答えましょう。

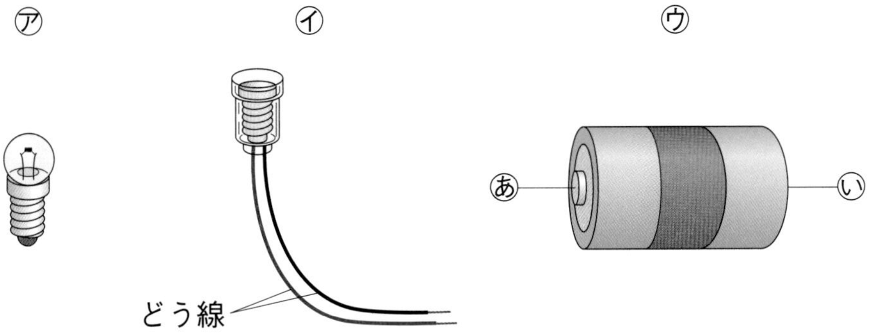

(1) 図の㋐と㋑を何といいますか。　㋐(　　　)　㋑(　　　)

(2) ㋐を㋑に入れて、㋑のどう線を㋒に正しくつなぐと、明かりがつきます。㋒を何といいますか。　(　　　)

(3) ㋒の[あ]と[い]は、それぞれ何きょくですか。

[あ](　　　)　[い](　　　)

2 ビニルでおおわれたどう線２本をつなげます。次の問いに答えましょう。

(1) つなげる前にどう線のはしをどうしますか。正しいものに○をつけましょう。

①(　　)ビニルをつけたままにする。

②(　　)どう線のはしのビニルだけを切って、ビニルを取る。

③(　　)どう線全体のビニルを取る。

(2) (1)のようにしたどう線は、どのようにつなげたらよいですか。正しいものに○をつけましょう。

①(　　)ビニルがついた部分のどう線どうしをねじり合わせる。

②(　　)ビニルを取った部分のどう線どうしをねじり合わせる。

(3) 正しいつなぎ方のじゅんに、□に１～３の数字をかきましょう。

㋐□

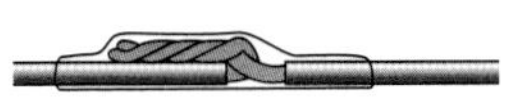

㋑□

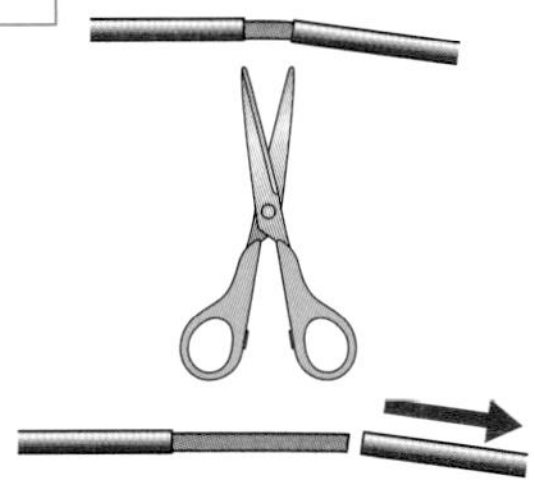

㋒□

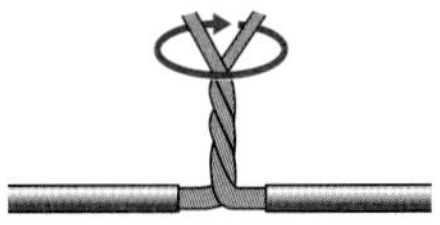

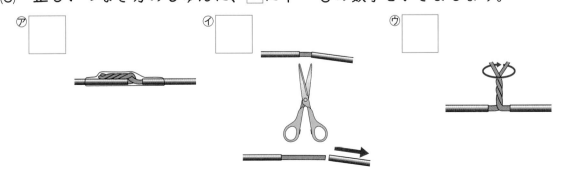

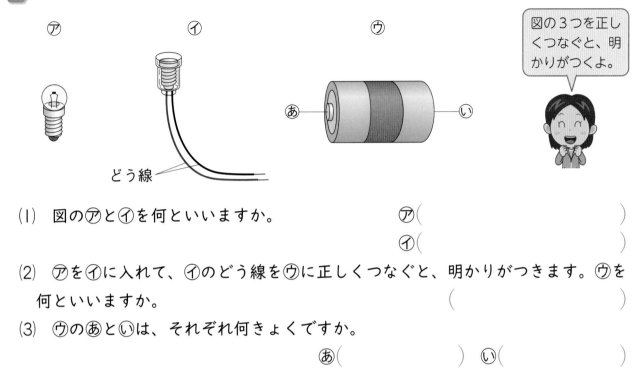

勉強した日 月 日

1 明かりがつくとき②

きほんのワーク

もくひょう
豆電球をどのようにつなぐと明かりがつくのかかくにんしよう。

おわったらシールをはろう

教科書 120～125ページ　答え 13ページ

図を見て、あとの問いに答えましょう。

1 明かりがつくとき・電気の通り道

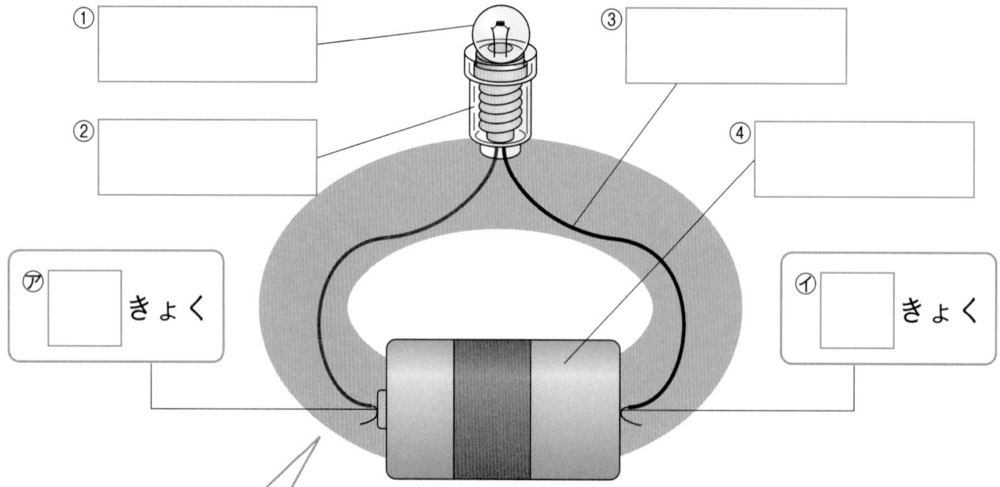

明かりがつくのは、⑤［　　］の＋きょく、⑥［　　］、かん電池の－きょくを、◯のような「わ」になるようにつなげたときである。

➡ 「わ」になるようにつながった電気の通り道を㋒［　　］という。

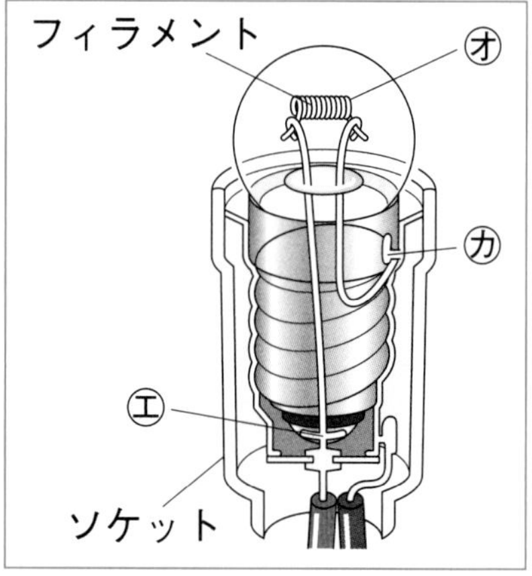

(1) ①～⑥の［　］に、明かりをつけるきぐの名前をかきましょう。
(2) ㋐、㋑の［　］に＋か－かをかきましょう。
(3) ㋒の［　］にあてはまる言葉をかきましょう。
(4) 豆電球に明かりがつくときの電気の通り道になるように、㋓、㋔、㋕のじゅんに赤色でなぞりましょう。

まとめ 〔 回路《かいろ》　わ 〕からえらんで（　）にかきましょう。

●かん電池の＋きょく、豆電球、－きょくを①（　　　　）のようにつなぐと、明かりがつく。「わ」のようになった電気の通り道を②（　　　　）という。

わくわくたんてい団
豆電球のなかまにLED（エル・イー・ディー）電球というものがあります。この電球を使うと、豆電球を使うときよりも、電池が長もちします。

練習のワーク

教科書 120～125ページ　答え 13ページ

できた数 /11問中

おわったら シールを はろう

1 かん電池、どう線つきソケットを使って、豆電球に明かりをつけます。次の図を見て、あとの問いに答えましょう。

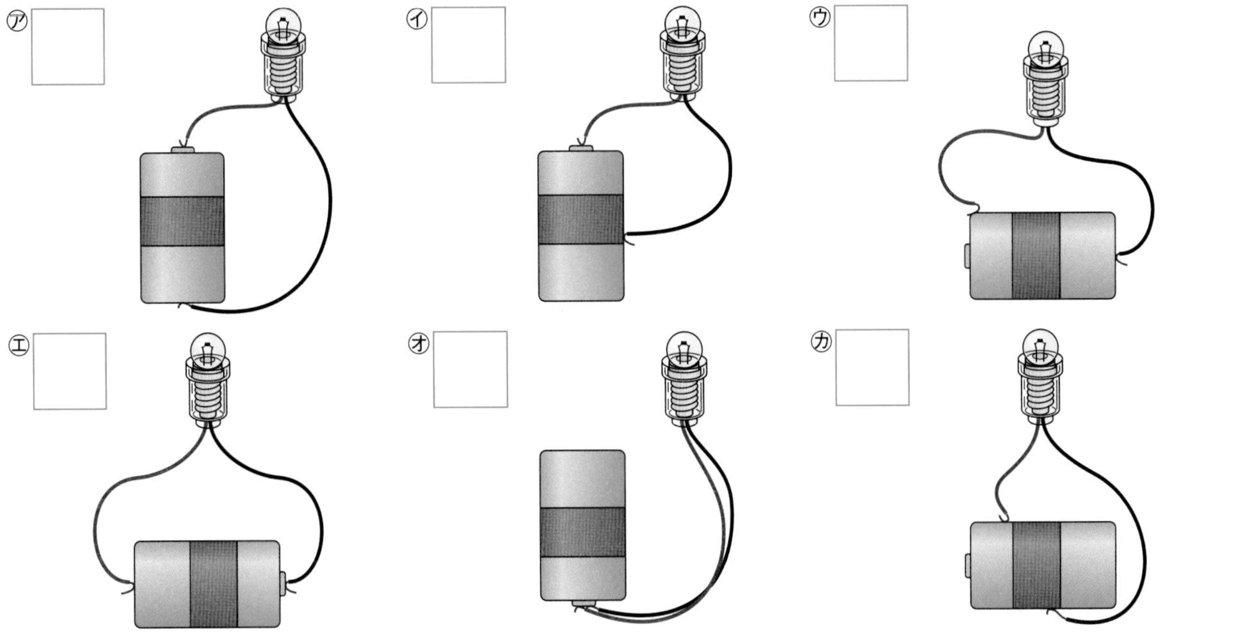

(1) 上の図の㋐～㋕のうち、明かりがつくつなぎ方には○、明かりがつかないつなぎ方には×を、□につけましょう。

(2) 明かりがつくとき、豆電球、かん電池の＋きょく、－きょくが、どう線で「わ」のようにつながって、何の通り道ができますか。（　　　　）

(3) (2)の通り道を何といいますか。（　　　　）

2 右の図は豆電球やソケットの中のようすを表したものです。ソケットに豆電球をしっかり入れて、どう線をかん電池につなぐと、明かりがつきました。次の問いに答えましょう。

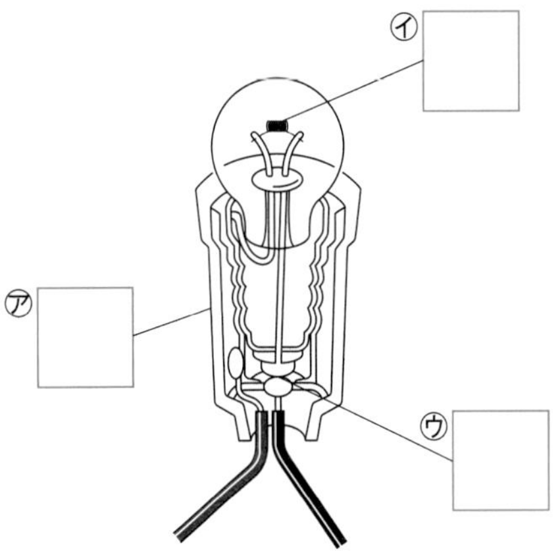

(1) 豆電球をゆるめたとき、電気の通り道が切れる部分を、右の図の㋐～㋒からえらんで、□に○をつけましょう。

(2) (1)のとき、明かりはつきますか、つきませんか。

（　　　　）

(3) 電気が通ると、㋑の部分が光って明かりがつきます。㋑を何といいますか。

（　　　　）

まとめのテスト①

8　電気で明かりをつけよう

とく点　/100点

おわったらシールをはろう

時間 20分

教科書 120～125ページ　答え 13ページ

よく出る **1** **明かりがつくつなぎ方・電気の通り道** 豆電球とかん電池をどう線で次の図のようにつなぎました。あとの問いに答えましょう。　1つ4〔52点〕

① □

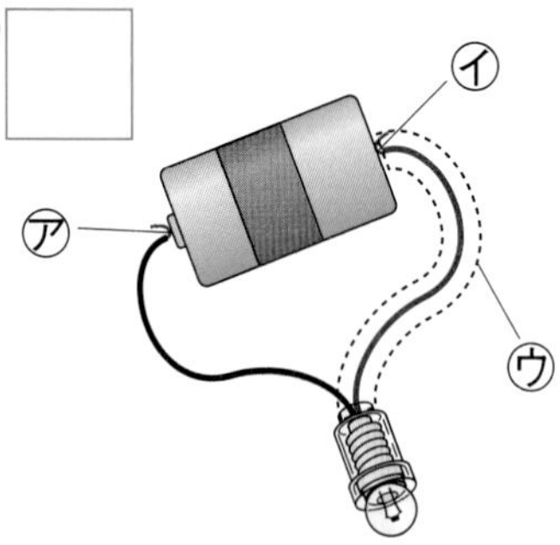

② □

③ □

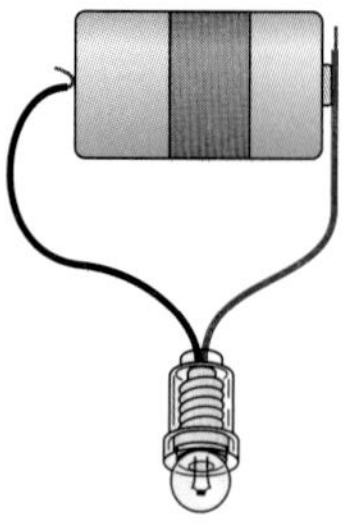

④ □

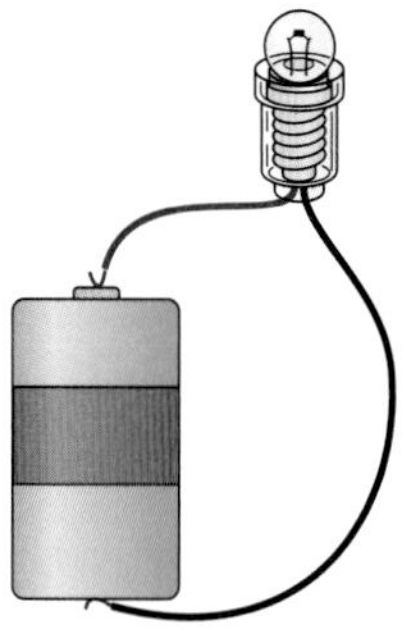

⑤ □

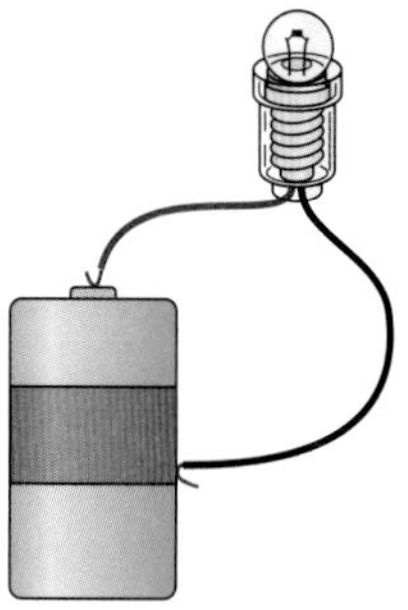

⑥ □

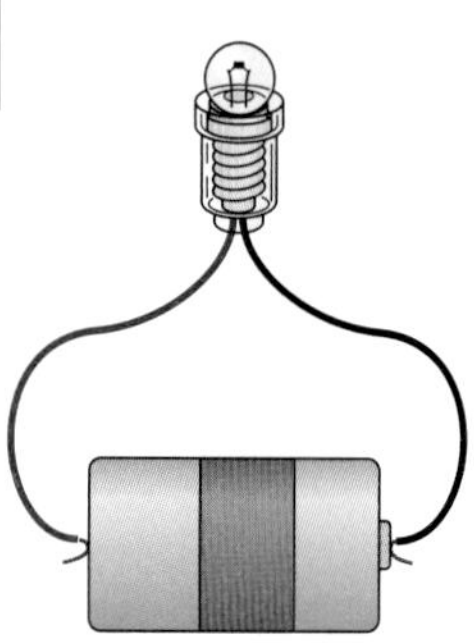

⑦ □

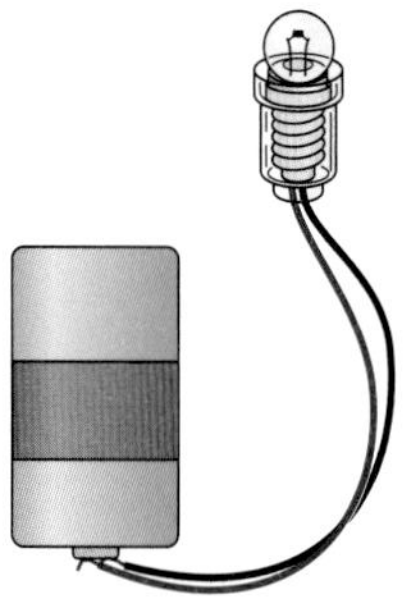

⑧ □

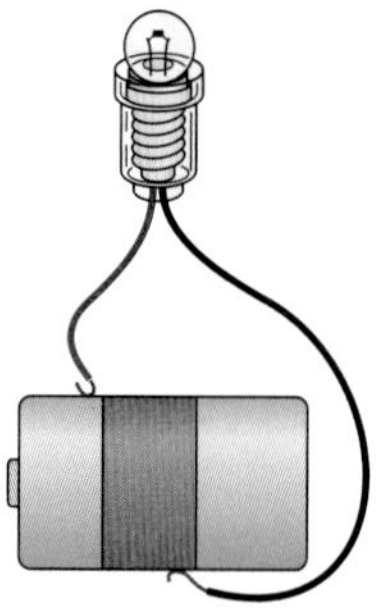

⑨ □

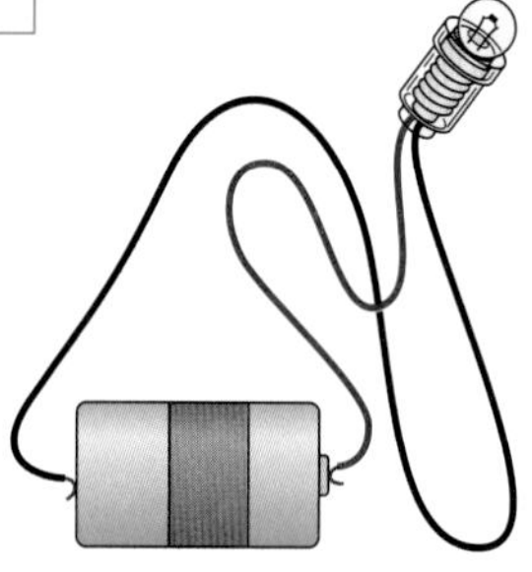

(1)　図の①の㋐、㋑は、それぞれかん電池の何きょくですか。

㋐(　　　　　　)　㋑(　　　　　　)

(2)　図の①の㋒を何といいますか。　(　　　　　　)

(3)　①～⑨のうち、明かりがつくものには○、明かりがつかないものには×を、□につけましょう。

(4)　明かりがついているとき、「わ」のようになっている電気の通り道を何といいますか。　(　　　　　　)

2 明かりがつかないとき **豆電球とかん電池をつなぎましたが、明かりがつきませんでした。明かりをつけるために調べればよいことには○、明かりをつけることとかんけいないものには×をつけましょう。** 1つ2〔18点〕

①(　　　)平《たい》らなつくえの上でじっけんしているか。
②(　　　)どう線のはしのビニルを取ってあるか。
③(　　　)どう線がかん電池の＋きょくと－きょくに正しくつながっているか。
④(　　　)どう線が2本とも＋きょくにつながっているか。
⑤(　　　)どう線の長さが2本とも同じか。
⑥(　　　)ソケットに入れた豆電球がゆるんでいないか。
⑦(　　　)豆電球が上向きになっているか。
⑧(　　　)豆電球のフィラメントが切れていないか。
⑨(　　　)どう線が切れていないか。

チャレンジ! **3 豆電球のつくり** **次の図㋐は、豆電球のつくりのようす、㋑はソケットを使わずにかん電池と豆電球をつないだようすです。あとの問いに答えましょう。** 1つ6〔30点〕

㋐

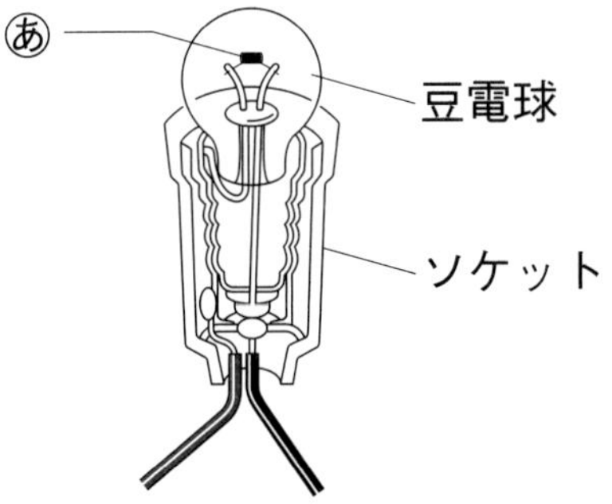

㋑

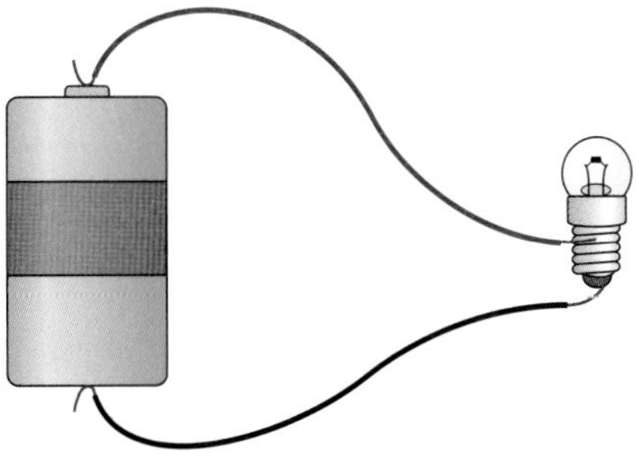

(1)　図の㋐の中にあるあの細い線を何といいますか。　(　　　　　　)
(2)　あは電気の通り道ですか、通り道ではないですか。
(　　　　　　)
(3)　図の㋑のように、ソケットを使わずに、豆電球とかん電池をどう線でつなぎました。このとき、豆電球の明かりはつきますか、つきませんか。
(　　　　　　)
(4)　(3)のようになったとき、電気の通り道はできていますか、できていませんか。
(　　　　　　)
(5)　とてもあつくなってきけんなので、してはいけないつなぎ方を、次のア～ウからえらびましょう。　(　　　)
ア　どう線1本だけでかん電池と豆電球をつなぐ。
イ　かん電池の＋きょくと－きょくを、どう線だけで「わ」のようにつなぐ。
ウ　かん電池と豆電球のガラスのところをどう線でつなぐ。

勉強した日　　月　　日

2　電気を通すもの

もくひょう
電気を通すもの、通さないもののちがいをかくにんしよう。

おわったらシールをはろう

きほんのワーク

教科書　126～131ページ　答え　14ページ

図を見て、あとの問いに答えましょう。

1　電気を通すものを調べる

電気を通すものを調べるためのきぐ

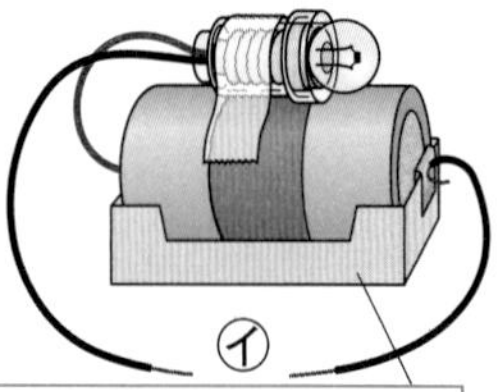

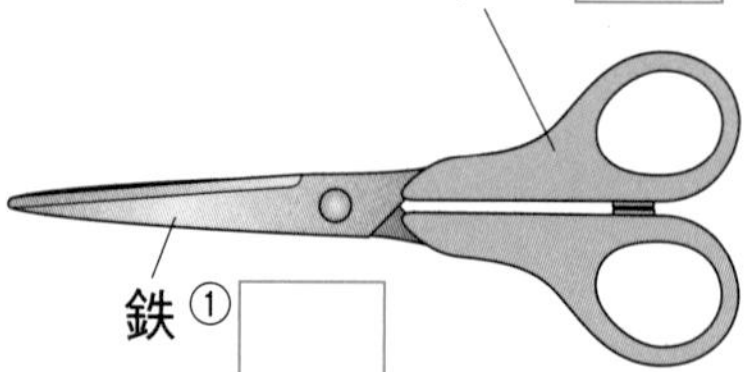

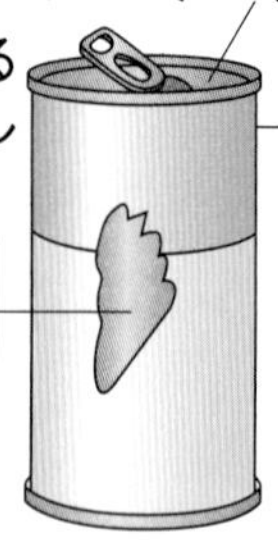

(1)　㋐の名前を□にかきましょう。

(2)　㋑の部分に、はさみやアルミニウムのかんをはさんで、電気を通すかを調べます。①～④のうち、豆電球に明かりがつく部分に○をつけましょう。

2　電気を通すもののとくちょう

① □ おり紙(紙)

② □ スプーン(鉄)

③ □ 10円玉(銅《どう》)

④ □ わりばし(木)

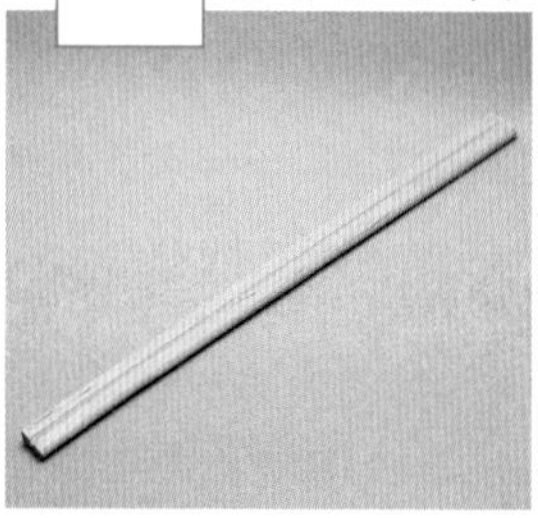

電気を通すものは、鉄や銅などの⑤□とよばれるものである。

(1)　①～④のうち、1の㋑の部分にはさんだとき、豆電球に明かりがつくものの□に○をつけましょう。

(2)　電気を通す鉄や銅などを何といいますか。⑤の□にかきましょう。

まとめ　〔　電気　アルミニウム　金《きん》ぞく　〕からえらんで(　)にかきましょう。

●鉄、銅、①(　　　　　)などの②(　　　　　)は電気を通す。

●紙、木、プラスチック、ゴム、ガラスなどは、③(　　　　　)を通さない。

わくわくたんてい団　どう線のなかまには、エナメル線があります。エナメル線は銅の線の回りにエナメルがぬってあり、きぐにつなぐときは紙やすりなどでエナメルをはがしてから使います。

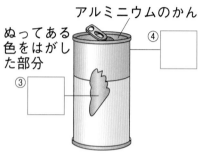

練習のワーク

教科書　126～131ページ　答え　14ページ

できた数　/10問中

おわったら シールを はろう

1　**アルミニウムでできた空きかんが電気を通すかどうかを調べます。次の問いに答えましょう。**

⑴　右の図の㋐、㋑で、豆電球に明かりがつくものはどちらですか。□に○をつけましょう。

⑵　次の文のうち、正しいものに○をつけましょう。

①(　　　)色がぬってある部分は電気を通すが、はがした部分は通さない。

②(　　　)色がぬってある部分も、はがした部分も電気を通す。

③(　　　)色をはがした部分は電気を通すが、色がぬってある部分は通さない。

㋐□　　㋑□

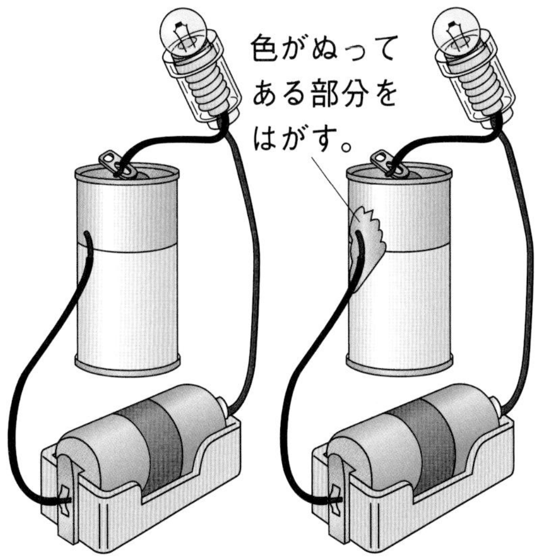

2　**右の図のように、どう線の間にいろいろなものをはさんで、明かりがつくかどうかを調べました。次の問いに答えましょう。**

⑴　右の図のあを何といいますか。図の□にかきましょう。

⑵　右の①～⑥を㋐、㋑の間にはさんで、明かりがつくかどうかを調べました。明かりがつくものには○、つかないものには×を、□につけましょう。

⑶　⑵で明かりがついたものについていえることは何ですか。次の文のうち、正しいものに○をつけましょう。

①(　　　)どれも木でできている。

②(　　　)どれも金ぞくでできている。

③(　　　)どれもガラスでできている。

④(　　　)どれもプラスチックでできている。

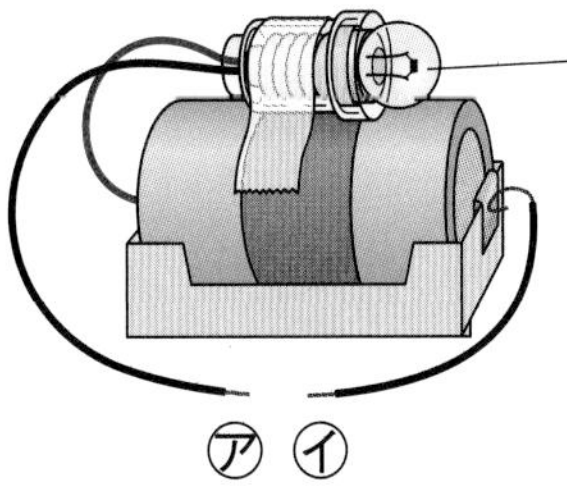

① ノート(紙)　□

② ゼムクリップ(鉄)　□

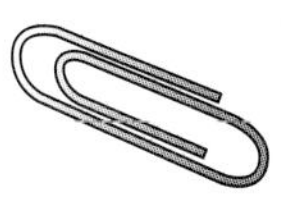

③ ストロー(プラスチック)　□

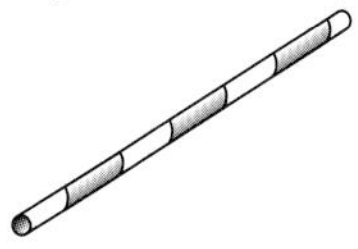

④ アルミニウムはく　□

⑤ ガラスのコップ　□

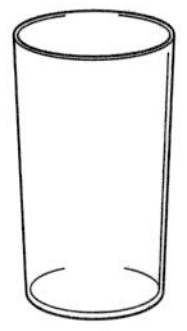

⑥ プラスチックのものさし　□

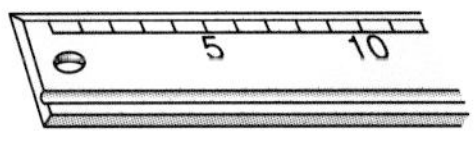

勉強した日　　月　　日

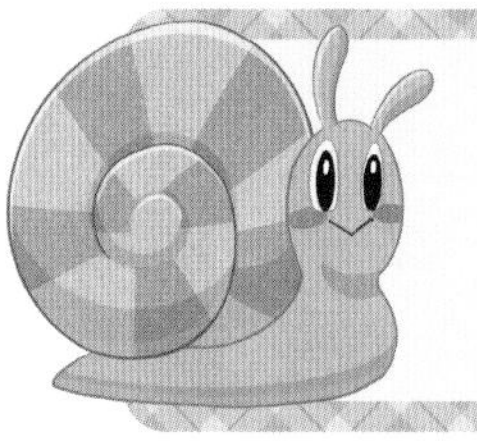

まとめのテスト②

8　電気で明かりをつけよう

とく点
/100点

おわったら
シールを
はろう

時間 20分

教科書 126～131ページ　答え 14ページ

1 明かりがつくもの 次の図のように、豆電球、どう線、かん電池がつながっている「わ」の間に、いろいろなものをつないでみました。あとの問いに答えましょう。

1つ5〔40点〕

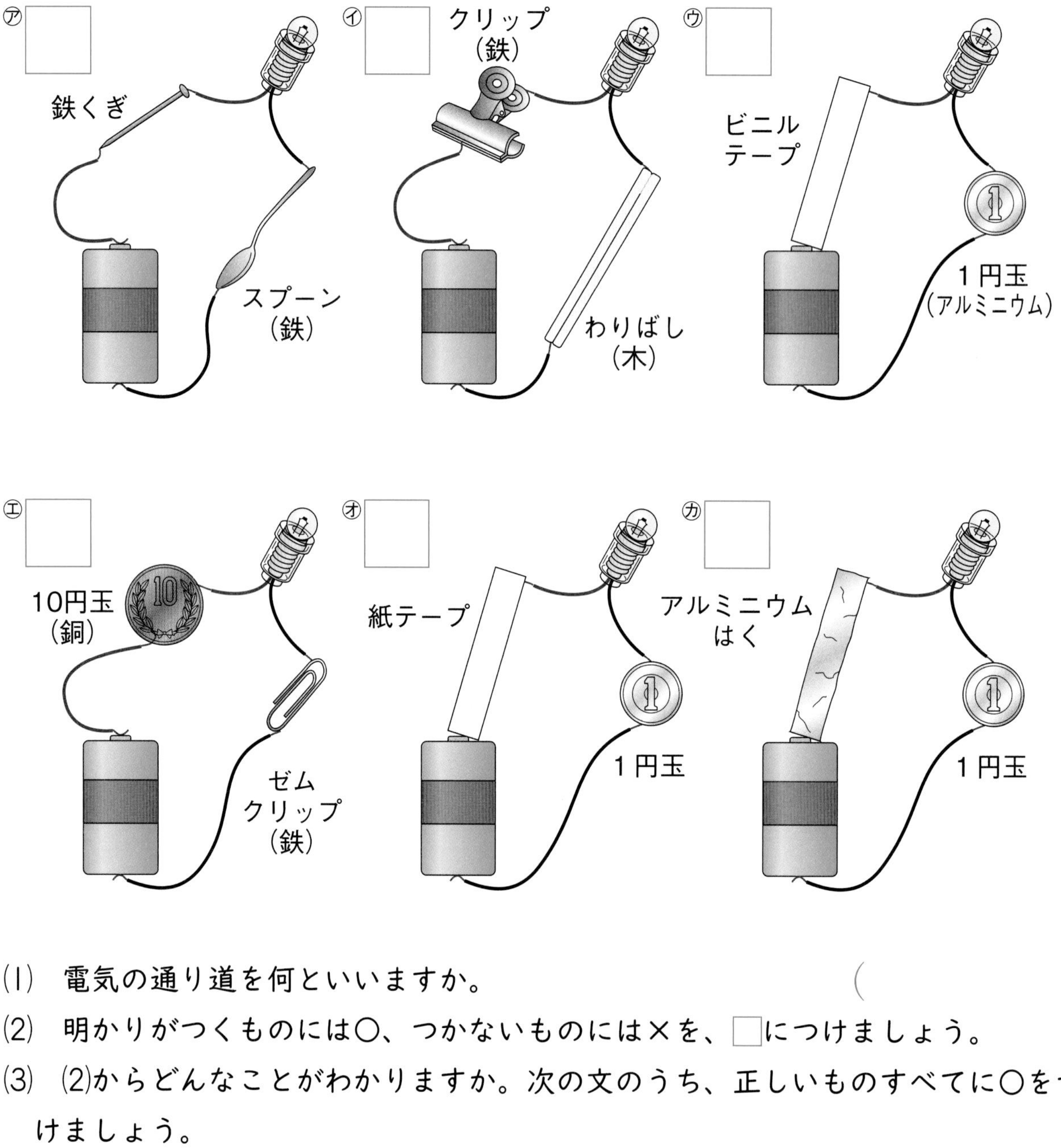
㋐
鉄くぎ
スプーン
（鉄）
㋑
クリップ
（鉄）
わりばし
（木）
㋒
ビニル
テープ
1円玉
（アルミニウム）
㋓
10円玉
（銅）
ゼム
クリップ
（鉄）
㋔
紙テープ
1円玉
㋕
アルミニウム
はく
1円玉

⑴　電気の通り道を何といいますか。　（　　　　　）

⑵　明かりがつくものには○、つかないものには×を、□につけましょう。

⑶　⑵からどんなことがわかりますか。次の文のうち、正しいものすべてに○をつけましょう。

①（　　　）「わ」の中に、１つでも鉄やアルミニウムがあれば、明かりはつく。

②（　　　）「わ」の中に、１つでも電気を通さないものがあると明かりはつかない。

③（　　　）鉄やアルミニウムなどの金ぞくは、電気を通す。

④（　　　）鉄やアルミニウムなどの金ぞくは、電気を通さない。

2 **電気を通すもの・通さないもの** 次の写真の中で、電気を通すものには○を、電気を通さないものには×を□につけましょう。　　1つ5〔30点〕

① □
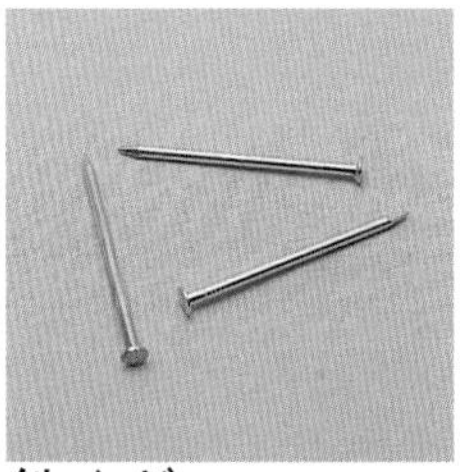
鉄くぎ

② □
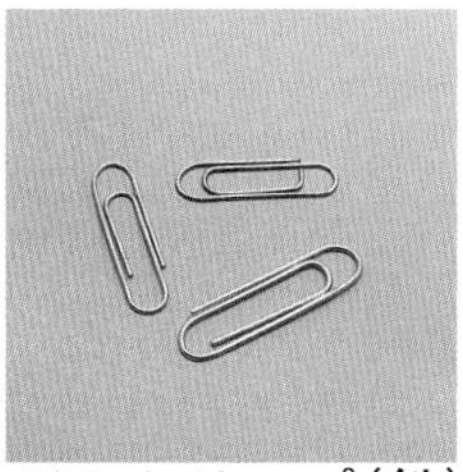
ゼムクリップ(鉄)

③ □

ノート(紙)

④ □

アルミニウムはく

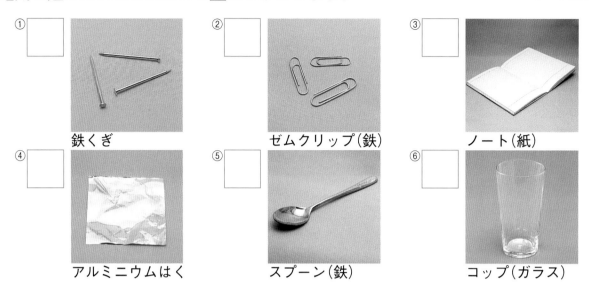

⑤ □

スプーン(鉄)

⑥ □

コップ(ガラス)

3 **明かりがつくもの・つかないもの** 豆電球、かん電池、どう線をつなぎました。明かりがつくものには○、つかないものには×を□につけましょう。　　1つ5〔15点〕

① □
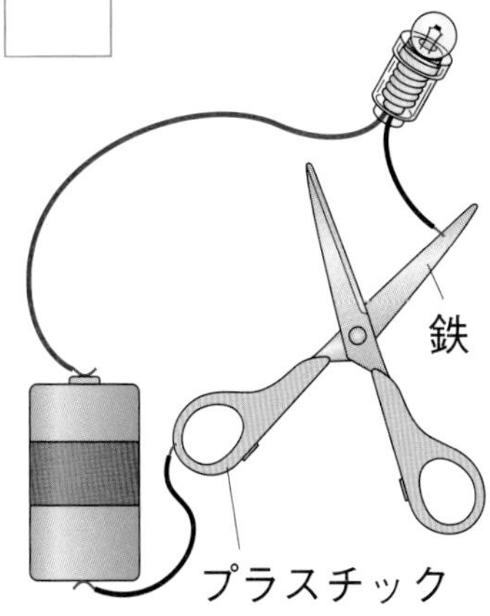
鉄
プラスチック

② □
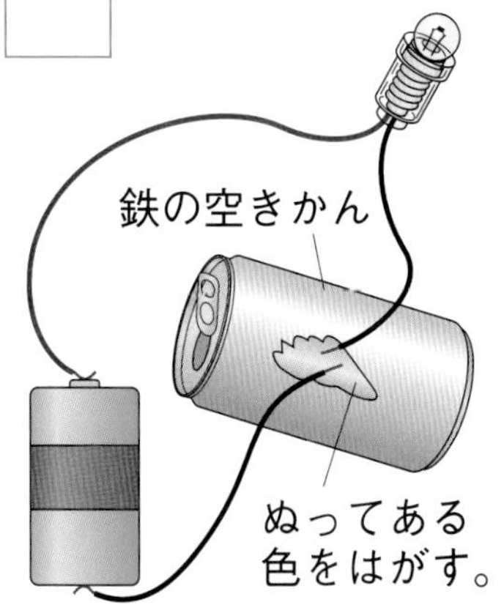
鉄の空きかん
ぬってある
色をはがす。

③ □
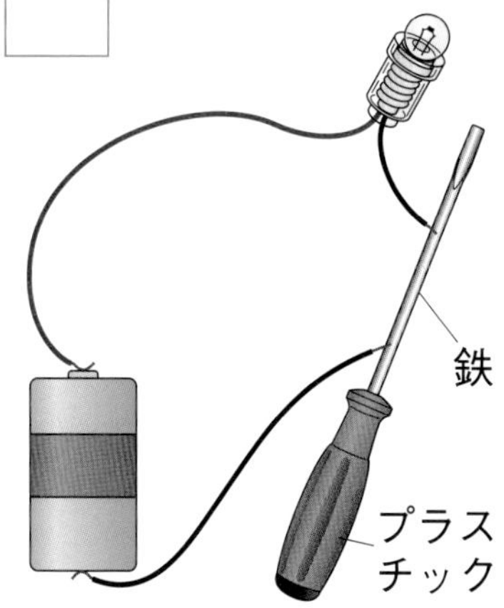
鉄
プラス
チック

4 **鉄とアルミニウムの空きかん** 右の図のように、色のぬってある、鉄でできた空きかんとアルミニウムでできた空きかんにどう線をつなぎ、豆電球に明かりがつくかどうかを調べました。次の問いに答えましょう。　　1つ5〔15点〕

(1) ㋐、㋑で、豆電球に明かりはつきますか、つきませんか。

㋐(　　　　　　　)

㋑(　　　　　　　)

記述 (2) (1)のようになったのはなぜですか。

(　　　　　　　　　　　　　　　　　　　　)

㋐
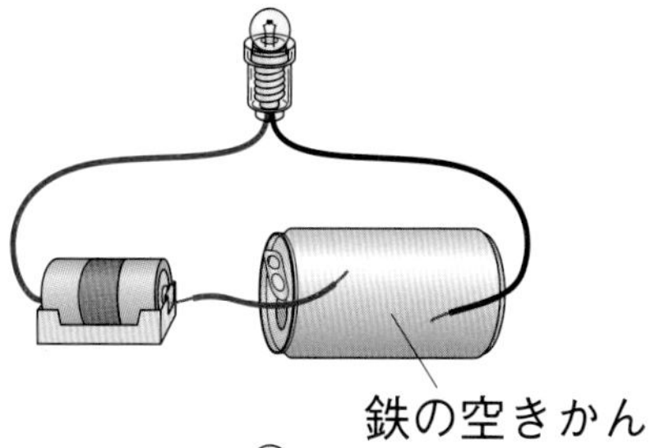
鉄の空きかん

㋑
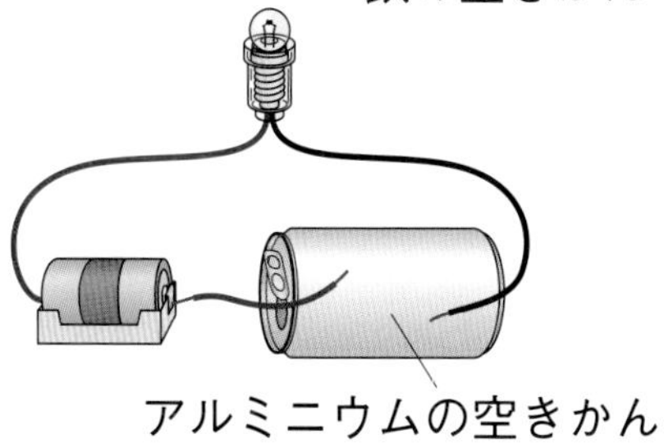
アルミニウムの空きかん

勉強した日　　月　　日

1　じしゃくにつくもの

きほんのワーク

もくひょう
じしゃくにつくものとつかないものをかくにんしよう。

おわったらシールをはろう

教科書 132～138ページ　答え 14ページ

図を見て、あとの問いに答えましょう。

1 じしゃくにつくもの、つかないもの

① □ 鉄くぎ（鉄）　② □ コップ（ガラス）　③ □ 10円玉（銅）　④ □ ゼムクリップ（鉄）

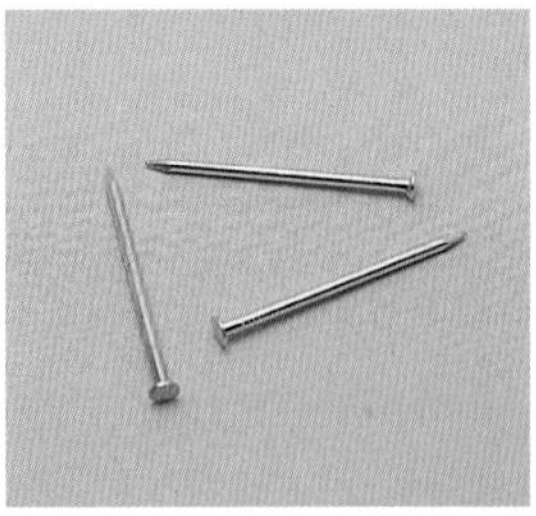

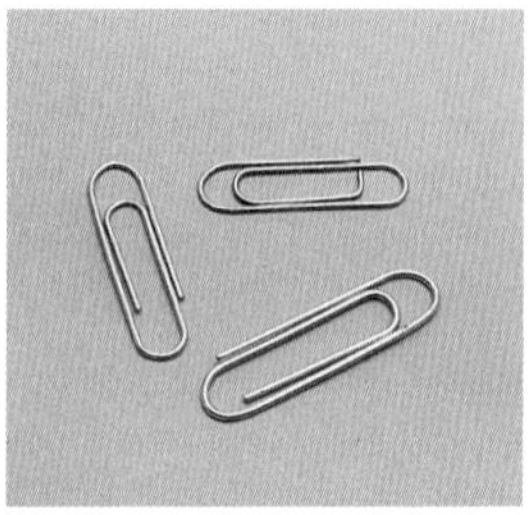

⑤ □ でできているものは、じしゃくにつく。

(1)　①～④のうち、じしゃくにつくものには○、つかないものには×を□につけましょう。

(2)　⑤の□にあてはまる言葉をかきましょう。

2 ちょくせつふれていないときのじしゃくの力

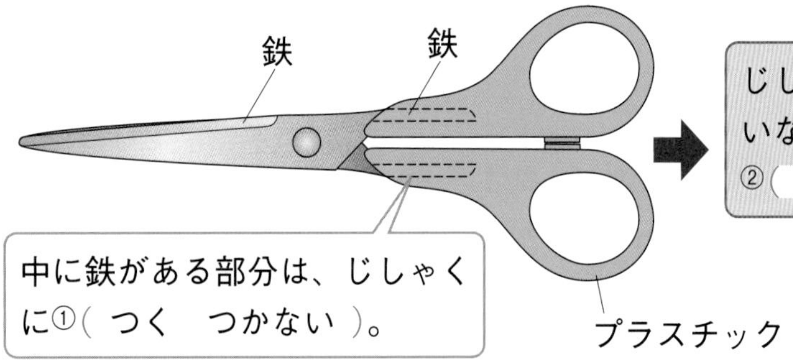

中に鉄がある部分は、じしゃくに①（ つく　つかない ）。

じしゃくと鉄がちょくせつふれていないとき、じしゃくの力は②（ はたらく　はたらかない ）。

●　①、②の（　）のうち、正しいほうを◯でかこみましょう。

まとめ　〔 金ぞく　鉄　アルミニウム 〕からえらんで（　）にかきましょう。

●じしゃくは、①（　　　　）でできているものを引きつける。

●②（　　　　）や銅など、鉄いがいの③（　　　　）は、じしゃくにつかない。

わくわくたんてい団

れいぞうこのとびらや、ふでばこのふたがぴったりしまるのは、じしゃくが使われているからです。そのほかモーターの中《なか》身《み》などいろいろなところにじしゃくは使われています。

勉強した日　　月　　日

練習のワーク

教科書　132～138ページ　　答え　14ページ

できた数　　/12問中

おわったら シールを はろう

1　次の図のような身の回りにあるいろいろなものについて、じしゃくにつくかを調べました。あとの問いに答えましょう。

㋐ □ 10円玉(銅)

㋑ □ おり紙

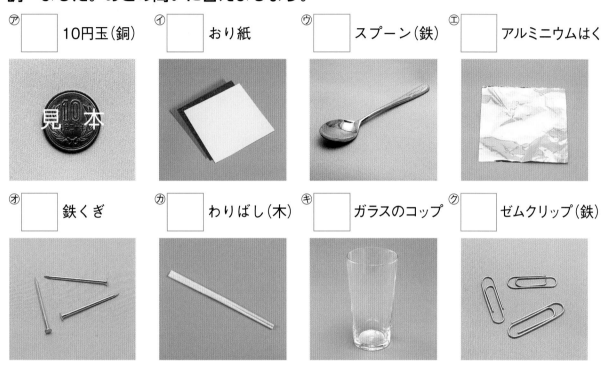

㋒ □ スプーン(鉄)

㋓ □ アルミニウムはく

㋔ □ 鉄くぎ

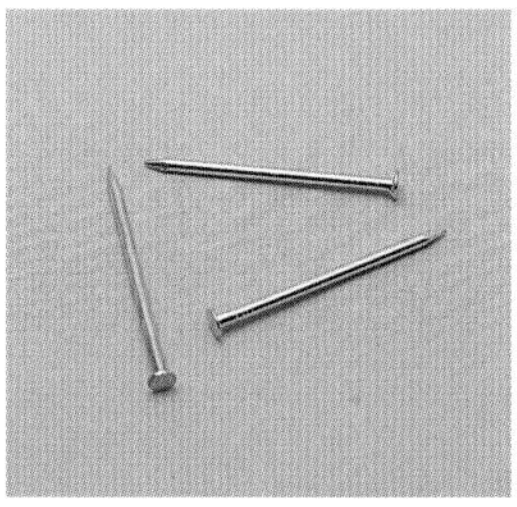

㋕ □ わりばし(木)

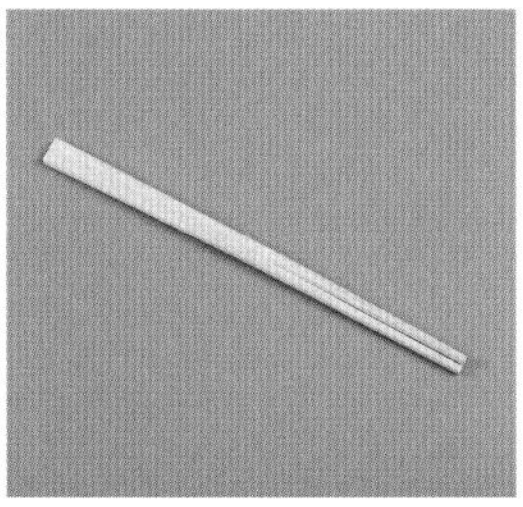

㋖ □ ガラスのコップ

㋗ □ ゼムクリップ(鉄)

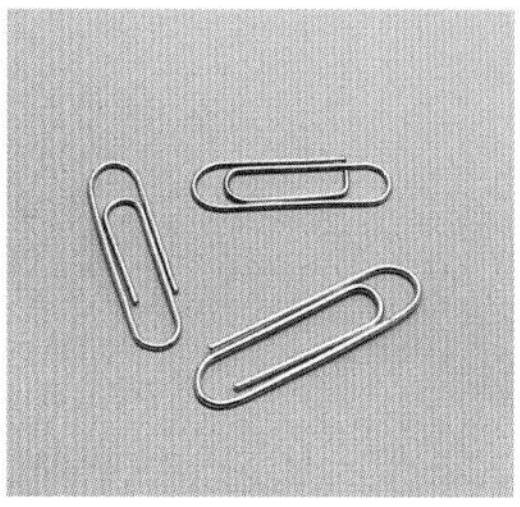

(1)　㋐～㋗のうち、じしゃくにつくものに○、つかないものに×をつけましょう。

(2)　次の文の(　)にあてはまる言葉をかきましょう。

　形や色、大きさがちがっていても、(　　　　　　)でできているものは、じしゃくにつく。

2　右の図のように、だんボール紙の上にのせた鉄のゼムクリップに、だんボール紙の下からじしゃくを近づけました。次の問いに答えましょう。

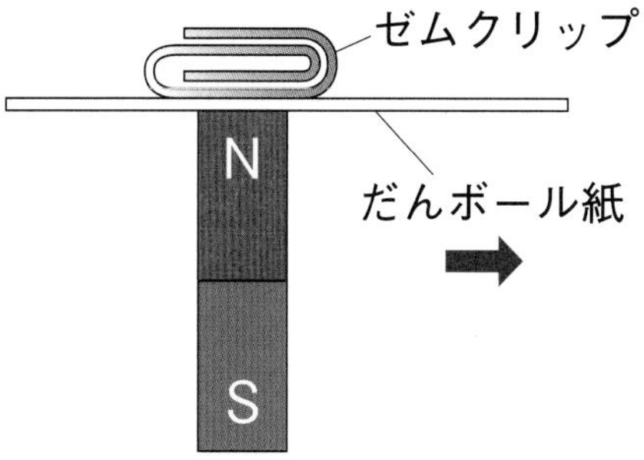

(1)　だんボール紙の下でじしゃくを➡の向きに動かすと、ゼムクリップは動きますか、動きませんか。

(　　　　　　　　　　)

(2)　次の文の(　)にあてはまる言葉を、下の〔　〕からえらんでかきましょう。

　右の図のように、じしゃくと鉄がちょくせつふれていなくても、鉄はじしゃくに①(　　　　　　　)。また、じしゃくの力は、じしゃくと鉄のきょりが近いほど②(　　　　　　)はたらく。

〔　引きつけられる　　引きつけられない　　強く　　弱く　〕

2　じしゃくのきょく

もくひょう　じしゃくのきょくのせいしつをかくにんしよう。

おわったら　シールを　はろう

きほんのワーク

教科書　139～141ページ　答え　15ページ

図を見て、あとの問いに答えましょう。

1　じしゃくのきょく

じしゃくがもっとも強く鉄を引きつけるところを①［　　　］という。

②［　　　］  ③［　　　］

(1)　①の［　］にあてはまる言葉をかきましょう。

(2)　②、③の［　］にあてはまる言葉を、〔　〕からそれぞれえらんでかきましょう。　〔　N《エヌ》きょく　S《エス》きょく　〕

2　きょくどうしを近づけたとき

きょくどうしを近づけたとき

同じきょくは①（引き合う／しりぞけ合う）。

ちがうきょくどうしは②（引き合う／しりぞけ合う）。

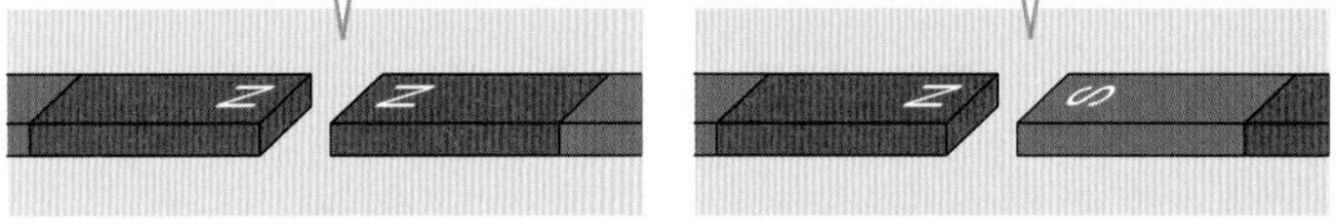

じしゃくが自由に動くとき

Nきょくは③（南　北）を向いて止まる。

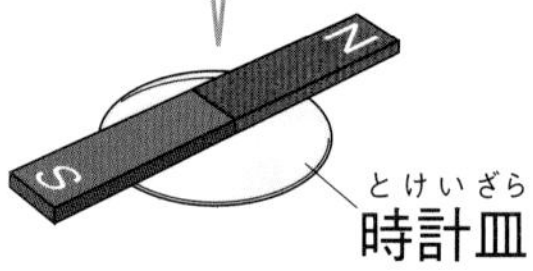

(1)　2つのじしゃくを近づけるとどうなりますか。①、②の（　）のうち、正しいほうを◯でかこみましょう。

(2)　じしゃくを自由《じゆう》に動くようにするとどうなりますか。③の（　）のうち、正しいほうを◯でかこみましょう。

まとめ　〔　引き　しりぞけ　きょく　〕からえらんで（　）にかきましょう。

- じしゃくのもっとも強く鉄を引きつける部分を①（　　　　）という。
- NきょくとSきょくは②（　　　　）合い、同じきょくどうしは③（　　　　）合う。

わくわくたんてい団　ぼうじしゃくを真《ま》ん中《なか》から2つに切ると、もともとNきょくがあったほうの切り口はSきょくになり、もともとSきょくがあったほうの切り口はNきょくになります。

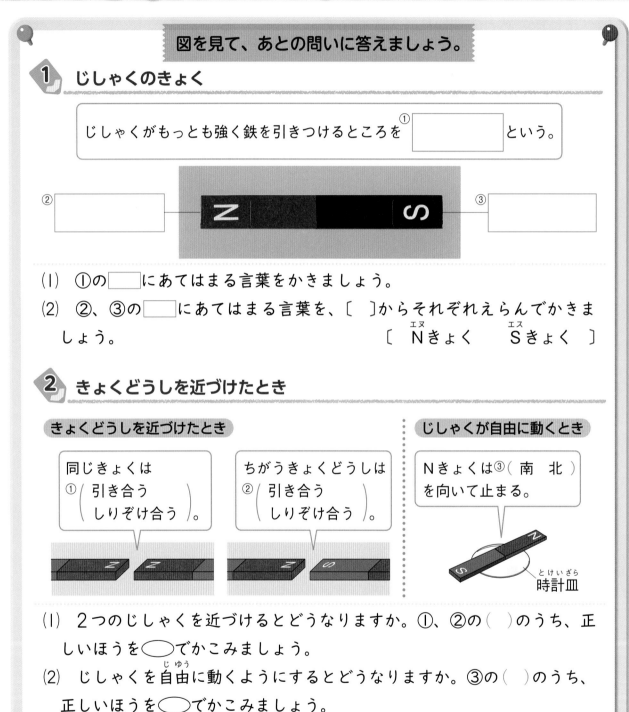

練習のワーク

教科書　139～141ページ　答え　15ページ

できた数　/11問中

おわったらシールをはろう

1　次の写真の㋐～㋓の部分について、あとの問いに答えましょう。

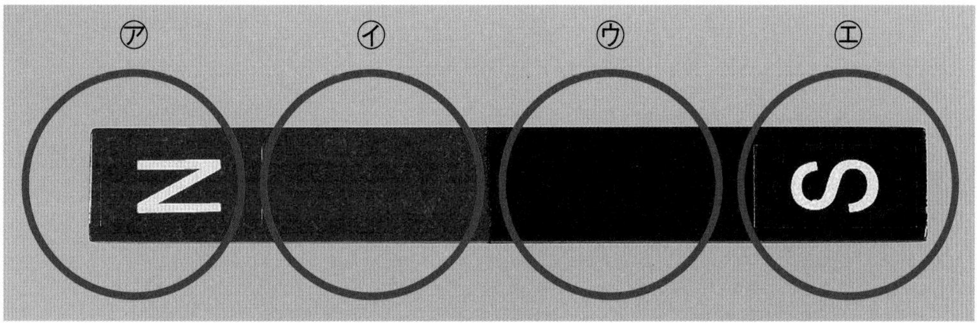

⑴　㋐～㋓のうち、鉄のクリップを近づけたとき、引きつける力が強い部分を２つえらびましょう。　（　　）（　　）

⑵　じしゃくの中でもっとも鉄を強く引きつける部分を何といいますか。
（　　　）

⑶　⑵には２つのしゅるいがあります。それぞれ何といいますか。
（　　　）（　　　）

2　右の図のように、2つのじしゃくを近づけました。次の問いに答えましょう。

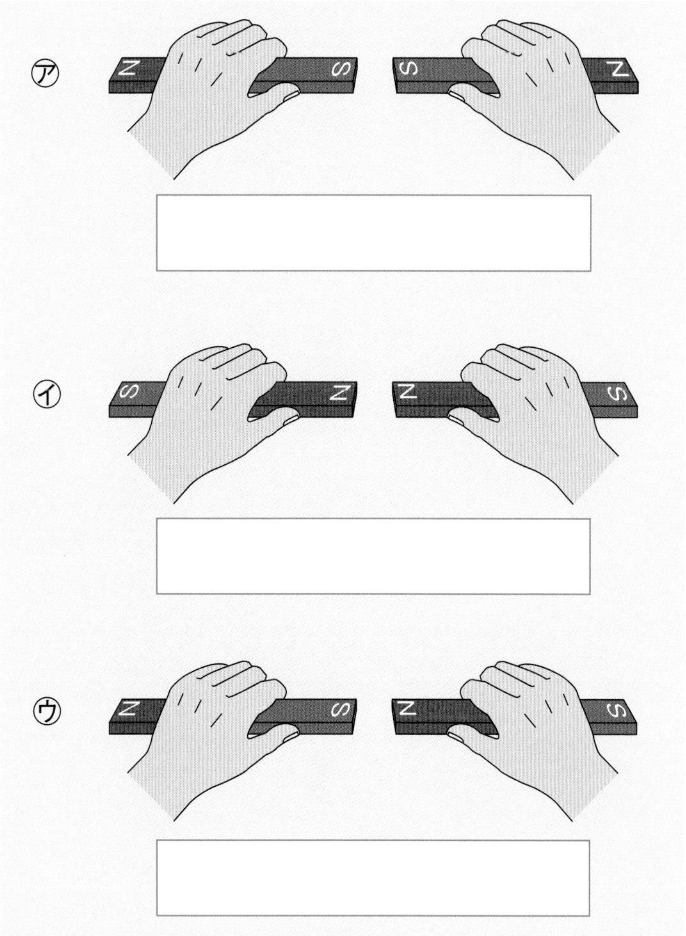

⑴　図の㋐～㋒のようにしたとき、じしゃくは引き合いますか、しりぞけ合いますか。□にかきましょう。

⑵　じしゃくの引き合うきょくは何きょくと何きょくですか。
（　　　と　　　）

⑶　じしゃくのしりぞけ合うきょくは何きょくと何きょくですか。
（　　　と　　　）
（　　　と　　　）

勉強した日 月 日

3 じしゃくについた鉄

もくひょう
じしゃくについた鉄のせいしつをかくにんしよう。

おわったらシールをはろう

きほんのワーク

教科書 142～149ページ 答え 15ページ

図を見て、あとの問いに答えましょう。

1 じしゃくについた鉄はどうなるか

鉄くぎをじしゃくにつけてから、はなす。

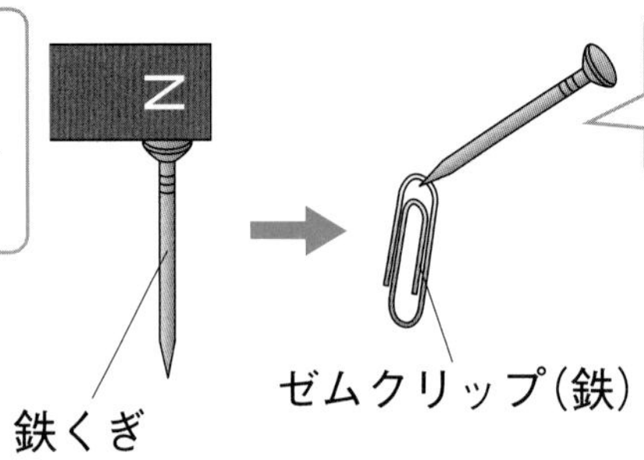

鉄くぎは、ゼムクリップを
①(引きつける 引きつけない)。

じしゃくにつけた鉄くぎは、
② [　　　] になっている。

(1) じしゃくにつけた後の鉄くぎについて、①の( )のうち、正しいほうを ◯ でかこみましょう。

(2) ②の[　]にあてはまる言葉をかきましょう。

2 じしゃくについた鉄のきょく

鉄くぎのアは、ほういじしんのNきょくを引きつけた。

鉄くぎのイは、ほういじしんの
① [　　] きょくを引きつけた。

じしゃくにつけた鉄は、じしゃくになり、きょくが②(ある ない)。

(1) ①の[　]にNかSかをかきましょう。

(2) ②の( )のうち、正しいほうを ◯ でかこみましょう。

まとめ 〔 きょく じしゃく 〕からえらんで( )にかきましょう。

- じしゃくについた鉄は、①(　　　　　)になる。
- じしゃくになった鉄にも、②(　　　　　)がある。

はってん ほういじしんのNきょくが北、Sきょくが南を指すのは、地球の北きょくふきんにSきょくが、南きょくふきんにNきょくがあるためです。

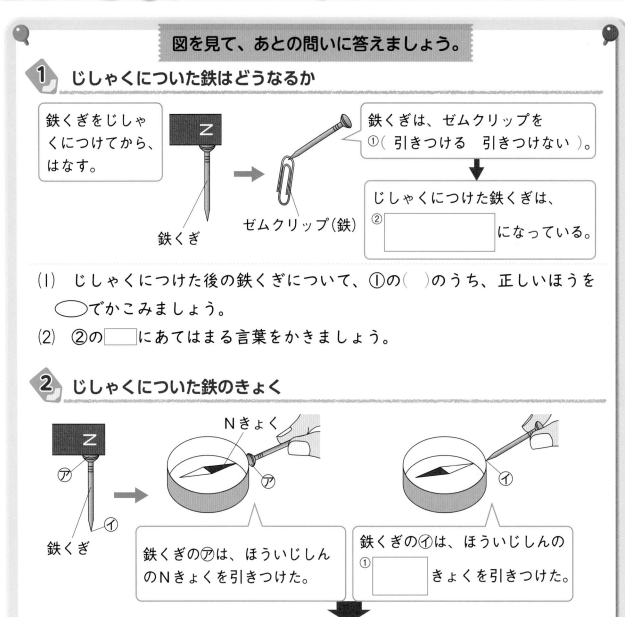

練習のワーク

教科書 142～149ページ　答え 15ページ

できた数 /5問中

おわったらシールをはろう

1 右の図の㋐のように、じしゃくについた鉄くぎ(あ)の下に鉄くぎ(い)をつけると、つながって落ちませんでした。次の問いに答えましょう。

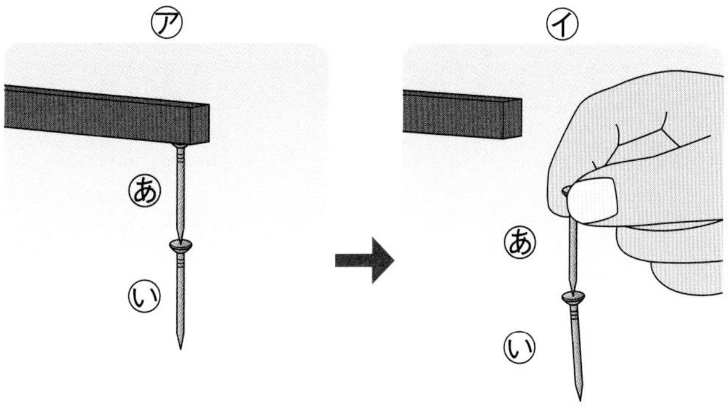

(1) 図の㋑のように、鉄くぎ(あ)をそっとじしゃくからはなすとどうなりますか。正しいほうに○をつけましょう。

①(　　　)鉄くぎ(い)は、かならず鉄くぎ(あ)からはなれて落ちる。

②(　　　)鉄くぎ(い)は、鉄くぎ(あ)についたまま落ちないことがある。

(2) ㋑のとき、鉄くぎ(あ)はじしゃくになっていますか。(　　　　　)

2 次の図の㋐のように、じしゃくに鉄くぎをしばらくつけた後、じしゃくからはなしました。あとの問いに答えましょう。

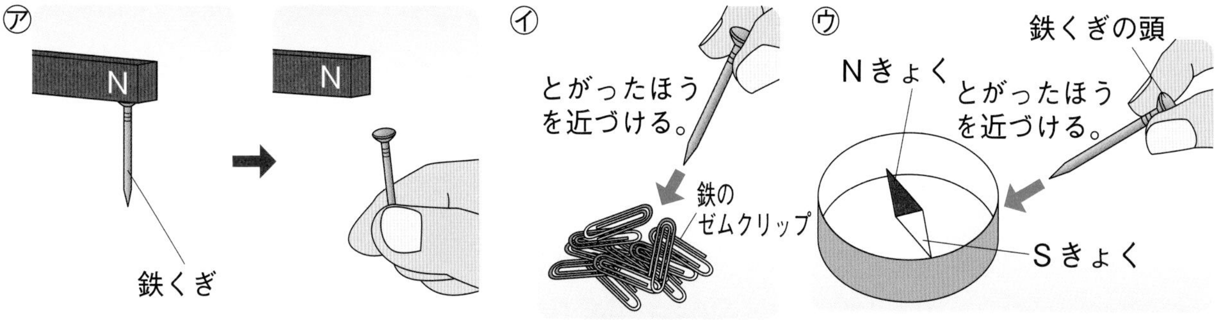

(1) ㋑のように、じしゃくからはなした鉄くぎを鉄のゼムクリップに近づけると、どうなりますか。①、②のうち、正しいほうに○をつけましょう。

①(　　　)ゼムクリップは鉄くぎに引きつけられない。

②(　　　)ゼムクリップは鉄くぎに引きつけられる。

(2) ㋒のようにして、ほういじしんに鉄くぎの頭を近づけたり、とがったほうを近づけたりするとき、ほういじしんのはりはどうなりますか。①、②のうち、正しいほうに○をつけましょう。

①(　　　)鉄くぎの頭はNきょくを、とがったほうはSきょくを引きつけた。

②(　　　)鉄くぎの頭はNきょくを、とがったほうもNきょくを引きつけた。

(3) (2)から、じしゃくになった鉄くぎに何があるとわかりましたか。

(　　　　　)

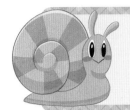

まとめのテスト①

9　じしゃくのふしぎ

とく点

/100点

おわったら
シールを
はろう

時間 20分

教科書　132～149ページ　答え　15ページ

よく出る

1　じしゃくにつくもの・つかないもの　身の回りのいろいろなものにじしゃくを近づけて、ものがじしゃくにつくかどうかを調べました。あとの問いに答えましょう。

1つ4〔44点〕

①□　②□　③□　④□　⑤□

① アルミニウムのカップ

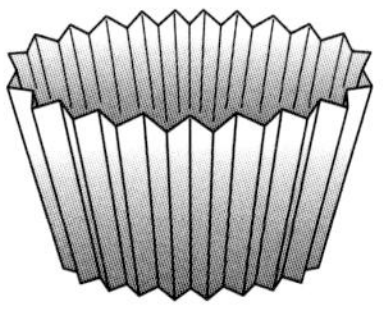

② 10円玉（銅）

③ 色がぬってあるスチールかん（鉄）

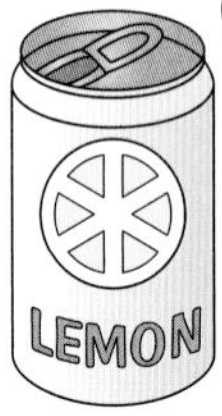

④ プラスチックの下じき

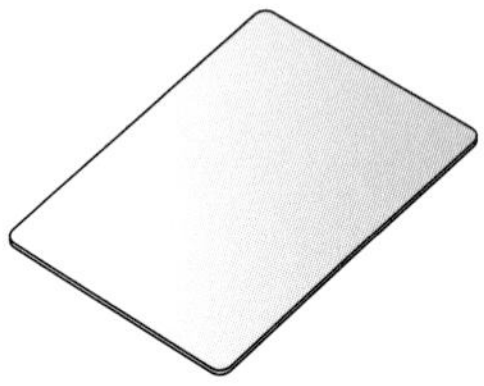

⑤ ビニルでつつまれた鉄のはり金のハンガー

(1)　①～⑤のうち、じしゃくにつくものには○、つかないものには×を、□につけましょう。

(2)　次の文の（　）にあてはまる言葉をかきましょう。

上の図のいろいろなものの中でも、（　　　　）でできているものだけが、じしゃくにつく。

(3)　電気を通すけれども、じしゃくにはつかないものを、①～⑤から2つえらびましょう。また、それらは何という名前のものでできていますか。（　）にかきましょう。

番号（　　　）：（　　　　　　）でできている

番号（　　　）：（　　　　　　）でできている

(4)　色がぬってあるスチールかん(鉄のかん)と、紙やすりで色をはがしたスチールかんにじしゃくを近づけると、それぞれどうなりますか。正しいものをア～ウからえらびましょう。（　　）

ア　色がぬってあるスチールかんはじしゃくにつかないが、色をはがしたスチールかんはじしゃくにつく。

イ　色がぬってあるスチールかんはじしゃくにつくが、色をはがしたスチールかんはじしゃくにつかない。

ウ　色がぬってあるスチールかんも、色をはがしたスチールかんも、じしゃくにつく。

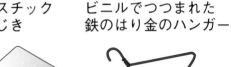

よく出る

2 じしゃくの2つのきょく 次の図は、じしゃくをいろいろな向きにおいたようすです。あとの問いに答えましょう。

1つ5〔40点〕

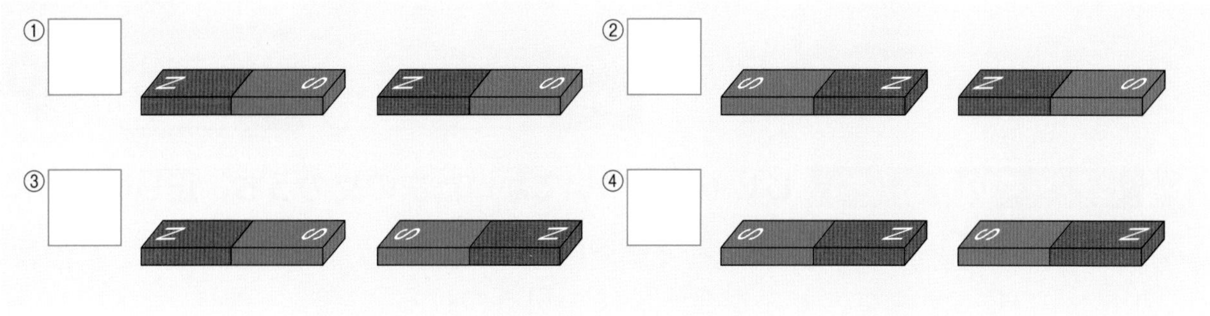

(1) じしゃくの2つのきょくを何といいますか。

（　　　　　　）（　　　　　　）

(2) ①～④のうち、引き合うものには○を、しりぞけ合うものには×を□につけましょう。

(3) 次の文の（　）にあてはまる言葉を、下の〔　〕からえらんでかきましょう。

2つのじしゃくを近づけたとき、①（　　　　　）きょくどうしを近づけると引き合い、②（　　　　　）きょくどうしを近づけるとしりぞけ合う。

〔 同じ　　ちがう 〕

3 じしゃくのきょくのせいしつ 次の図のように、ほういじしんを使って、じしゃくのきょくのせいしつを調べました。あとの問いに答えましょう。

1つ4〔16点〕

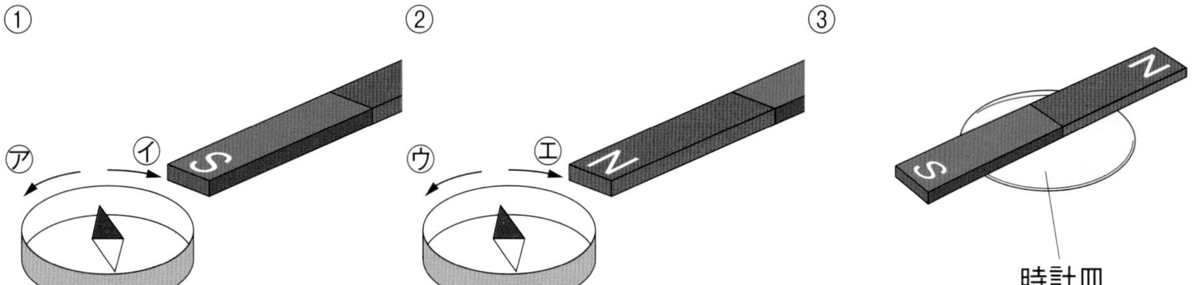

(1) ほういじしんのはりの色がついたほうが北を指しました。はりの色がついたほうは何きょくですか。

（　　　　　　）

(2) 図の①のように、ほういじしんにじしゃくを近づけました。ほういじしんのはりは㋐、㋑どちらの向きに動いて止まりますか。

（　　　）

(3) 図の②のように、ほういじしんにじしゃくを近づけました。ほういじしんのはりは㋒、㋓どちらの向きに動いて止まりますか。

（　　　）

記述 (4) 図の③のように、じしゃくを時計皿にのせて、自由に動くようにしたところ、やがて決《き》まった方向を指して止まりました。じしゃくはどのような方向を指して止まりましたか。じしゃくのきょくとほういのかんけいを考えて答えましょう。

（　　　　　　　　　　　　　　　　　　　　　　　　　　　　）

勉強した日　月　日

まとめのテスト②

9　じしゃくのふしぎ

とく点　/100点

おわったらシールをはろう

時間20分

教科書　132～149ページ　答え　16ページ

1　じしゃくのせいしつ　じしゃくについてかいた次の文のうち、正しいものには○、まちがっているものには×をつけましょう。　1つ5〔40点〕

①(　　　)じしゃくは、どんな金ぞくでも引きつける。

②(　　　)じしゃくは、鉄を引きつける。

③(　　　)じしゃくのNきょくとNきょくを近づけると、引き合う。

④(　　　)じしゃくのSきょくとSきょくを近づけると、しりぞけ合う。

⑤(　　　)じしゃくのNきょくとSきょくを近づけると、引き合う。

⑥(　　　)じしゃくは、間に下じきをはさんでも、鉄を引きつける。

⑦(　　　)じしゃくには、かならずNきょくとSきょくがある。

⑧(　　　)紙をまきつけたじしゃくは、鉄を引きつけない。

2　じしゃくについた鉄くぎ　次の図のように、じしゃくに鉄くぎをつけておき、じしゃくからはなした後、ほういじしんに近づけました。このほういじしんのはりは、赤い色のついているほうがNきょくになっています。あとの問いに答えましょう。　1つ6〔12点〕

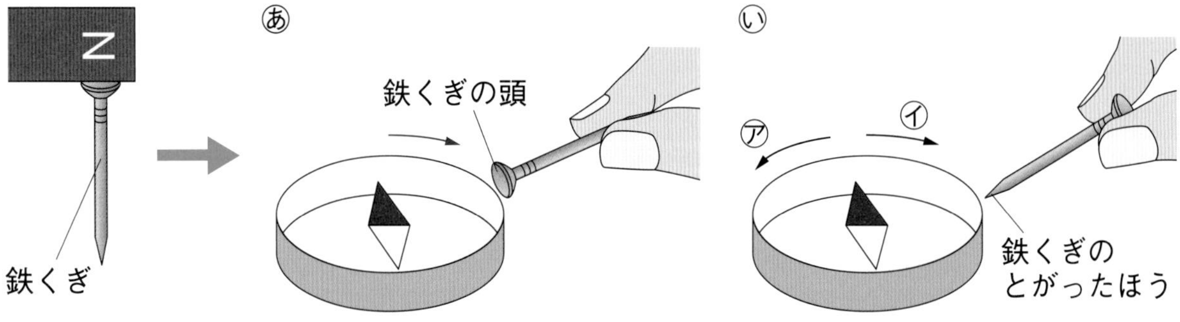

チャレンジ!

(1)　上の図のあのように、鉄くぎの頭をほういじしんに近づけたとき、ほういじしんのはりは→の向きに動きました。次に、いのように、とがったほうをほういじしんに近づけたとき、ほういじしんのはりはア、イどちらの向きに動いて止まりますか。　(　　　)

(2)　じしゃくから鉄くぎをはなして、鉄くぎを鉄のゼムクリップに近づけるとどうなりますか。次のア～ウからえらびましょう。　(　　　)

ア　ゼムクリップを引きつける力がはたらく。

イ　ゼムクリップをしりぞける力がはたらく。

ウ　ゼムクリップを引きつけたり、しりぞけたりする力ははたらかない。

3 じしゃくの力 右の図のように、じしゃくと鉄のゼムクリップの間を空けたとき、じしゃくの力がゼムクリップにはたらくかどうかを調べました。次の問いに答えましょう。

1つ6〔18点〕

⑦

④
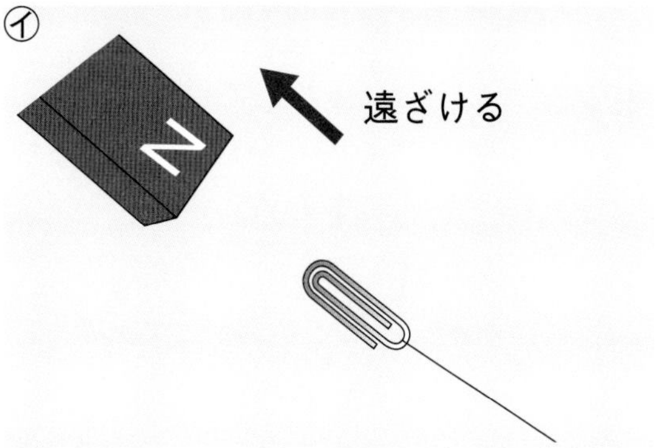

⑴ 図の⑦で、じしゃくとゼムクリップの間が5mmほど空いています。このことから、どんなことがいえますか。正しいほうに○をつけましょう。

①（　　　）じしゃくの力は、鉄とじしゃくの間がはなれているとはたらかない。

②（　　　）じしゃくの力は、鉄とじしゃくの間が少しはなれていてもはたらく。

⑵ 図の④のように、じしゃくをゼムクリップから少しずつ遠ざけました。やがてゼムクリップはどうなりますか。正しいほうに○をつけましょう。

①（　　　）そのまま動かない。

②（　　　）下に落ちる。

⑶ ⑵から、どのようなことがわかりますか。次の文の（　）にあてはまる言葉をかきましょう。

じしゃくの力は、じしゃくに近いほど、（　　　　　　）はたらく。

よく出る

4 じしゃくのせいしつ 次の文の（　）にあてはまる言葉を、下の〔　〕からえらんでかきましょう。

1つ6〔30点〕

じしゃくが、鉄を引きつける力がもっとも強いところをきょくという。このきょくにはNきょくとSきょくの2つがあり、同じきょくどうしは①（　　　　　　）合い、ちがうきょくどうしは②（　　　　　　）合う。

じしゃくと鉄のゼムクリップの間にだんボール紙やプラスチックの下じきをはさんで、じしゃくを動かすと、ゼムクリップはいっしょに③（　　　　　　）。

糸でつるしたり、時計皿において自由に回転《かいてん》できるようにしたじしゃくは、Nきょくが④（　　　　　　）を、Sきょくが⑤（　　　　　　）を指して止まる。

〔 引き　しりぞけ　動く　動かない
なる　ならない　東　西　南　北 〕

勉強した日　月　日

1　音が出ているとき

きほんのワーク

もくひょう
音が出ているときのもののようすをかくにんしよう。

おわったらシールをはろう

教科書 150～154ページ　答え 16ページ

図を見て、あとの問いに答えましょう。

1 音が出ているときのようす

トライアングルをたたいて音を出したとき

音が出ているときにふれると、①（ びりびり　つるつる ）する。

トライアングルは③［　　］ている。

たいこをたたいて音を出したとき

音が出ているときにふれると、②（ びりびり　つるつる ）する。

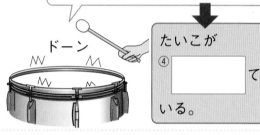

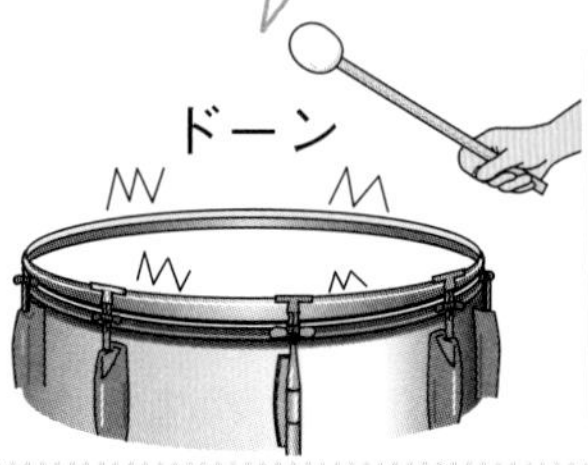

たいこが④［　　］ている。

(1)　①、②の（　）のうち、正しいほうを◯でかこみましょう。

(2)　③、④の［　］にあてはまる言葉をかきましょう。

2 音の大小

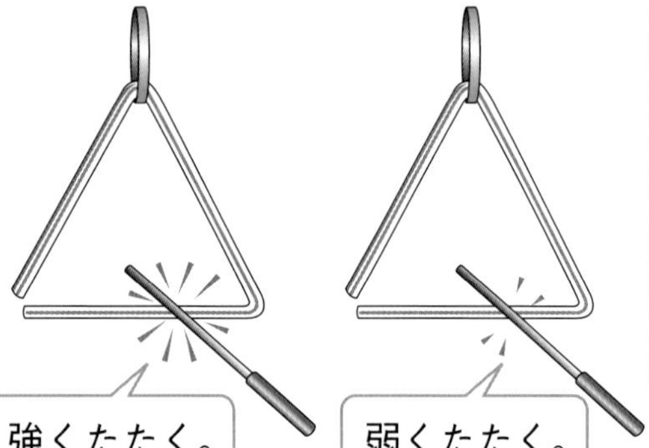

強くたたく。　弱くたたく。

音の大きさ	トライアングルのふるえ方
大きい音のとき	ふるえが①（ 小さい　大きい ）。
小さい音のとき	ふるえが②（ 小さい　大きい ）。

●　トライアングルを強くたたいて大きな音を出したときと、弱くたたいて小さな音を出したときとで、指先でふれた感じをくらべました。表の①、②の（　）のうち、正しいほうを◯でかこみましょう。

まとめ　〔 大きい　小さい　ふるえ 〕からえらんで（　）にかきましょう。

●音が出ているとき、ものは①（　　　）ている。
●大きい音はふるえが②（　　　）。小さい音はふるえが③（　　　）。

わくわくたんてい団　スピーカーが音を出すときは、スピーカーの中にあるたいこの皮のような「まく」を電気とじしゃくの力で動かして、ふるえさせています。

練習のワーク

教科書 150～154ページ　答え 16ページ

できた数 /7問中

おわったら シールを はろう

1 トライアングルをたたいて音を出し、指先でふれた感じや、音の大きさを調べました。次の問いに答えましょう。

大きな音を出したとき　小さな音を出したとき

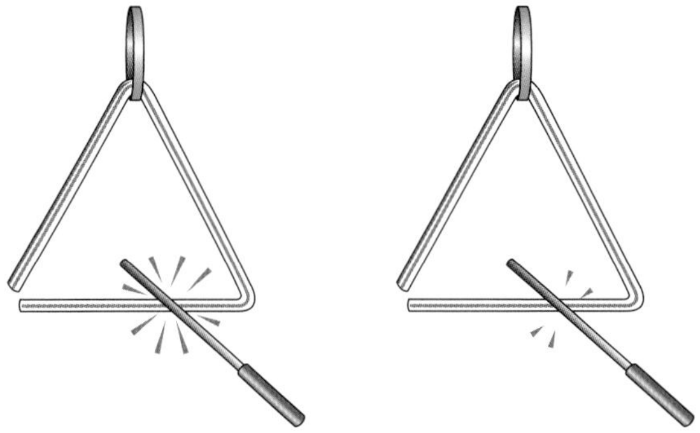

(1) トライアングルにふれて調べるとき、どのようにするのがよいですか。正しいほうに○をつけましょう。

①(　　　)強くつまむようにふれる。

②(　　　)そっとふれる。

(2) トライアングルから音が出ているとき、指先でふれた感じから、トライアングルのようすがどうなっていることがわかりますか。(　　　　　　　　)

(3) 大きな音が出ているとき、(2)のようすは大きいですか、小さいですか。

(　　　　　　　　)

2 次のように、たいこをたたいて音を出し、指先でふれた感じや、音の大きさを調べました。あとの問いに答えましょう。

㋐

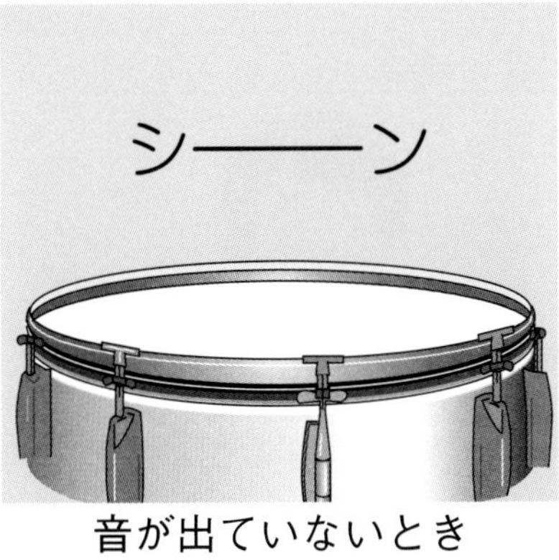

音が出ていないとき

㋑

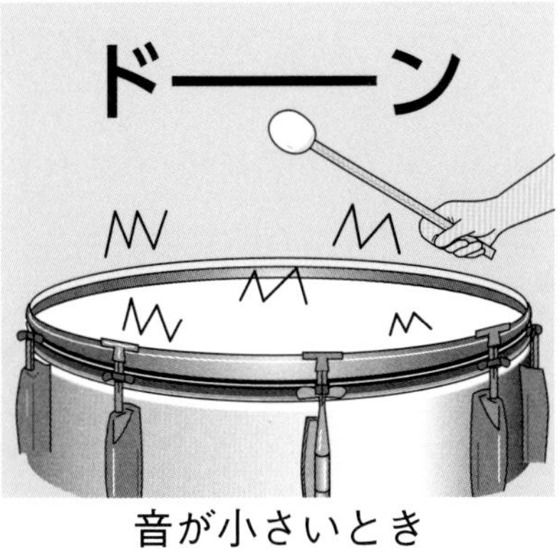

音が小さいとき

㋒

音が大きいとき

(1) 図の㋐の音が出ていないときに、たいこに指先でふれると、どのように感じますか。次のア～ウからえらびましょう。(　　　)

ア　何も感じない　　イ　わずかにびりびりする　　ウ　かなりびりびりする

(2) 図の㋑、㋒の音が出ているときにたいこに指先でふれると、どのように感じますか。次のア～ウからえらびましょう。　㋑(　　　)　㋒(　　　)

ア　何も感じない　　イ　わずかにびりびりする　　ウ　かなりびりびりする

(3) 図の㋑、㋒の感じのちがいから、大きな音が出ているとき、たいこはどうなっていることがわかりますか。(　　　　　　　　　　)

勉強した日　月　日

2 音がつたわるとき

もくひょう
音が出ているときのようすや音のつたわり方をかくにんしよう。

おわったらシールをはろう

きほんのワーク

教科書 155～159ページ　答え 17ページ

図を見て、あとの問いに答えましょう。

1 糸電話のつくり方

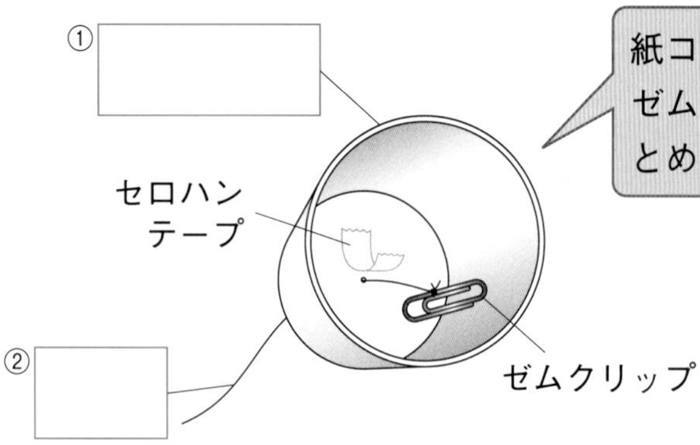

紙コップのそこにあなをあけ、糸を通してゼムクリップをむすび、セロハンテープでとめてつくる。

糸電話で話すときは、糸をぴんとはるよ。

● ①、②の□にあてはまる言葉をかきましょう。

2 音がつたわる

話しているとき糸にそっとふれると、糸はふるえて①（ いる　いない ）。

糸はふるえて、③□をつたえている。

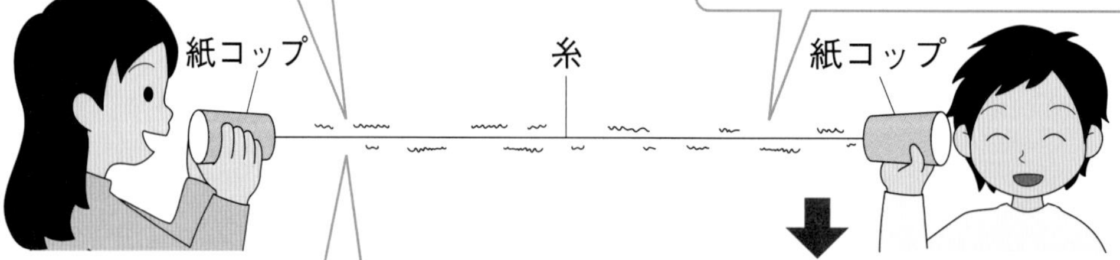

話しているとき糸をつまむと、音は②（ 聞こえなくなる　聞こえる ）。

音がつたわるとき、音をつたえるものは、④□ている。

(1) ①、②の（　）のうち、正しいほうを◯でかこみましょう。

(2) ③、④の□にあてはまる言葉をかきましょう。

まとめ　〔 ふるえ　音 〕からえらんで（　）にかきましょう。

● ①（　　　）がつたわっているとき、音をつたえているものはふるえている。

● ものの②（　　　）を止めると、音はつたわらなくなり、聞こえなくなる。

わくわくたんてい団　糸だけでなく、空気や水もふるえて音をつたえます。このため、空気中や水中でも音がつたわり、音が聞こえます。

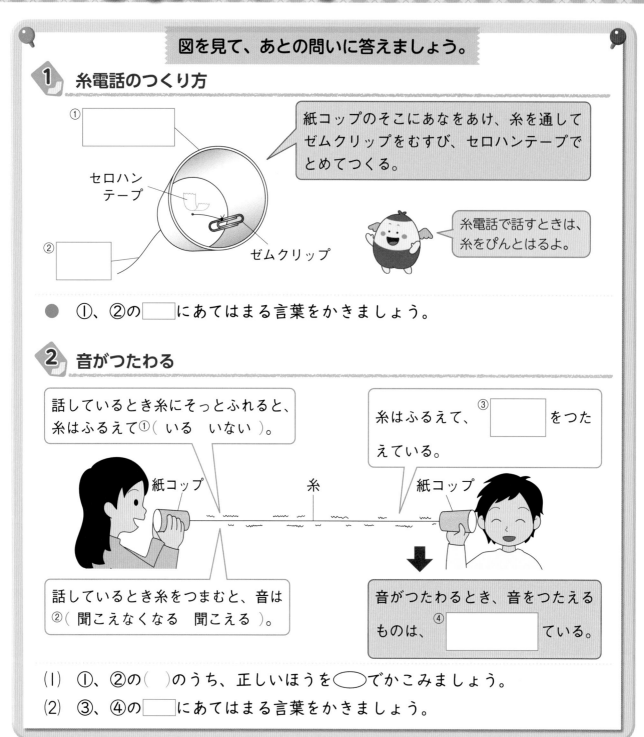

勉強した日　月　日

練習のワーク

教科書 155～159ページ　答え 17ページ

できた数　/9問中

おわったら シールを はろう

1 糸電話をつくって、音がつたわるときのようすを調べました。あとの問いに答えましょう。

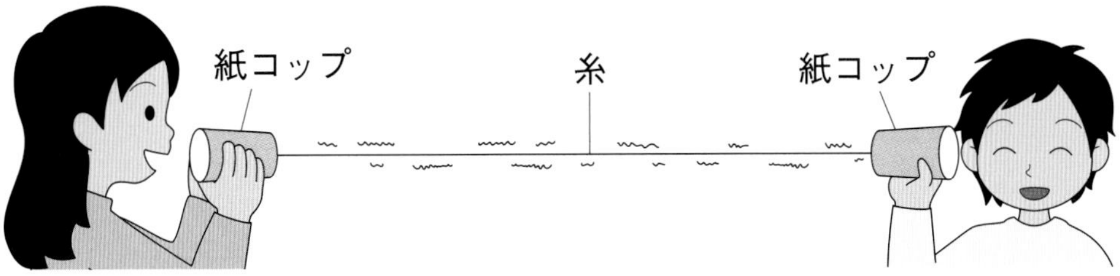

(1) 糸電話で話をするとき、どのようにしますか。次の文の①、②のうち、正しいほうを◯でかこみましょう。

糸を①（ たるませる　ぴんとはる ）ようにして紙コップを両《りょう》がわで持ち、紙コップの②（ 中　外 ）に向かって声を出す。

(2) 上の図のようにして話しているとき、糸にそっとふれてみました。糸はどうなっていますか。（　　　）

(3) 糸電話の紙コップから音が聞こえているとき、糸を強くつまんでみました。聞こえていた音はどうなりますか。（　　　）

(4) 次の（　）にあてはまる言葉をかきましょう。

音は、音をつたえるものが（　　　）ことによってつたわる。

2 糸電話の糸の先にゼムクリップをむすんで㋐～㋔をつくり、右の図のようにつなげて、クモのす糸電話をつくりました。次の問いに答えましょう。

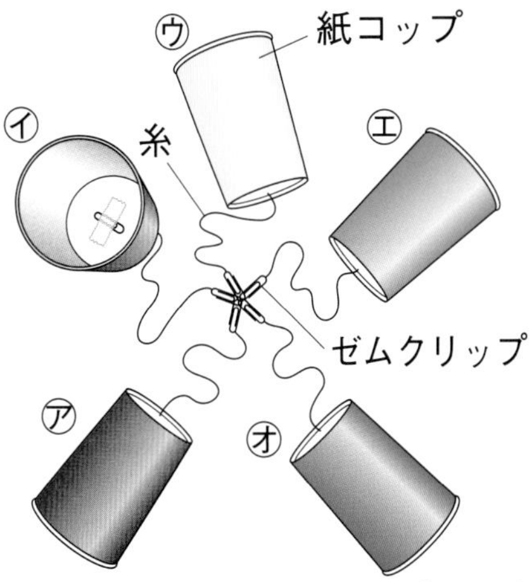

(1) 図のようなクモのす糸電話では、何人まで話すことができますか。（　　　）

(2) 図のようなクモのす糸電話で話をするとき、糸はぴんとはりますか、たるませますか。（　　　）

(3) 図のようなクモのす糸電話で話をしているとき、糸にそっとふれると、糸はどうなっていますか。（　　　）

(4) 図のようなクモのす糸電話で話をしているとき、すべての糸をつまむと、聞こえていた音はどうなりますか。（　　　）

勉強した日　月　日

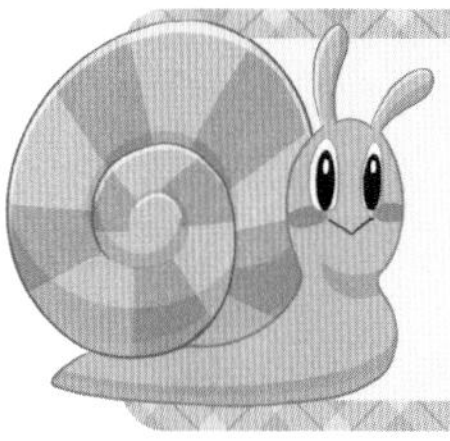

まとめのテスト

10　音のせいしつ

とく点
/100点

おわったら シールを はろう

時間 20分

教科書　150～159ページ
答え　17ページ

1　トライアングルから音が出るようす　トライアングルを使って、音が出ているときのもののようすを調べました。次の問いに答えましょう。　1つ8〔16点〕

⑴　トライアングルをたたいて音を出した後、指先でそっとふれてみました。トライアングルは音が出ているときどうなっていますか。**ア**～**ウ**からえらびましょう。（　　　）

ア　左右にゆらゆらとゆれている。
イ　上下にぴょこぴょこと動いている。
ウ　びりびりふるえている。

⑵　トライアングルを強くたたいて大きな音を出したとき、⑴のようすはどうなりますか。
（　　　　　　　　　　　）

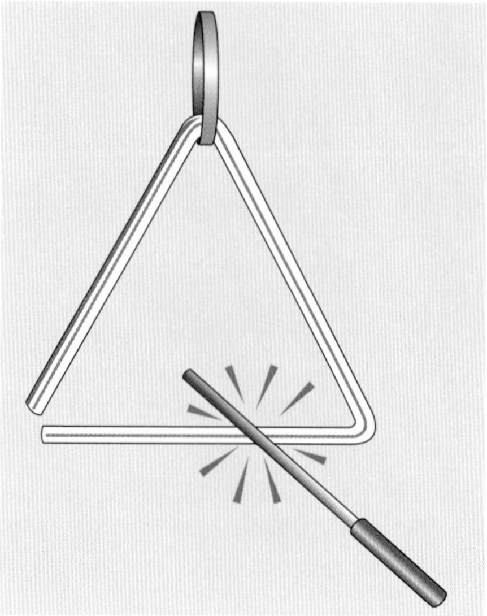

よく出る

2　たいこから音が出るようす　たいこをたたいて音を出し、指先でふれた感じや、音の大きさを調べました。次の問いに答えましょう。　1つ4〔28点〕

⑴　たいこから音が出ていないとき、たいこに指先でふれると、たいこはふるえていますか、ふるえていませんか。（　　　　　　　）

⑵　たいこの音の大きさとたいこのふるえの大きさについて、次の文のうち正しいものには○、まちがっているものには×をつけましょう。

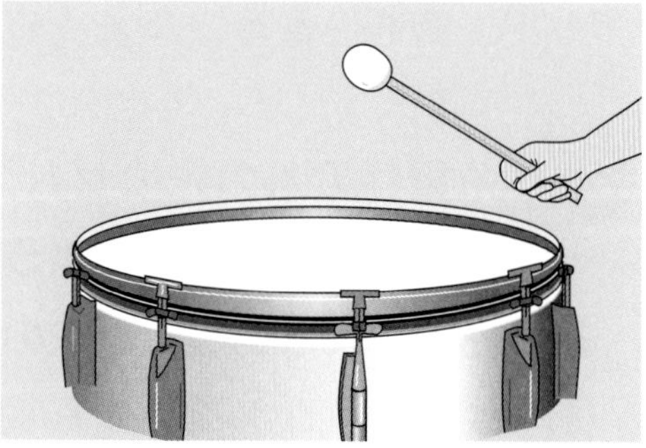

①（　　　）たいこをそっとたたいて小さい音が出ているとき、たいこのふるえは小さい。
②（　　　）たいこを強くたたいて大きい音が出ているとき、たいこのふるえは小さい。
③（　　　）たいこのふるえが大きいほど、たいこからは大きい音が出ている。
④（　　　）たいこのふるえが小さいほど、たいこからは大きい音が出ている。
⑤（　　　）たいこのふるえを止めると、たいこの音は大きくなる。
⑥（　　　）たいこのふるえを止めると、たいこの音は聞こえなくなる。

3 **糸電話** **右の図のように紙コップと糸で糸電話をつくり、音のつたわり方を調べました。次の問いに答えましょう。** 1つ4〔36点〕

(1) 2人で糸電話を使うとき、糸をどのようにはって話しますか。ア、イからえらびましょう。 (　　　)

ア　糸をぴんとはってたるまないようにして話す。

イ　ぴんとはった糸を少しゆるめてから話す。

(2) 糸電話から音が聞こえているとき、糸の㋐や㋑のところをそっとさわると、どのように感じますか。

㋐(　　　　　　　　) ㋑(　　　　　　　　)

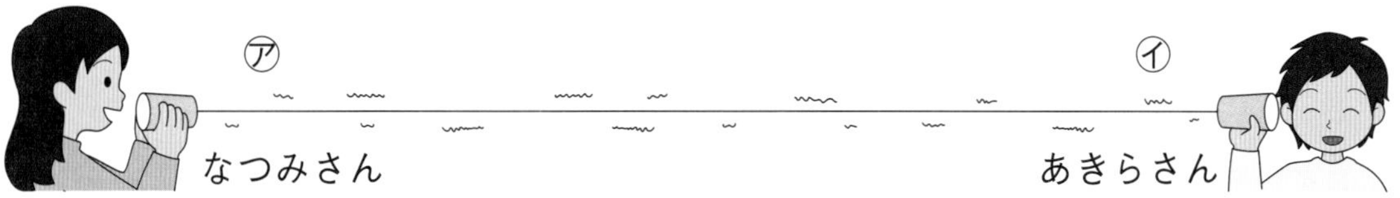

(3) 糸電話で音が聞こえているとき、糸の㋐や㋑のところをつまむと、音はどうなりますか。 ㋐(　　　　　　　　) ㋑(　　　　　　　　)

チャレンジ!

(4) 糸電話でなつみさんの声があきらさんにとどくまで、音はどのようにつたわりますか。次の文の(　)にあてはまる言葉を、下の〔　〕からえらんでかきましょう。ただし、同じ言葉を二回えらんでもよいものとします。

なつみさんの出した音(声)は、はじめに①(　　　　　)をふるわせ、そのふるえが②(　　　　　)につたわる。③(　　　　　)をつたわってきたふるえがもう１つの④(　　　　　)をふるわせて、あきらさんに音が聞こえる。

〔 糸　　紙コップ 〕

4 **がっきのえんそうと音のせいしつ** **えんそう会のがっきについて、次の問いに答えましょう。** 1つ5〔20点〕

(1) 次の文の(　)にあてはまる言葉をかきましょう。

たいこをたたいた後にたいこを手でさわっている人を見ました。これは、たいこの①(　　　　　)を止めて、たいこから②(　　　　　)が出ないようにするためです。

(2) 次の文の(　)にあてはまる言葉をかきましょう。

シンバルをたたいた後にシンバルを体につけている人を見ました。これは、シンバルの①(　　　　　)を止めて、シンバルから②(　　　　　)が出ないようにするためです。

勉強した日　　月　　日

1　ものの形と重さ

もくひょう
形をかえたときのものの重さについてかくにんしよう。

おわったらシールをはろう

きほんのワーク

教科書 160〜164、180ページ　答え 18ページ

図を見て、あとの問いに答えましょう。

1 電子てんびんの使い方と重《おも》さのたんい

電子てんびんの使い方

①（平らな　かたむいた）ところにおき、スイッチを入れる。

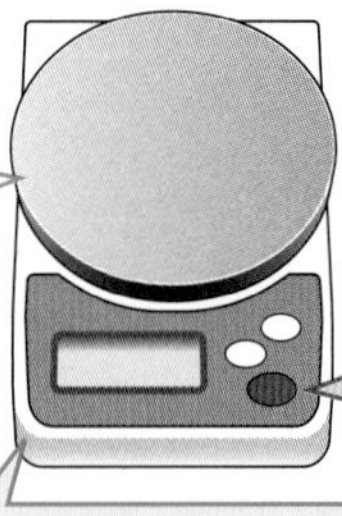

入れ物をのせてから、②（0　1）gにするボタンをおす。

はかるものをのせ③（目もり　数字）を読む。

重さのたんい

g　④□と読む。

kg　⑤□と読む。

1kg＝⑥（100　1000）g

(1)　①〜③の（　）のうち、正しいほうを◯でかこみましょう。

(2)　④、⑤の□に、重さのたんいの読み方をかきましょう。

(3)　⑥の（　）のうち、正しいほうの数字を◯でかこみましょう。

2 ものの形と重さ

㋐　ねん土の形をかえて重さをはかる。

①□　②□　③□

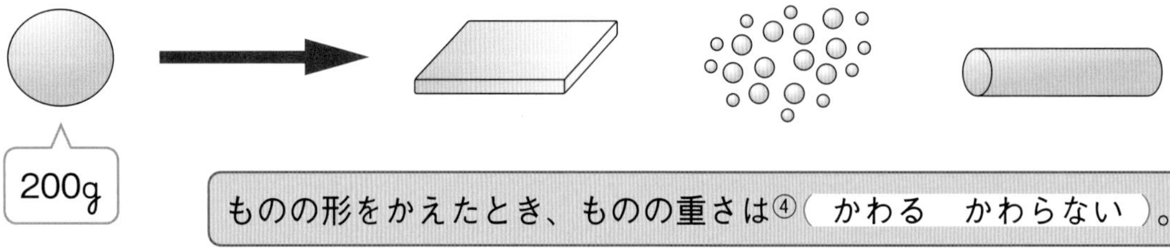

ものの形をかえたとき、ものの重さは④（かわる　かわらない）。

(1)　電子てんびんではかると、㋐のねん土の重さは200gでした。①〜③のうち、形をかえたときの重さが200gのものには○、200gではないものには×をつけましょう。

(2)　④の（　）のうち、正しいほうを◯でかこみましょう。

まとめ　〔形　重さ〕からえらんで（　）にかきましょう。

- ①（　　　　）のたんいには、g（グラム）やkg（キログラム）を使う。
- ものの②（　　　　）をかえたとき、重さはかわらない。

わくわくたんてい団

すべてのものには重さがあります。重さとは地球がそのものを引っぱる力（重力《じゅうりょく》）の大きさなのです。したがって、うちゅうでは重力がはたらかないのでものの重さは0gです。

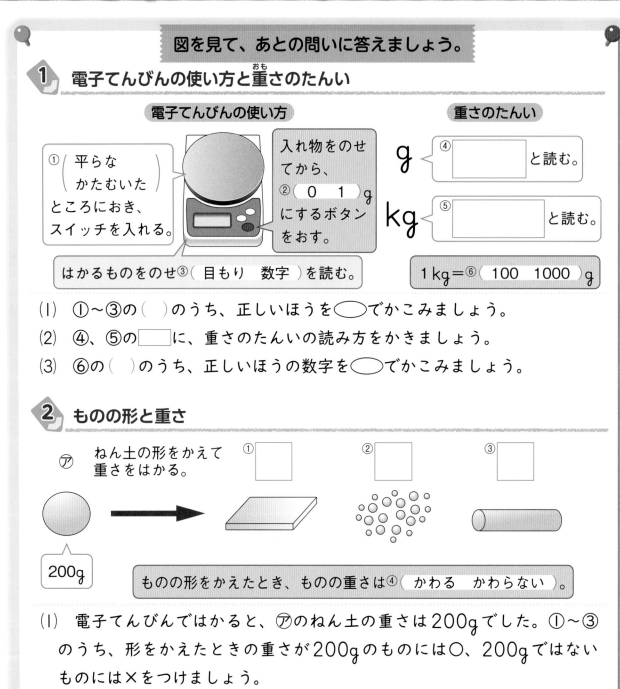

練習のワーク

教科書 160～164、180ページ　答え 18ページ

できた数 /13問中

おわったら シールを はろう

1 電子てんびんを使ってものの重さをはかります。次の問いに答えましょう。

ものの重さは電子てんびんや台ばかりを使って調べるよ。

(1) さいしょにはかったものの重さは100gでした。「g」の読み方をかきましょう。 (　　　　)

(2) 1kgは何gですか。 (　　　　)

(3) 電子てんびんの正しい使い方には○、まちがった使い方には×をつけましょう。

①(　　　)平らなところにおいてから、スイッチを入れる。

②(　　　)入れ物を使うときは、まず入れ物をのせてから0gにするボタンをおし、重さをはかるものを入れ物に入れる。

③(　　　)はかるものをのせてから、スイッチを入れる。

④(　　　)はかるものはしずかにのせる。

⑤(　　　)決められた重さより重いものをのせてはいけない。

⑥(　　　)はかるものをのせてから、0gにするボタンをおす。

2 電子てんびんでねん土の重さをはかると300gでした。このねん土の形をいろいろにかえて電子てんびんで重さをはかり、けっかを下の表にまとめました。次の問いに答えましょう。

ねん土の形をかえたときの重さ

ねん土の形	けっか
丸い形 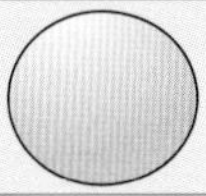	① g
平らな形	② g
細かく分ける	③ g
細長い形	④ g

けっかのまとめ

㋐

(1) 表の①～④にあてはまる重さをかきましょう。

(2) 表の㋐には、調べたけっかをまとめました。次の文のうち、㋐にあてはまるものに○をつけましょう。

①(　　　)細かく分けたときだけ重さは小さくなる。

②(　　　)丸めたときにいちばん重さが大きくなる。

③(　　　)形をかえても重さはかわらない。

④(　　　)平らな形のときだけ重さは小さくなる。

⑤(　　　)細かく分けたときの重さよりも、平らな形のときの重さのほうが大きくなる。

勉強した日　月　日

2　ものの体積と重さ

もくひょう
同じ体積のものの重さについてかくにんしよう。

おわったらシールをはろう

きほんのワーク

教科書　165~169、180ページ　答え　18ページ

図を見て、あとの問いに答えましょう。

1　同じ体積《たいせき》のものの重さ

ものの大きさ（かさ）を①［　　　］という。

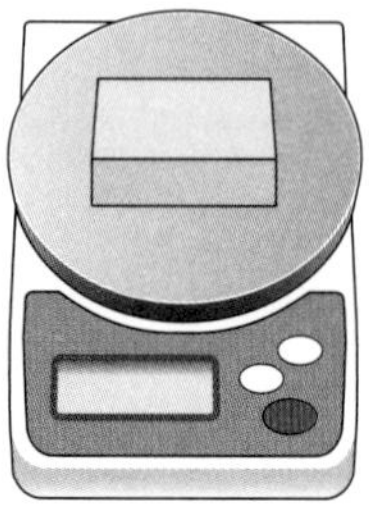

同じ体積の５しゅるいのものの重さ

もののしゅるい	重さ
鉄	310g
ゴム	62g
アルミニウム	103g
木	17g
プラスチック	36g

鉄　　アルミニウム　　ゴム　　プラスチック　　木

②［　　　］ ←――　　――→ ③［　　　］

同じ体積のものの重さをくらべたとき、もののしゅるいによって重さは④（ちがう　同じ）。

(1)　①の［　　］にあてはまる言葉をかきましょう。

(2)　表の５つのものを、重さのじゅんにならべました。②、③の［　　］にあてはまる言葉を、〔　〕からえらんでかきましょう。　〔　軽《かる》い　　重い　〕

(3)　④の（　）のうち、正しいほうを◯でかこみましょう。

まとめ　〔　体積　重さ　〕からえらんで（　）にかきましょう。

- ものの「大きさ（かさ）」を①（　　　　　）という。
- 同じ体積でも、もののしゅるいがちがうとものの②（　　　　　）はちがう。

わくわくたんてい団

同じ重さ100gのものでも、体積はしゅるいによってちがいます。同じ体積でくらべたときの重さが重いほうが、同じ重さにしたときの体積は小さくなります。

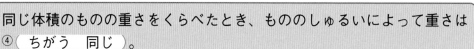

練習のワーク

教科書 165〜169、180ページ　答え 18ページ

できた数　/12問中

おわったら シールを はろう

1 **同じ体積の５しゅるいのものとして、鉄、アルミニウム、ゴム、木、プラスチックを用意《ようい》しました。それぞれの重さを１つずつ電子てんびんではかると、右の表のようなけっかになりました。次の問いに答えましょう。**

同じ体積の５つのものの重さ

もののしゅるい	重さ
鉄	310g
ゴム	62g
アルミニウム	103g
木	17g
プラスチック	36g

(1) 同じ体積の５しゅるいのものは、重さも同じですか、ちがいますか。（　　　）

(2) ５しゅるいのうち、いちばん重いものといちばん軽いものは何ですか。

いちばん重いもの（　　　）

いちばん軽いもの（　　　）

同じ体積のものどうしは、重さも同じなのかな？

(3) 次の図のように、同じ体積の５しゅるいのものについて、重いものからじゅんにならべました。①〜⑤の□にものの名前をかきましょう。

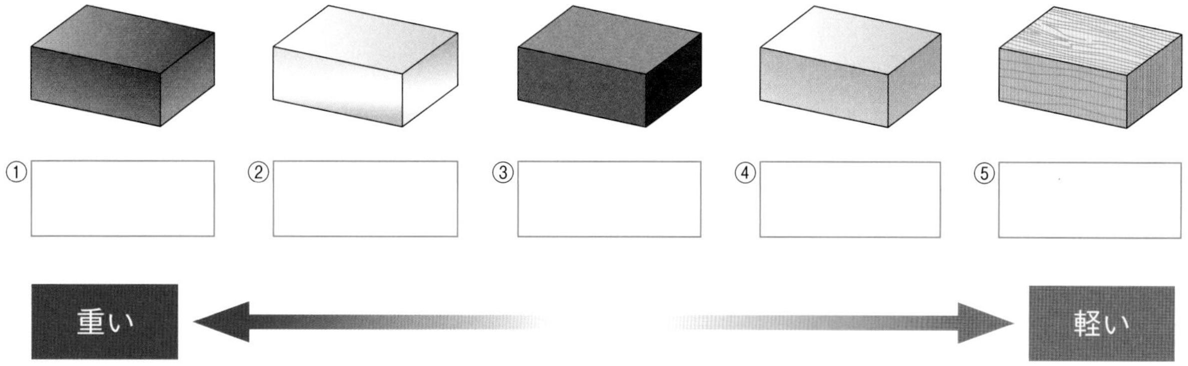

2 **次の文は、同じ体積でしゅるいのちがうものの重さを調べたけっかをまとめたものです。（　）にあてはまる言葉を、下の〔　〕からえらんでかきましょう。ただし、同じ言葉を二回えらんでもよいものとします。**

　アルミニウムの空きかんと、同じ大きさと形の鉄の空きかんを手に持った感じをくらべると、①（　　　）がちがうように感じた。ものの「大きさ（かさ）」のことを②（　　　）という。同じ③（　　　）でしゅるいのちがうものの重さを、電子てんびんを使って調べると、もののしゅるいによって重さが④（　　　）ことがわかった。

〔　体積　　重さ　　同じ　　ちがう　〕

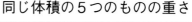

勉強した日　　月　　日

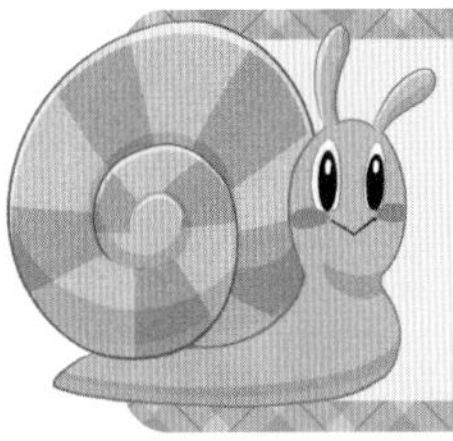

まとめのテスト

11　ものと重さ

とく点　　/100点

おわったら シールを はろう

時間 20分

教科書 160～169、180ページ　答え 18ページ

1 重さをはかるきぐ　次の文のうち、正しいものには○、まちがっているものには×をつけましょう。 1つ6〔30点〕

①(　　　)ものの重さは、電子てんびんでも台ばかりでもはかることができる。

②(　　　)電子てんびんも台ばかりも、決められたりょうよりも重いものをのせることができる。

③(　　　)電子てんびんも台ばかりも、平らなところにおいて使う。

④(　　　)電子てんびんも台ばかりも、重さをはかるものをしずかにのせる。

⑤(　　　)電子てんびんでも台ばかりでも、入れ物を使ってものの重さをはかることはできない。

よく出る

2 ものの重さと形　100gのねん土の形をかえたり、いくつかに分けたりして電子てんびんで重さをはかりました。あとの問いに答えましょう。 1つ5〔30点〕

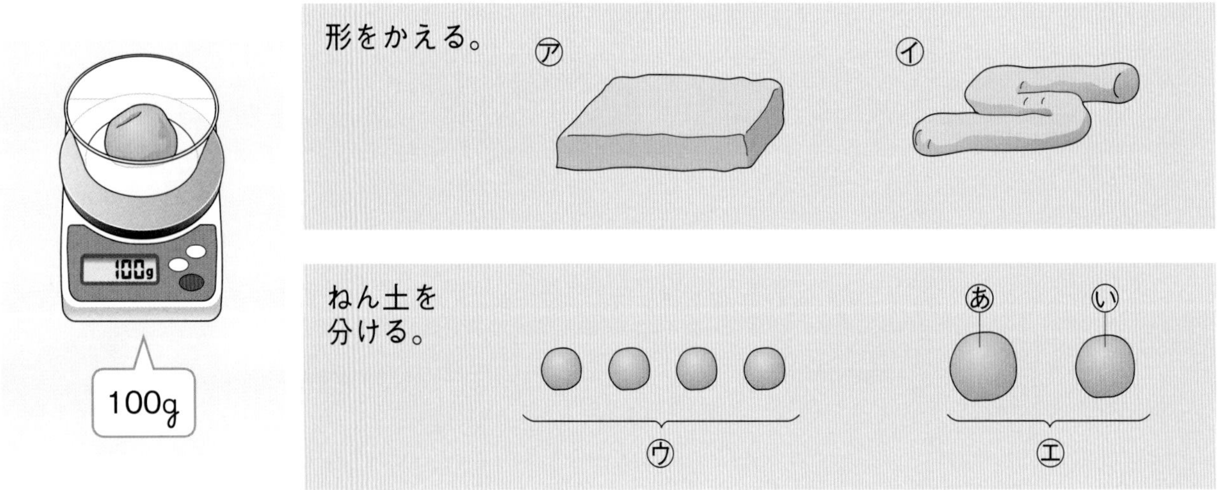

(1)　上の図の丸いねん土の形を㋐や㋑のようにかえて重さをはかりました。それぞれ何gですか。　㋐(　　　　　)　㋑(　　　　　)

(2)　丸いねん土を㋒のように4つに分けました。4つをいっしょに電子てんびんにのせて重さをはかると何gですか。　(　　　　　)

(3)　ものの形をかえたとき、ものの重さはかわりますか。　(　　　　　)

(4)　ものをいくつかに分けて、全部(ぜんぶ)集めて重さをはかったとき、ものの重さはかわりますか。　(　　　　　)

(5)　はじめの丸いねん土を㋓のように2つに分けて[あ]だけの重さをはかったら55gでした。[い]だけの重さをはかると何gですか。　(　　　　　)

3 形をかえたときのものの重さ

さとるさんは、いろいろなものの重さをはかりました。次の問いに答えましょう。 1つ5〔10点〕

(1) アルミニウムはくを広げたまま電子てんびんの上において重さをはかると30gでした。次に、アルミニウムはくを丸めてから電子てんびんの上におき、重さをはかりました。このときの重さを、ア～ウからえらびましょう。 (　　　)

ア　30gよりも軽い　　イ　ちょうど30g　　ウ　30gよりも重い

(2) さとるさんは体重計《たいじゅうけい》に立ったままで体重をはかると、30kgでした。次に体重計の上にすわって体重をはかりました。すわってはかったときの体重を、ア～ウからえらびましょう。 (　　　)

ア　30kgよりも軽い　　イ　ちょうど30kg　　ウ　30kgよりも重い

4 ものの体積と重さ

同じ体積の鉄、アルミニウム、木、プラスチックの重さを台ばかりではかり、くらべたところ下の表のようになりました。あとの問いに答えましょう。 1つ6〔30点〕

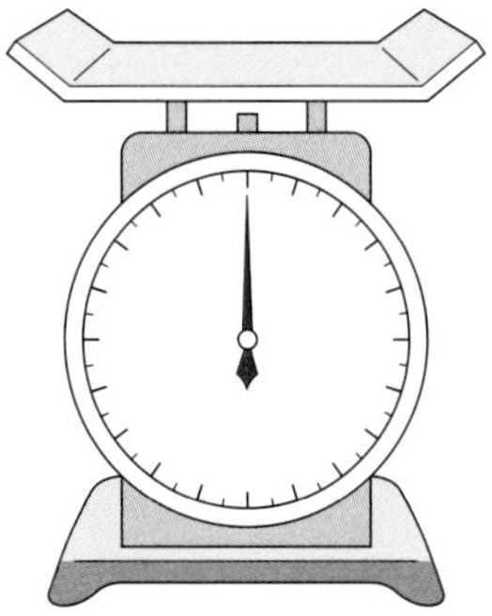

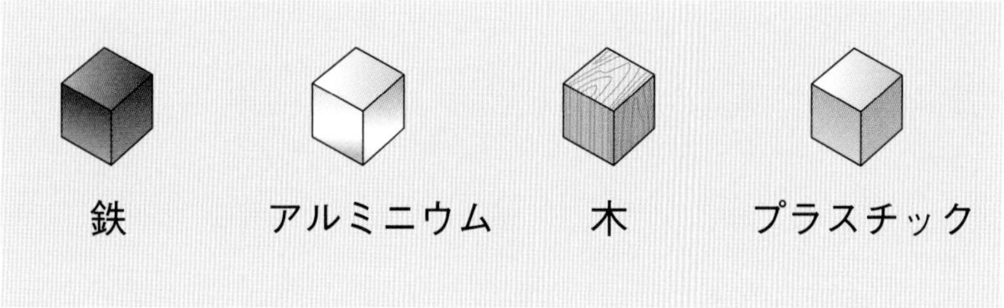

鉄	アルミニウム	木	プラスチック
310g	103g	17g	36g

(1) 重さを表すたんいには、g、kgなどがあります。これらのたんいの読み方をそれぞれかきましょう。

g(　　　　　　)　kg(　　　　　　)

(2) 同じ体積ではかったとき、いちばん重いのは、4つのうちのどれですか。名前をかきましょう。 (　　　　　　)

(3) 同じ体積ではかったとき、いちばん軽いのは、4つのうちのどれですか。名前をかきましょう。 (　　　　　　)

(4) ものの体積と重さについてかいた次の文のうち、正しいほうに○をつけましょう。

①(　　　)ものの体積が同じなら、もののしゅるいがちがっても、重さは同じ。

②(　　　)ものの体積が同じでも、もののしゅるいがちがうと、重さはちがう。

勉強した日　　月　　日

考えてとく問題にチャレンジ!

プラスワーク

おわったら
シールを
はろう

答え　19ページ

1 チョウを育てよう　教科書 26～39ページ

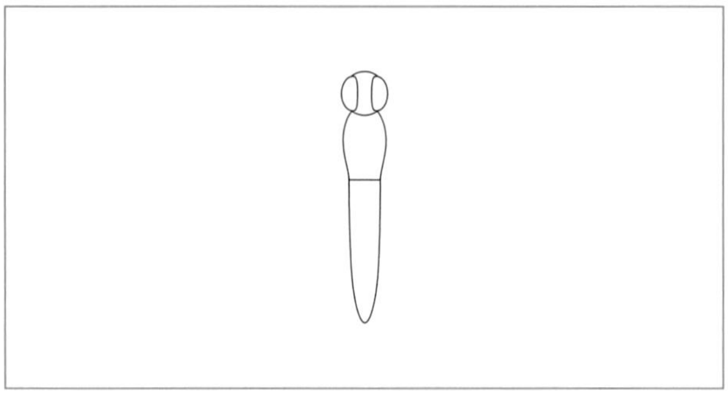

チョウのせい虫の体が頭・むね・はらの３つの部分からできているようすを表した右の図に、あし・はね・しょっ角を、正しいいちにかきましょう。

2 風とゴムの力のはたらき　教科書 46～59ページ

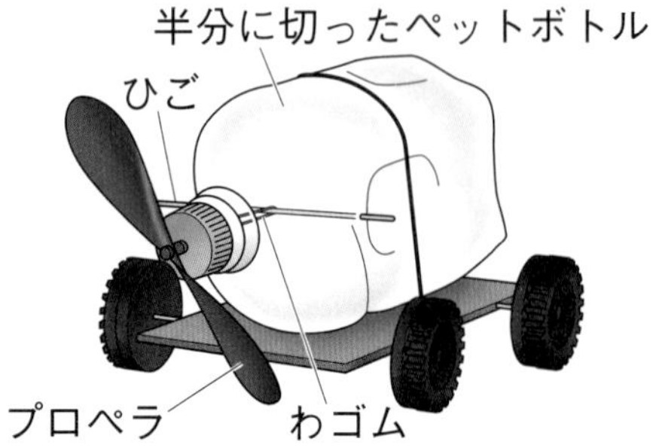

半分に切ったペットボトル
ひご
プロペラ
わゴム

右の図は、プロペラで動く車です。プロペラを回して、わゴムをねじる回数をふやすと、車の動くきょりは長くなりますか、短くなりますか、かわりませんか。理由もかきましょう。

きょり（　　　　　　　　　　　　）

理由（　　　　　　　　　　　　　　　　　　　　　　　　）

3 かげと太陽　教科書 90～107ページ

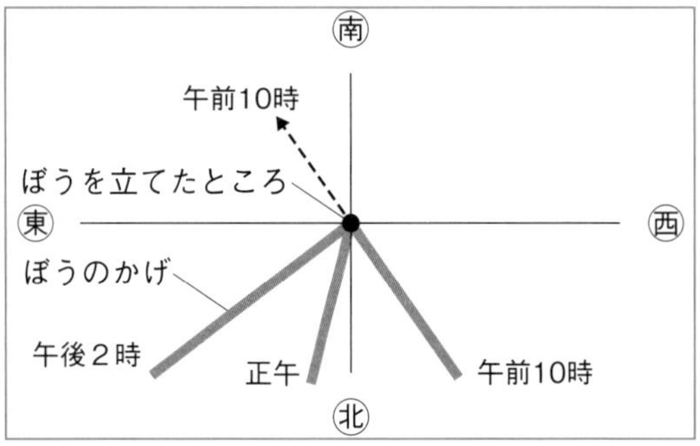

南
午前10時
ぼうを立てたところ
東
西
ぼうのかげ
午後２時
正午
午前10時
北

右の図は、地面に立てたぼうのかげの記ろくです。午前10時には矢じるし⇢の向きに太陽がありました。正午の太陽の見える向きを赤色→で、午後２時の太陽の見える向きを青色→でかきましょう。

思考 4 電気で明かりをつけよう
じしゃくのふしぎ　教科書 120～149ページ

㋐

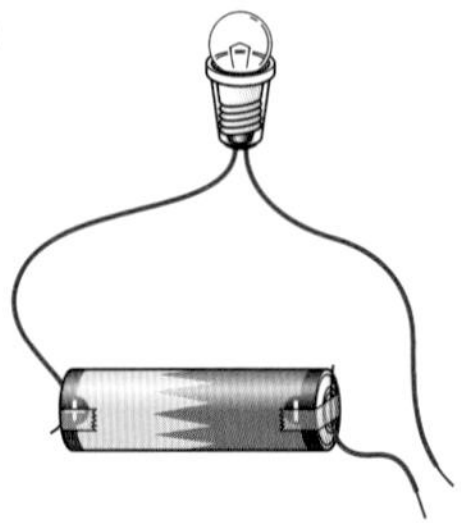

㋑

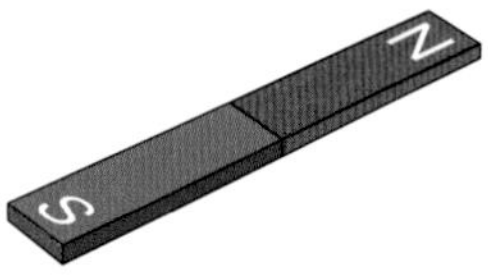

N
S

ごみばこの中のアルミかんとスチールかんを分けます。使うきぐとして正しいのは、右の図の㋐、㋑のどちらですか。理由もかきましょう。ただし、かんの色がぬってあるところはけずって調べたものとします。

きぐ（　　　　）

理由（　　　　　　　　　　　　　　　　　　　　　　　　）

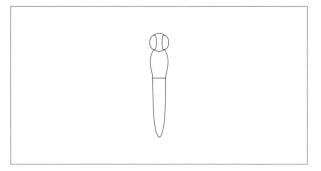

実力判《はん》定《てい》テスト

夏休みのテスト①

時間30分

名前　　とく点　　/100点

おわったらシールをはろう

教科書　8〜25、40〜45、60〜63、176ページ　　答え　20ページ

1 **身《み》の回りの生き物《もの》をかんさつしました。次《つぎ》の問《と》いに答えましょう。**　1つ7〔21点〕

(1)　きろくカードに、生き物のようすをきろくしました。

①　右の図のあには、題名《だいめい》として生き物の何をかきますか。

(　　　　)

②　きろくカードのかき方について、正しいものをえらびましょう。

(　　　　)

ア　気づいたことは、言葉《ことば》だけでせつめいして、スケッチはかかない。

イ　見つけた場所《ばしょ》、かんさつしたものの大き

(2)　次の㋐〜㋓からホウセンカとヒマワリの花と葉《は》をそれぞれえらんで、表《ひょう》に記号《きごう》をかきましょう。

㋐ 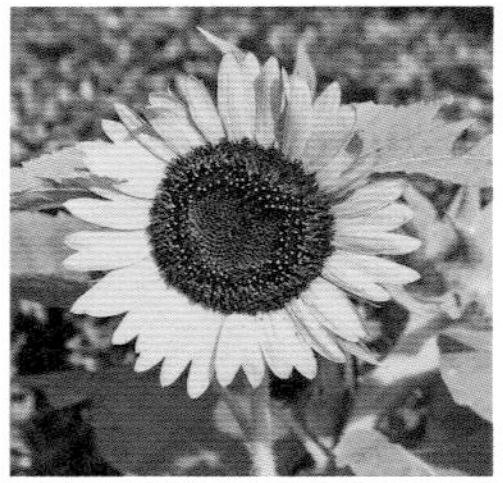

㋑ 

㋒ 

㋓ 

	花	葉
ホウセンカ		
ヒマワリ		

(3)　ホウセンカとヒマワリのようすについて、正

●勉強した日　　月　　日

実力判《はん》定《てい》テスト

夏休みのテスト②

時間 30分

名前　　とく点　　／100点

おわったらシールをはろう

教科書　26〜39、46〜59ページ　　答え　20ページ

1 **モンシロチョウやアゲハの育《そだ》ちと体のつくりについて、次《つぎ》の問《と》いに答えましょう。** 1つ7〔70点〕

(1) 次の写真《しゃしん》は、モンシロチョウの育つようすを表《あらわ》したものです。

㋐

㋑
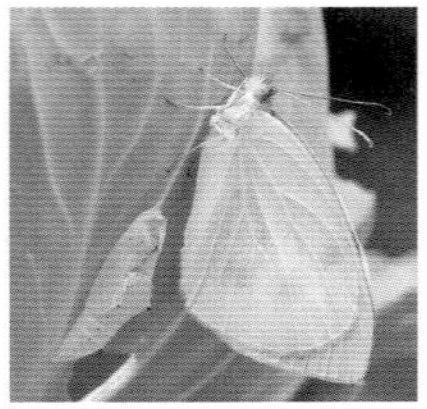
㋒
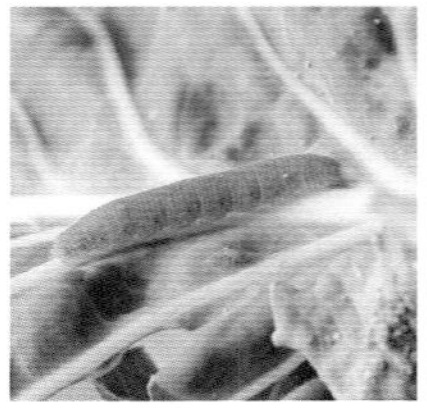
㋓
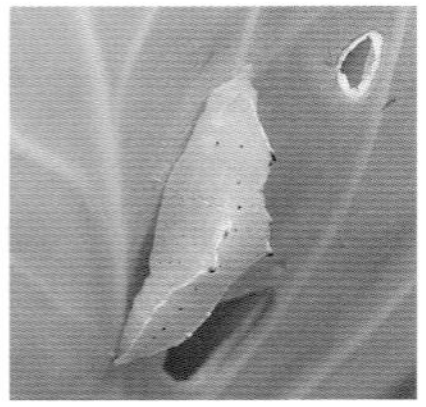

① ㋐〜㋓のすがたを、何といいますか。

㋐(　　　　)　㋑(　　　　)

㋒(　　　　)　㋓(　　　　)

② ㋐をさいしょとして、モンシロチョウが育つじゅんに、㋑〜㋓をならべましょう。

(　㋐　→　　→　　→　　)

③ ㋑と㋒の食べ物《もの》は、同じですか、ちがいますか　　(　　　　)

2 **風で動《うご》く車をつくり、風を当てて、風の強さと車が動いたきょりのかんけいを調《しら》べました。表《ひょう》は、そのけっかです。あとの問いに答えましょう。** 1つ5〔15点〕

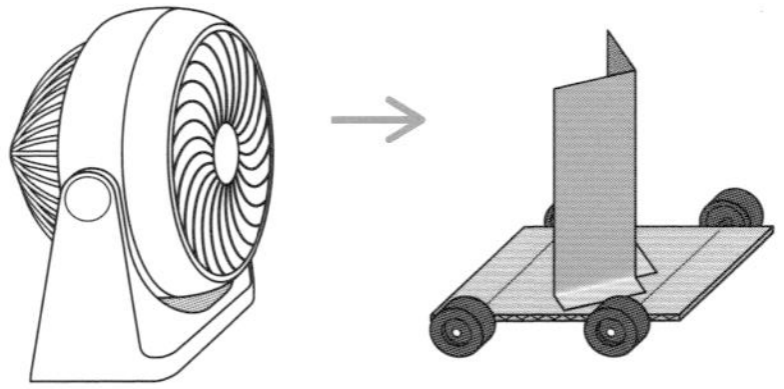

送風《そうふう》き　　㋐⬅　➡㋑

風の強さ	車が動いたきょり
弱い	1 m60cm
強い	4 m30cm

(1) ──→の向《む》きに風を当てたとき、車は㋐、㋑のどちらへ動きますか。　(　　　　)

(2) 次の文の(　)にあてはまる言葉《ことば》をかきましょう。

風がものを動かすはたらきは、風の強さが①(　　　　)なるほど大きくなり、風の強さが②(　　　　)なるほど小さくなる。

④　皮《かわ》をぬぐたびに大きくなるのは、㋐～㋓のどのときですか。（　　　　）

(2)　次の図は、アゲハの育つようすを表したものです。

㋐

㋑
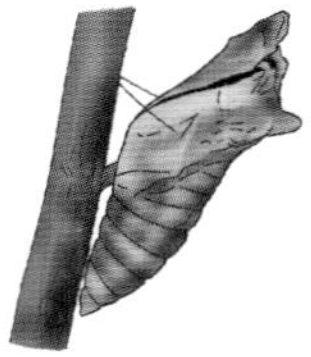
㋒

㋓
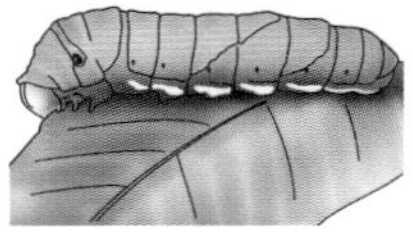

①　㋐をさいしょとして、アゲハが育つじゅんに、㋑～㋓をならべましょう。

（　㋐　→　　　→　　　→　　　）

②　アゲハの育つじゅんは、モンシロチョウと同じですか、ちがいますか。

（　　　　）

(3)　モンシロチョウやアゲハのように、せい虫の体が頭《あたま》・むね・はらの3つの部分からできていて、むねに6本のあしがあるなかまを何といいますか。（　　　　）

3　ゴムで動く車をつくり、わゴムをのばす長さと車が動いたきょりのかんけいを調べました。表は、そのけっかです。あとの問いに答えましょう。

1つ5〔15点〕

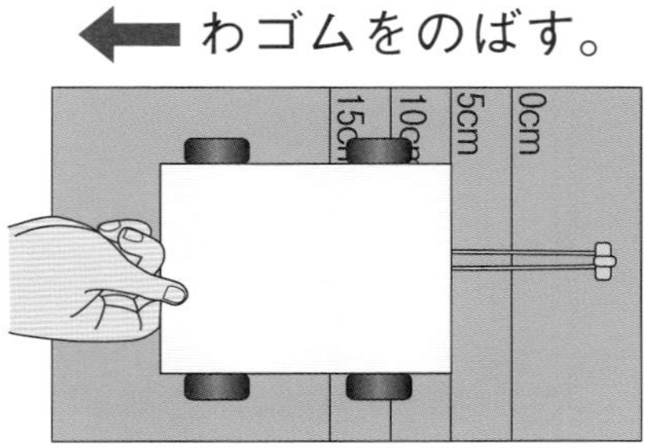

わゴムをのばす長さ	車が動いたきょり
10cm	8m
15cm	12m20cm

(1)　わゴムをのばしたときの手ごたえが強いのは、わゴムをのばす長さが10cmのときと15cmのときのどちらですか。（　　　　）

(2)　次の文の（　）にあてはまる言葉をかきましょう。

ゴムがものを動かすはたらきは、ゴムを長くのばすほど①（　　　　）なり、ゴムをのばす長さが短《みじか》くなるほど②（　　　　）なる。

さ、色、形をかく。

ウ　ふしぎに思ったことなどは、かいてはいけない。

(2)　次の図は、かんさつした生き物のようすです。生き物の色や形、大きさは、それぞれちがいますか、同じですか。（　　　　）

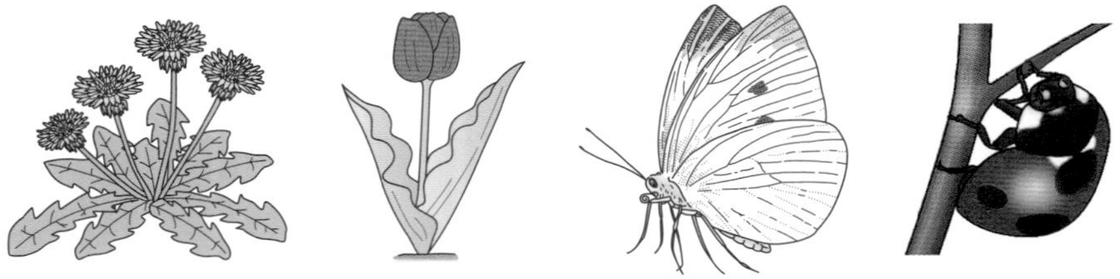

2　ホウセンカとヒマワリについて、次の問いに答えましょう。

1つ7〔49点〕

(1)　次の写真《しゃしん》は、ホウセンカとヒマワリのどちらのたねですか。名前をかきましょう。

①（　　　　）　②（　　　　）

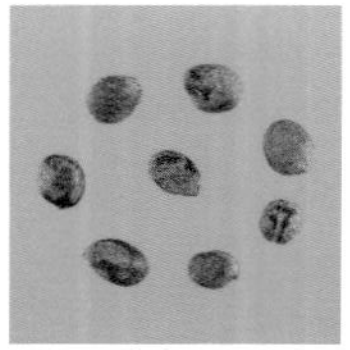

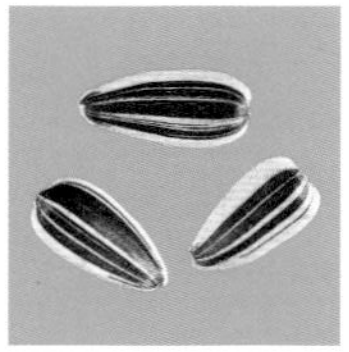

しいものをえらびましょう。（　　　）

ア　ホウセンカもヒマワリも、花の色や形、大きさは同じである。

イ　ホウセンカとヒマワリで、花の色や形、大きさはちがう。

3　ホウセンカの体のつくりについて、次の問いに答えましょう。

1つ6〔30点〕

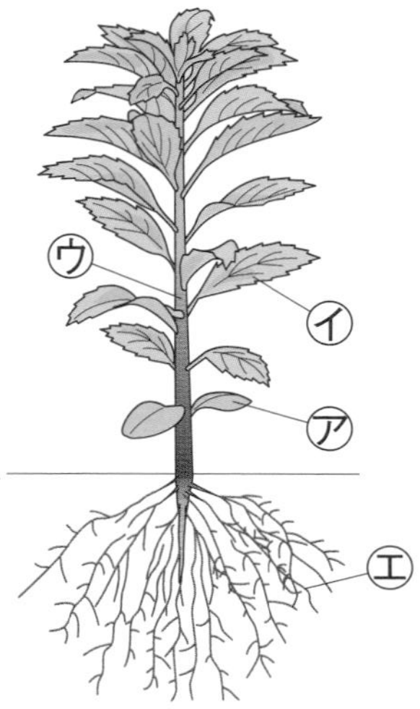

(1)　たねをまいた後、はじめに出てくる葉は、㋐、㋑のどちらですか。また、その葉を何といいますか。

記号（　　　）

名前（　　　）

(2)　㋒、㋓の部分《ぶぶん》の名前を何といいますか。

㋒（　　　　）　㋓（　　　　）

(3)　㋐〜㋓のうち、土の中にのびて広がっているものはどれですか。（　　　）

実力判定《はんてい》テスト　冬休みのテスト②

時間 30分　名前　とく点　／100点　おわったらシールをはろう

教科書　90〜131ページ　答え　21ページ

1 次《つぎ》の図のように、地面《じめん》にぼうを立てて、ぼうのかげの向《む》きと太陽《たいよう》のいちのへんかを調《しら》べました。あとの問《と》いに答えましょう。　1つ6〔24点〕

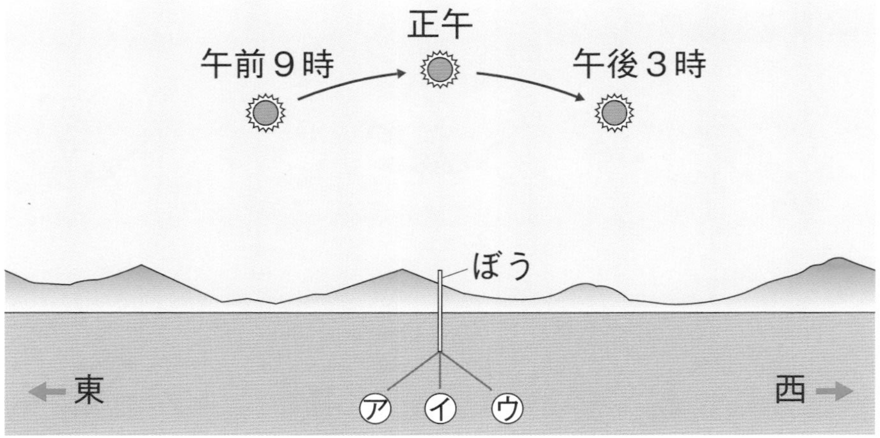
正午
午前９時
午後３時
ぼう
←東
西→
㋐
㋑
㋒

(1)　午前９時のかげの向きを、㋐〜㋒からえらびましょう。　(　　　)

(2)　時間がたつと、かげの向きと太陽のいちは、それぞれどのようにかわりますか。東、西、南、北で答えましょう。

かげの向き(　　　→　　　→　　　)

3 次の図のように、かがみではね返《かえ》した日光《にっこう》をだんボール紙のまとに当てました。表《ひょう》は、そのけっかです。あとの問いに答えましょう。　1つ6〔18点〕

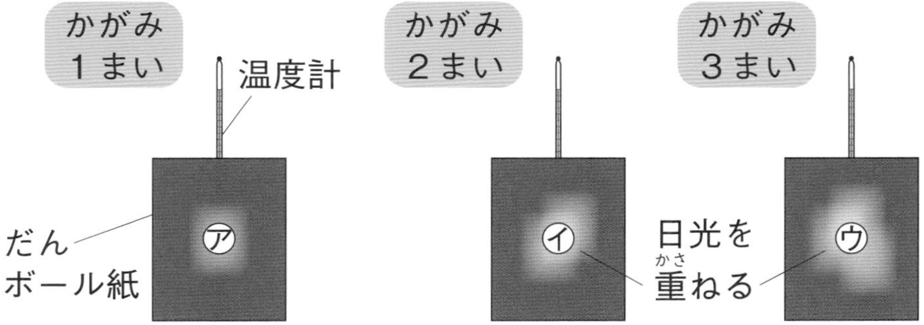
かがみ
１まい
温度計
かがみ
２まい
かがみ
３まい
だん
ボール紙
㋐
㋑
日光を
重《かさ》ねる
㋒

日光が当たったところ	㋐	㋑	㋒
日光が当たったところの温度	21℃	29℃	39℃

(1)　㋐〜㋒のうち、日光が当たったところがいちばん明るいのはどれですか。　(　　　)

(2)　次の文の(　)にあてはまる言葉《ことば》をかきましょう。

はね返した日光を重ねるほど、日光が当た

●勉強した日　　月　　日

実力判《はん》定《てい》テスト

冬休みのテスト①

時間30分

名前

とく点　　/100点

おわったらシールをはろう

教科書　66〜89ページ、たんけんシート　　答え　21ページ

1 次《つぎ》の文にあてはまる生き物《もの》を、下の〔　〕からえらんでかきましょう。　1つ8〔24点〕

① 草むらの葉《は》の上にいる。

（　　　　　　　　）

② 土の中にすをつくっている。

（　　　　　　　　）

③ ミカンの木の近くをとんでいる。

（　　　　　　　　）

〔ショウリョウバッタ
クロオオアリ
アゲハ〕

2 こん虫のせい虫《ちゅう》の体のつくりについて、あとの問《と》いに答えましょう。　1つ6〔36点〕

㋐ショウリョウバッタ　　㋑アキアカネ

3 次の図は、ショウリョウバッタとカブトムシの育《そだ》ち方をまとめたものです。あとの文の（　）にあてはまる言葉《ことば》を書きましょう。　1つ5〔20点〕

ショウリョウバッタ

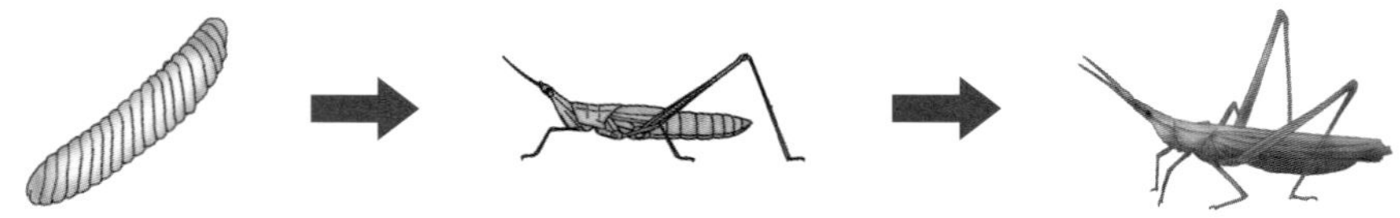

カブトムシ

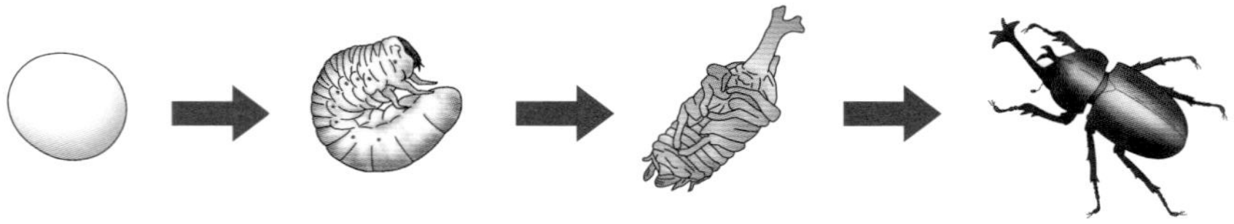

こん虫の育ち方は、大きく分けて2通りある。カブトムシやモンシロチョウは、たまご→①（　　　　）→②（　　　　）→せい虫、のじゅんに育つ。これとちがって、ショウリョウバッタやアキアカネは、たまご

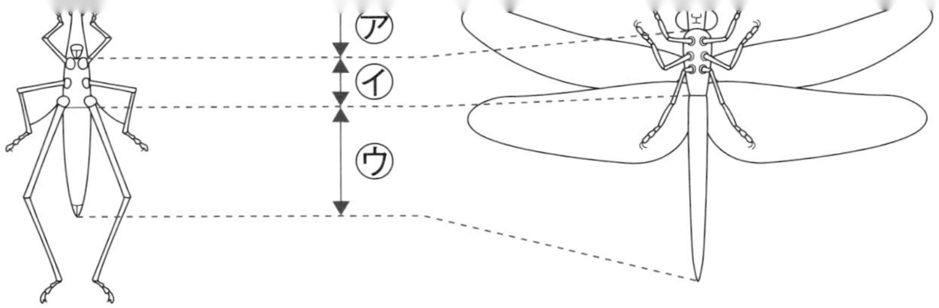

(1)　図のア～ウの部分《ぶぶん》を何といいますか。

ア（　　　　）　イ（　　　　）

ウ（　　　　）

(2)　あ、いには、あしは何本ありますか。また、あしはア～ウのどの部分にありますか。

あしの数（　　　　）

あしがある部分（　　　　）

(3)　あ、いのようなとくちょうがあるなかまをこん虫といいます。右の図のようなクモやダンゴムシは、こん虫といえますか、いえませんか。

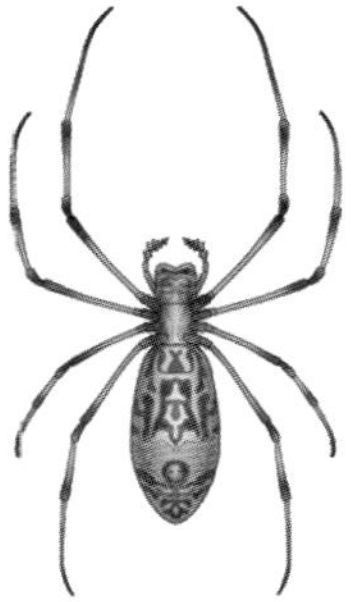

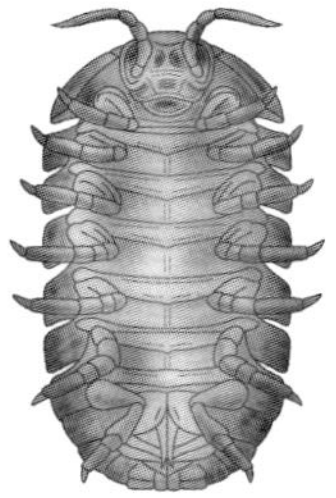

（　　　　）

→③（　　　　）→④（　　　　）

のじゅんに育つ。

4　植物《しょくぶつ》の育ちについて、次の問いに答えましょう。

1つ5〔20点〕

(1)　アをさいしょとして、ホウセンカが育つじゅんに、イ～オをならべましょう。

（　ア　→　　→　　→　　→　　）

ア　　イ　　ウ　　エ　　オ

(2)　ホウセンカの育ちについて、次の文の（　）にあてはまる言葉をかきましょう。

ホウセンカは、葉の数がふえて草たけが高くなり、くきが太くなると、やがて①（　　　）がさく。その後、②（　　　）ができ、③（　　　）ができた後にかれていく。

太陽のいち（　　　→　　　→　　　）

(3)　かげの向きがかわるのは、なぜですか。

（　　　　　　　　　　　　　　　）

2 **右の図は、日なたと日かげの地面の温《おん》度《ど》を調べたときの温度計の目もりです。次の問いに答えましょう。**　1つ7〔28点〕

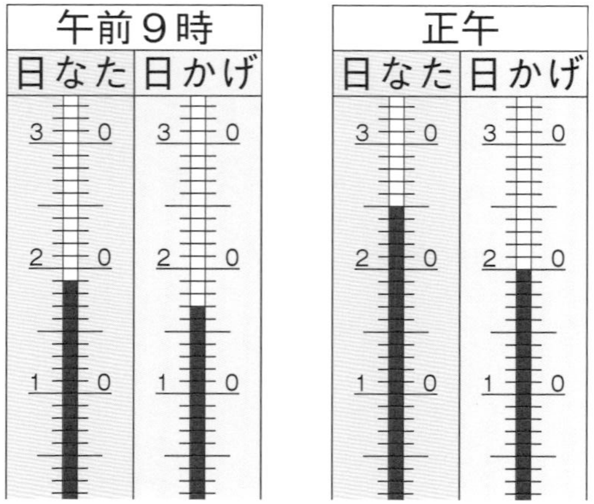

(1)　午前９時の日なたと日かげの地面の温度をそれぞれ読みとりましょう。

日なた（　　　　　）

日かげ（　　　　　）

(2)　正午に地面の温度が高かったのは、日なたと日かげのどちらですか。（　　　　　）

(3)　(2)のようになるのは、地面が何によってあたためられるからですか。

（　　　　　　　　）

ったところの明るさは①（　　　　　）なり、温度は②（　　　　　）なる。

4 **次の図のうち、豆電球《まめでんきゅう》に明かりがつくものには○、つかないものには×を□につけましょう。**

1つ5〔30点〕

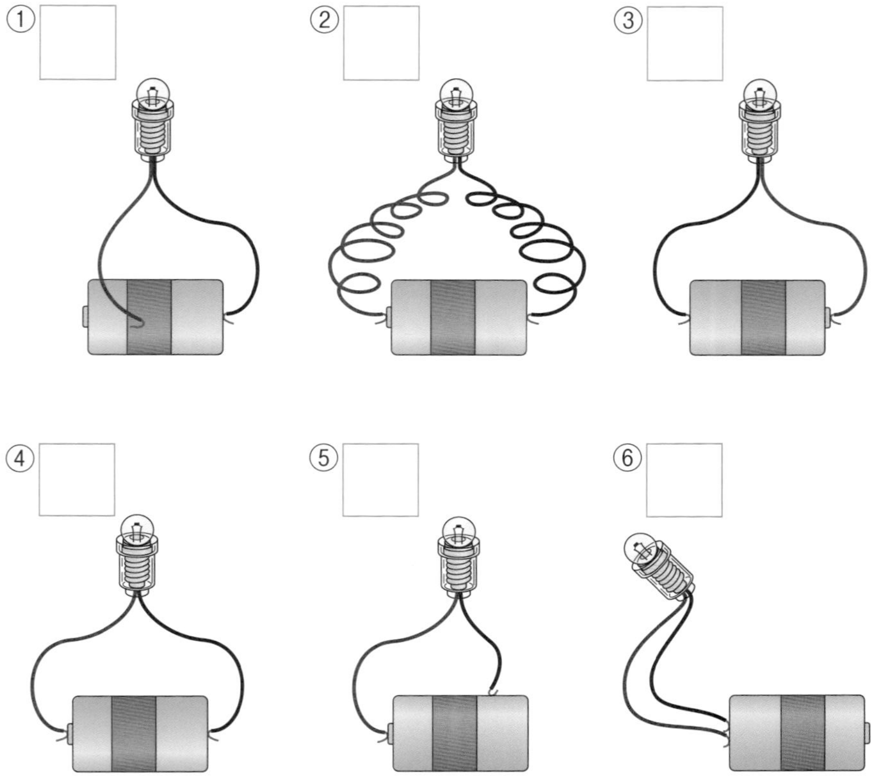

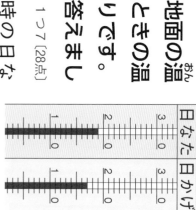

●勉強した日　　月　　日

実力判《はん》定《てい》テスト

学年末のテスト①

時間30分

名前　　とく点　　/100点

おわったらシールをはろう

教科書　132〜169ページ、たんけんシート　答え　22ページ

1 じしゃくについて、次《つぎ》の問《と》いに答えましょう。

1つ5〔35点〕

(1)　次の①〜③の(　)のうち、正しいほうを〇でかこみましょう。

じしゃくは、間が空いていても鉄《てつ》を
①(引きつける　引きつけない)。
じしゃくと鉄の間にじしゃくにつかないものをはさんでも、じしゃくは鉄を
②(引きつける　引きつけない)。
じしゃくが鉄を引きつける力の強さは、じしゃくと鉄のきょりがかわると、
③(かわる　かわらない)。

(2)　次の図のようにじしゃくを近づけたとき、引き合うものには○、しりぞけ合うものには×を□につけましょう。

①□　　②□

3 次の図のように、糸電話をつくって話をしました。あとの問いに答えましょう。

1つ5〔20点〕

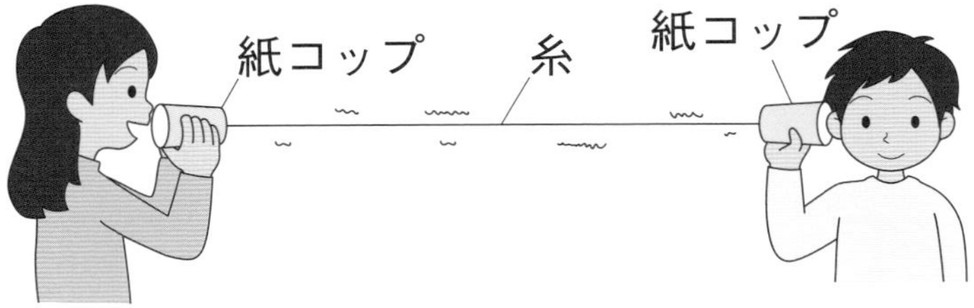

(1)　話をしているときに糸にそっとふれると、糸はどうなっていますか。(　　　)

(2)　話をしているときに糸をつまむと、聞こえていた声はどうなりますか。

(　　　)

(3)　次の①、②のうち、正しいほうを〇でかこみましょう。

音がつたわるとき、音をつたえるものは
①(ふるえている　ふるえていない)。
もののふるえを止めると、音は

●勉強した日　月　日

実力判定《はんてい》テスト

学年末のテスト②

時間 30分

名前　　とく点　／100点

おわったら シールを はろう

教科書　8～169ページ　　答え　22ページ

1 次《つぎ》の文のうち、正しいものには○、まちがっているものには×をつけましょう。　1つ8〔40点〕

①(　　)クモ、アリ、ダンゴムシは、すべてこん虫である。

②(　　)こん虫は、食べ物《もの》やかくれる場所《ばしょ》があるところで見られることが多い。

③(　　)植物《しょくぶつ》のしゅるいによって、葉《は》や花の形や大きさはちがう。

④(　　)日なたの地面《じめん》は、日かげの地面より温度《おんど》がひくい。

⑤(　　)太陽《たいよう》の光をものがさえぎると、太陽と同じがわにもののかげができる。

2 次の図のものについて、電気を通すかどうか、じしゃくにつくかどうかを調《しら》べました。あとの問《と》いに答えましょう。　1つ8〔24点〕

3 次の図のように、たいこをたたいて大きい音と、小さい音を出しました。　1つ6〔18点〕

㋐大きい音　　㋑小さい音

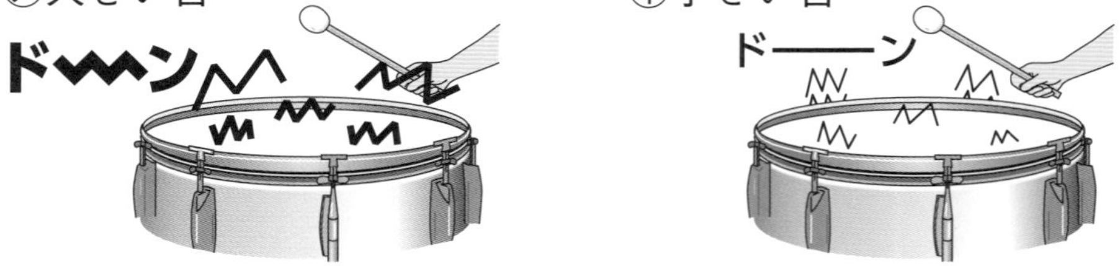

(1)　音が出ているとき、たいこはどうなっていますか。　(　　　　)

(2)　たいこのふるえが大きいのは、㋐、㋑のどちらですか。　(　　)

(3)　トライアングルに糸をつけ、糸のもう一方に紙コップをつけました。トライアングルをそっとたたくと、音が聞こえました。糸をつまむと、音はどうなりますか。

（　　　　　　　　）

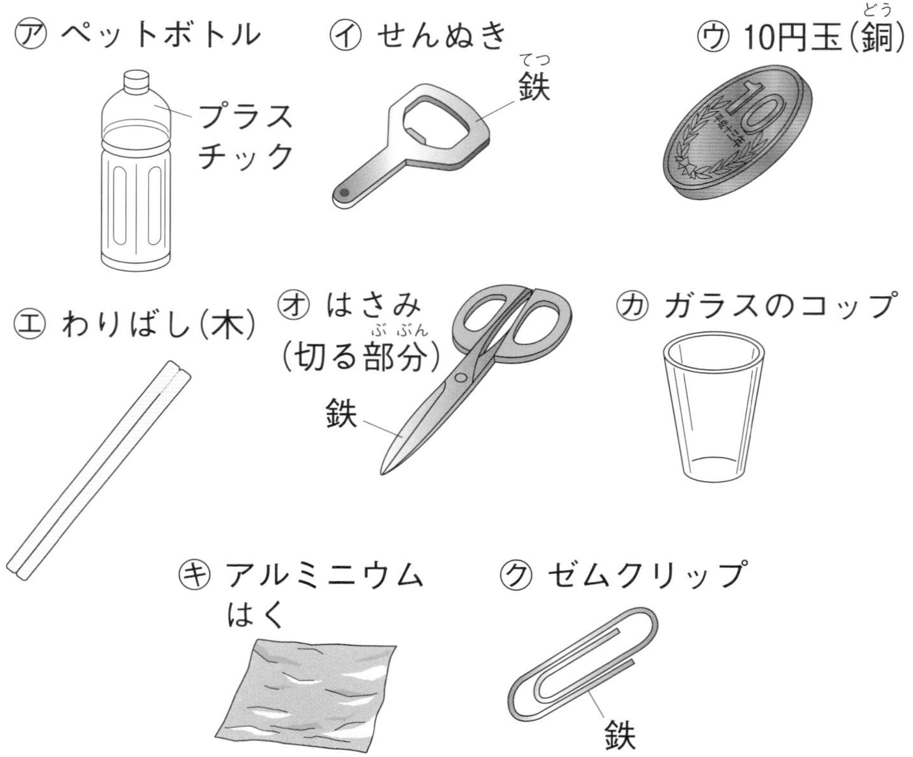

㋐ ペットボトル
プラスチック
㋑ せんぬき
鉄《てつ》
㋒ 10円玉(銅《どう》)
㋓ わりばし(木)
㋔ はさみ
(切る部分《ぶぶん》)
鉄
㋕ ガラスのコップ
㋖ アルミニウムはく
㋗ ゼムクリップ
鉄

(1)　電気を通すものを、㋐～㋗からすべてえらびましょう。（　　　　　　　　）

(2)　じしゃくにつくものを、㋐～㋗からすべてえらびましょう。（　　　　　　　　）

(3)　電気を通すものは、かならずじしゃくにつくといえますか、いえませんか。

（　　　　　　　　）

4　**右の図は、黒い紙に虫めがねで日光《にっこう》を集《あつ》めているようすです。次の問いに答えましょう。**　1つ6〔18点〕

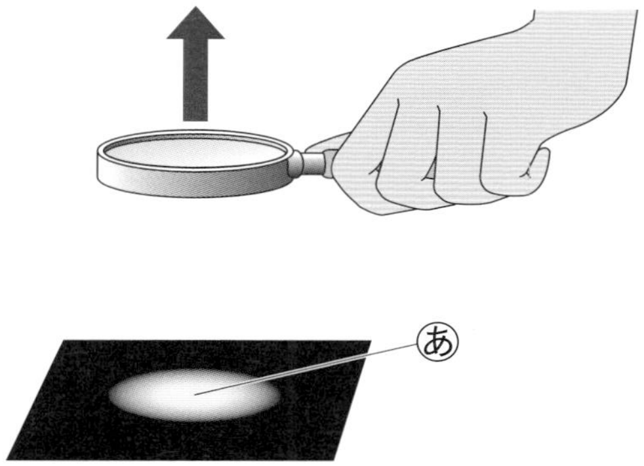

あ

(1)　虫めがねを ➡ の向《む》きに動《うご》かして黒い紙から遠ざけると、あの部分が小さくなりました。このとき、あの部分の明るさはどうなりますか。

（　　　　　　　　）

(2)　(1)のとき、あの部分のあたたかさはどうなりますか。（　　　　　　　　）

(3)　しばらくあの部分を小さくしたままにしておくと、黒い紙はどうなりますか。

（　　　　　　　　）

③ ④

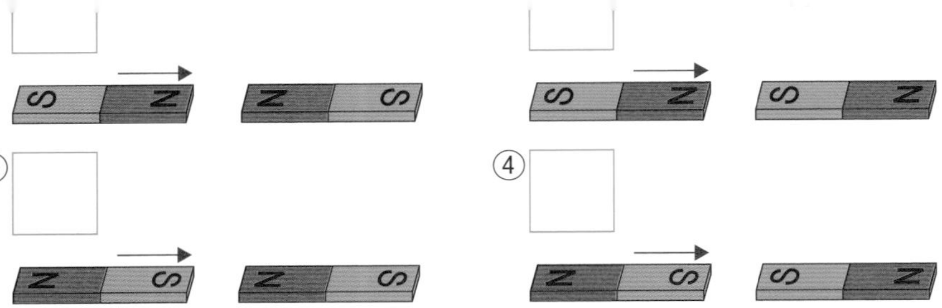

2 **右の図のように、じしゃくに２本の鉄くぎをつないでつけました。次の問いに答えましょう。** 1つ5〔15点〕

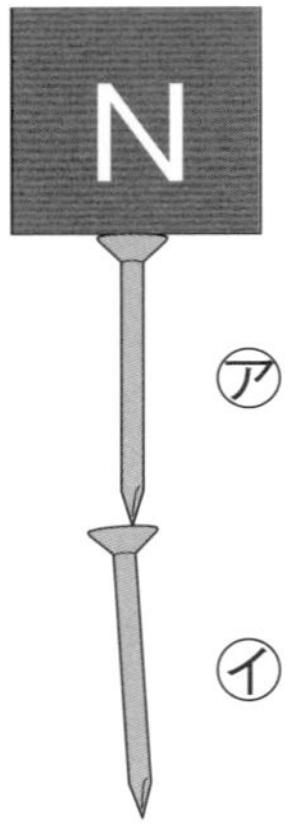

(1) ㋐の鉄くぎをしずかにじしゃくからはなしたとき、㋑の鉄くぎはどうなりますか。次のア、イからえらびましょう。 (　　　　)

ア ㋐につながったまま落《お》ちないことがある。

イ ㋐からかならずはなれて落ちる。

(2) じしゃくからはなした㋐の鉄くぎを鉄のゼムクリップに近づけると、どうなりますか。

(　　　　　　　　　　　　)

(3) (1)、(2)より、じしゃくについた鉄くぎは何になったといえますか。 (　　　　)

4 **次の図の㋐のような、100gのねん土の形をかえたり、いくつかに分けたりして重《おも》さをはかりました。あとの問いに答えましょう。** 1つ6〔30点〕

㋐　① □　② □　③ □

100g　形をかえる。　形をかえる。　分ける。

(1) ㋐のねん土を①～③のようにして、重さをはかりました。㋐とくらべて重くなるときは○、軽《かる》くなるときは×、かわらないときは△を、①～③の□につけましょう。

(2) ものの形をかえると、重さはどうなりますか。

(　　　　　　　　)

(3) 同じ体積《たいせき》のとき、ものの重さはもののしゅるいによってちがいますか、同じですか。

(　　　　　　　　)

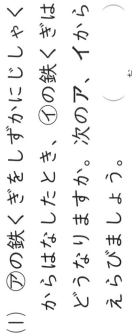

●勉強した日　　月　　日

実力判《はん》定《てい》テスト

かくにん！たんいとグラフ

時間 30分

名前

できた数　/23 問中

おわったら シールを はろう

たんいやグラフをかく練習をしよう！

答え 23ページ

長さや重さのたんい

1 ものの長さや重《おも》さのたんいを、かいて練習《れんしゅう》しましょう。

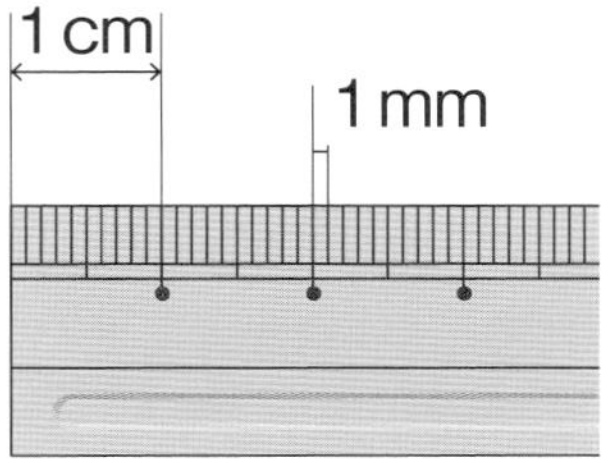

1 m　メートル

1 cm　センチメートル

1 mm　ミリメートル

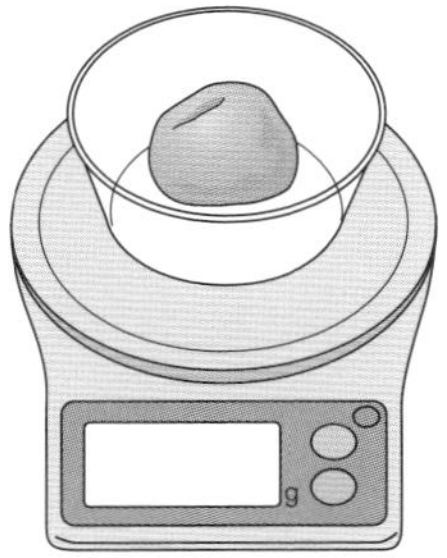

1 kg　キログラム

1 g　グラム

たいせつ

①ものの長さは、ものさしではかることができます。長さのたんいには、「メートル」「センチメートル」「ミリメートル」などがあります。

1 m＝100cm

1 cm＝10mm

②ものの重さは、電子てんびんや台ばかりではかることができます。重さのたんいには、「グラム」「キログラム」などがあります。

1 kg＝1000g

ものの長さや重さは、4年生の理科でも学習《がくしゅう》するよ。よくおぼえておこう！

ぼうグラフのかき方

●勉強した日　　月　　日

実力判《はん》定《てい》テスト　かくにん！ きぐの使い方

時間 30分

名前

できた数　/11 問中

おわったら シールを はろう

じっけん・かんさつきぐの使い方をたしかめよう！

答え　23ページ

虫めがねの使い方

1 次《つぎ》の①～④の□にあてはまる言《こと》葉《ば》を書きましょう。

動かせるものを見るとき

1.虫めがねを①□に近づけて持《も》つ。

2.②□を動《うご》かして、②がはっきり見えるところで止める。

動かせないものを見るとき

1.虫めがねを③□に近づけて持つ。

2.④□が見るものに近づいたり遠ざかったりして、はっきり見えるところで止まる。

ほういじしんの使い方

2 次の①、②の□にあてはまる言葉を書きましょう。

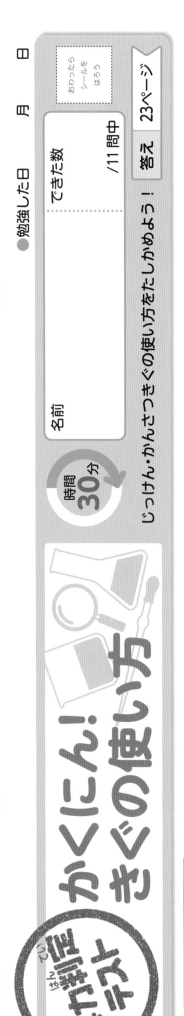

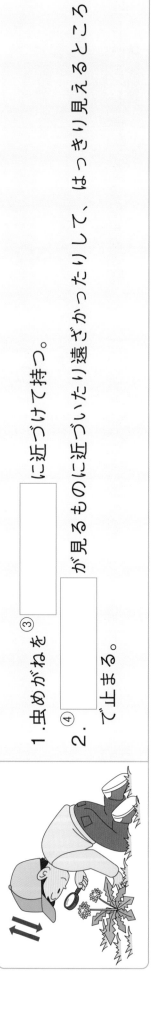

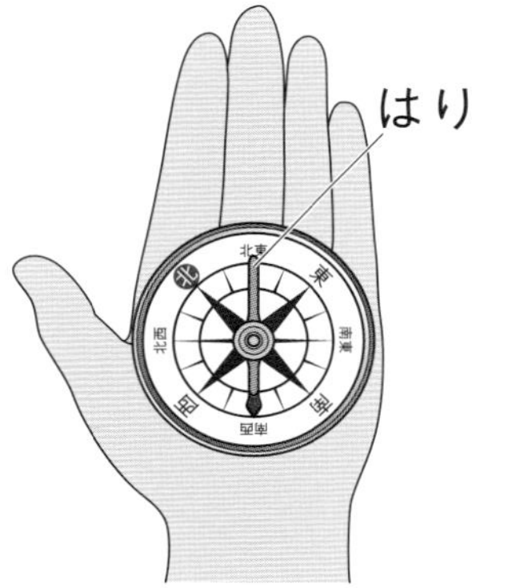

はりが自由《じゆう》に動くように、ほういじしんを
①［　　　］に持つ。

文字ばんを回して、
②［　　　］の文字を色のついたはりの先に合わせる。

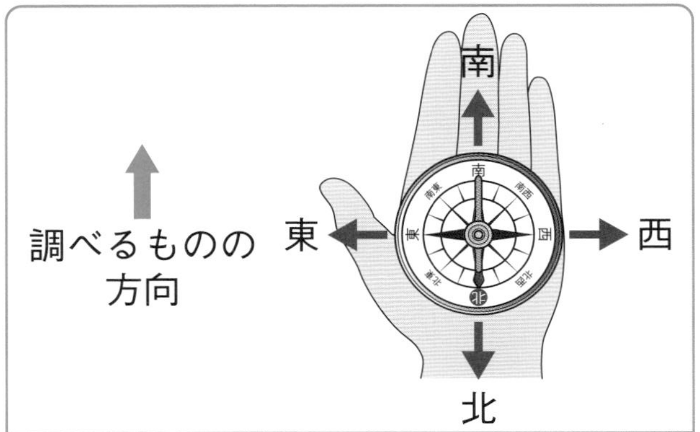

文字ばんのほうい（調べるもののほうい）を読む。

温度計の使い方

3 **温度計《おんどけい》の目もりを読む目のいちとして、正しいものには○、まちがっているものには×を、①～③の□につけましょう。また、温度計を使《つか》うときに気をつけることについて、次の文の④、⑤の（　）のうち、正しいほうを⬭でかこみましょう。**

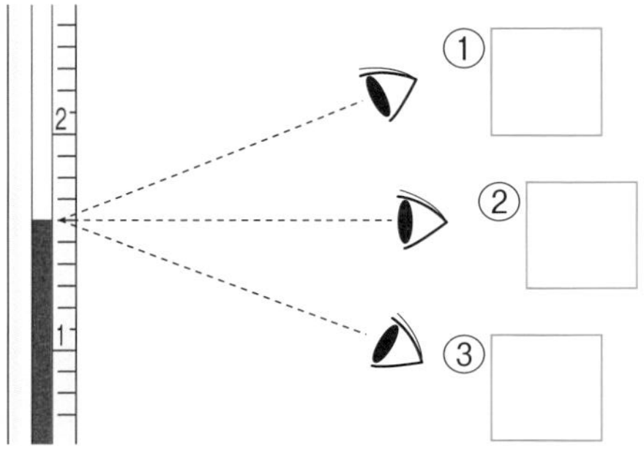

手の温度がつたわらないようにするため、温度をはかるときは、えきだめの部分《ぶぶん》を④（持って　持たないで）はかる。また、地面《じめん》の温度をはかるときは、温度計で地面を⑤（ほってもよい　ほってはいけない）。

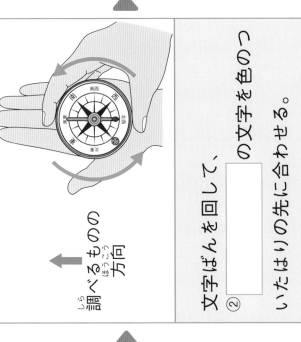

2 次《つぎ》の表《ひょう》のホウセンカの草たけのきろくを、ぼうグラフに表《あらわ》しましょう。

ホウセンカの草たけ

かんさつした日	4月20日	4月28日	5月10日	5月30日
草たけ	1cm	3cm	8cm	18cm

ヒント

①自分の名前をかく。
②表題《ひょうだい》（調《しら》べたこと）をかく。
③たてのじくに草たけをとって、目もりが表す数字をかく。
④横《よこ》のじくにかんさつした日づけをかく。
⑤きろくしたホウセンカの草たけにあわせて、ぼうをかく。

ものの重さや長さなど、数字で表せるものを、ぼうグラフにすると、くらべやすいよ。ホウセンカの草たけのへんかがわかりやすくなるね。

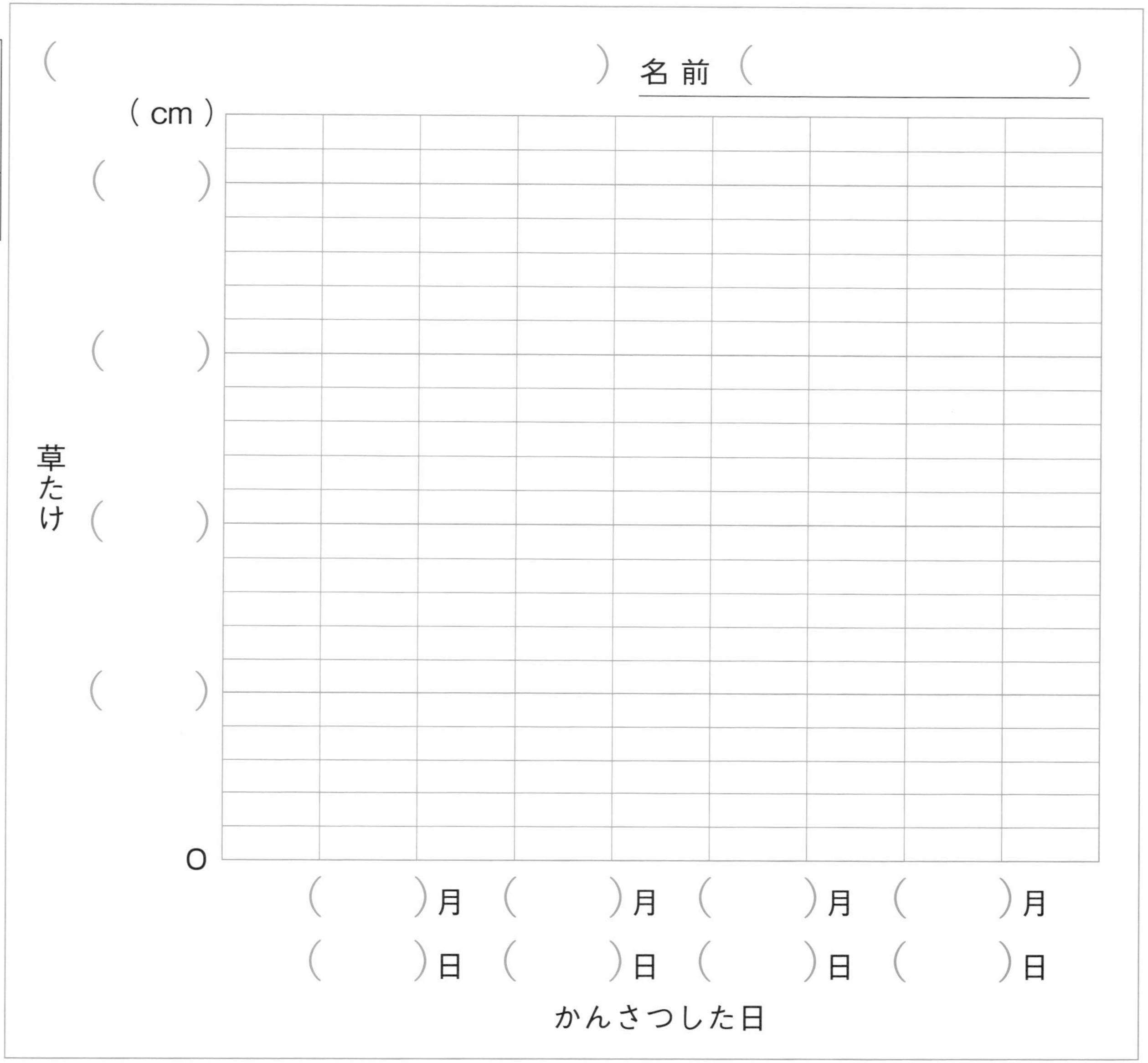

教科書ワーク

答えとてびき

「答えとてびき」は、とりはずすことができます。

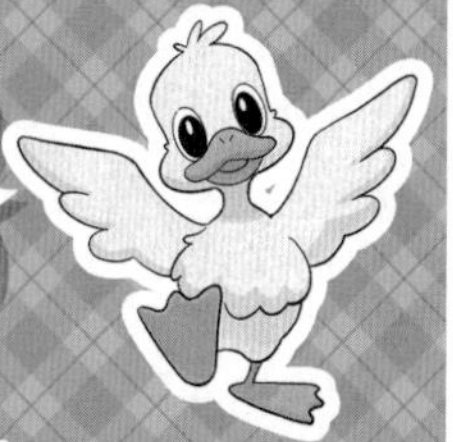

啓林館版

理科 3 年

使い方

まちがえた問題は、もう一度よく読んで、なぜまちがえたのかを考えましょう。正しい答えを知るだけでなく、なぜそうなるかを考えることが大切です。

1 生き物をさがそう

2ページ きほんのワーク

1 ①「目」に⬭　②「見るもの」に⬭
③「自分」に⬭

2 (1)①ナズナ　②タンポポ
③ナナホシテントウ
④モンシロチョウ
(2)⑤「ちがう」に⬭

まとめ ①虫めがね　②場所　③大きさ

3ページ 練習のワーク

1 (1)㋐ダンゴムシ　㋑ナナホシテントウ
㋒アブラナ　㋓タンポポ
(2)①㋐　②㋓　③㋒

2 (1)アブラナ　(2)②に○
(3)虫めがね

てびき 1 ㋐のダンゴムシは落ち葉や石の下にかくれていることが多く、落ち葉を食べます。㋑のナナホシテントウは、草についているアブラムシという小さな虫を食べます。㋒のアブラナは、のびると草たけが1mぐらいになり、花びらが4まいある小さな黄色の花をたくさんさかせます。㋓のタンポポは、高さがひくく、まわりがぎざぎざした葉をもち、黄色い花をさかせます。

2 (1)きろくカードには、何をかんさつしたきろくなのかわかるように、題名（調べたもの）をしっかりかきましょう。

(2)大きさをきろくするときは、どこからどこまでをはかったかわかるように、きろくカードにかきましょう。

4・5ページ まとめのテスト

1 (1)㋐モンシロチョウ
㋑ナナホシテントウ
㋒アブラナ
㋓ナズナ
(2)①㋑　②㋐　③㋓　④㋒

2 (1)ダンゴムシ
(2)①○　②○　③○

3 (1)㋐見つけた場所　㋑大きさ　㋒形　㋓色
(2)イ
(3)題名（調べたもの）

4 (1)①小さ　②大き　③太陽
(2)㋐
(3)㋐ウ　㋑ア

てびき 1 (1)㋐のモンシロチョウは、花のみつが食べ物で、キャベツの葉やアブラナの葉にたまごをうみます。㋑のナナホシテントウは、せなかに黒い点が7こあり、草についている小さな虫（アブラムシ）が食べ物です。㋒のアブラナは、高さが1mぐらいになり、黄色の小さな花をたくさんさかせます。㋓のナズナは、高さがひくく、小さな白い花をさかせます。ナズナにはハートの形の緑色のものがたくさんつきますが、これは葉ではなく、実で、中にたねが入っています。

2 (1)ダンゴムシは、石や植木《うえき》ばちを動かすと、その下にかくれているのが見つかります。

(2)生き物はそれぞれすんでいる場所がちがうので、もといた場所に返してあげましょう。

3 (1)(3)きろくカードは、はじめに題名（調べたもの）をかき、調べた日づけ、名前、スケッチ、見つけた場所、大きさ、形、色、そのほかに気づいたことやふしぎに思ったことをかきます。

4 (1)ぜったいに虫めがねで太陽を見てはいけません。目をいためてしまい、きけんです。

(2)(3)㋐のように地面にはえている動かせない花などを見るときは、虫めがねを目の近くに持ち、虫めがねといっしょに自分の体を前後に動かすようにします。㋑のように、花などを手に持って見るときは、虫めがねを目の近くに持ち、見るものを前後に動かすようにします。

2 たねをまこう

6ページ きほんのワーク

1 (1)①ヒマワリ

②ホウセンカ

(2)③「小さい」に⬭

④「大きい」に⬭

2 (1)①子葉　②葉

(2)③「ちがう」に⬭

まとめ　①子葉　②葉　③草たけ

7ページ 練習のワーク

1 (1)イ

(2)㋑→㋓→㋒→㋐

(3)(い)

(4)子葉

2 (1)①地面　②つけ根

(2)㋐に○

てびき **1** (1)小さいたねは、ちょくせつ土にまき、土をうすくかけます。

(3)子葉が出た後に葉が出ます。

2 (1)草たけをはかるとき、いちばん上の葉の先まではかろうとすると、葉が少し動いただけで高さがちがってしまいます。いちばん上の葉のつけ根までの高さをはかるようにすると、いつも同じようにはかれます。

(2)グラフのたてのじくが草たけなので、切った紙テープの長さがたて向きになるようにはります。

わかる! 理科 ホウセンカのたねは小さいです。土にあなをあけてうめると、ふかくなりすぎて、めが出てこられないことがあります。そのため、土の上にちょくせつまき、その上にうすく土をかけるだけにします。

8・9ページ まとめのテスト

1 (1)㋐ホウセンカ　㋑ヒマワリ

(2)

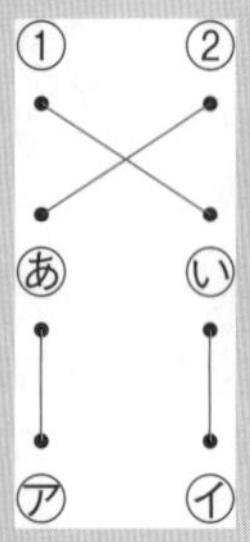

2 (1)ホウセンカ…㋐

ヒマワリ…㋑

(2)子葉　(3)②に○

(4)ホウセンカ…㋐

ヒマワリ…㋑

3 (1)のびた。(高くなった。、長くなった。)

(2)葉の数…ふえた。

葉の大きさ…大きくなった。

(3)①に○

丸つけのポイント

1 (2)1つの植物のたね、子葉、花がすべて正しく線でむすべて、1つ8点です。

てびき **1** 植物のしゅるいによって、たねの大きさ、形、色などはちがいます。また、出てきた子葉の形や、葉の形、花の形や色もちがいます。

2 (3)子葉と、その後に出てくる葉の形はちがいます。

3 (3)草たけをはかるときは、いつも同じほうほうではからないと、植物が育っていくようすをきろくしたけっかをくらべることができません。

3　チョウを育てよう

10ページ　きほんのワーク

❶ (1)①キャベツ　②たまごのから（から）
(2)③「1」に◯　④「こい」に◯

❷ ①キャベツ　②「大きく」に◯
③ふん

まとめ　①から　②キャベツ　③皮

11ページ　練習のワーク

❶ (1)㋐モンシロチョウ　㋑アゲハ
(2)モンシロチョウ…イ　アゲハ…ア
(3)ア

❷ (1)②に○　(2)①ウ　②エ
(3)①キャベツの葉　②ふん
③皮をぬぐこと

てびき ❶ モンシロチョウのよう虫はキャベツの葉を食べるので、たまごをキャベツの葉にうみます。アゲハのよう虫はミカンやサンショウの葉を食べるので、たまごをミカンやサンショウの葉にうみます。

モンシロチョウのたまごとアゲハのたまごは形がちがいますが、どちらも大きさは1mmぐらいです。

❷ (1)しぜんの中のたまごは、太陽の光がちょくせつ当たらない葉のうらがわにうみつけられています。入れ物の中で育てるときも、太陽の光がちょくせつ当たらないところにおきます。

(2)モンシロチョウのたまごは、はじめはうすい黄色ですが、よう虫がかえるころになると、こい黄色になってきます。

わかる! 理科　チョウと近いガのなかまである「カイコガ」のよう虫はクワの葉だけを食べます。よう虫が糸を出してつくる「まゆ」は、「きぬ糸」のざいりょうになるので、何千年も前から人間がりようしてきました。人間は生き物を食べ物としてりようするだけでなく、服《ふく》のざいりょうにもしてきたのです。

12ページ　きほんのワーク

❶ (1)①糸　②皮　③さなぎ
(2)④「食べない」に◯
⑤「動かない」に◯

❷ (1)①「かわらない」に◯
(2)②せい虫　③はね

まとめ　①たまご　②よう虫
③さなぎ　④せい虫

13ページ　練習のワーク

❶ (1)イ→ウ→ア
(2)①○　②×　③○

❷ (1)①○　②×　③×　④○
(2)ウ　(3)イ

てびき ❶ (1)よう虫は、さなぎになるとき、糸で体を葉やくきにとめます。これは、さなぎが葉やくきから落ちないようにするためだけでなく、さなぎの皮をぬいでせい虫が出てくるときに、葉やくきにあしをひっかけるためでもあります。

❷ (3)せい虫がさなぎから出てきたばかりのとき、はねはしわになっていますが、しだいに広がってぴんとしてきます。

14ページ　きほんのワーク

❶ (1)①頭　②むね　③はら
(2)㋐しょっ角　㋑目　㋒はね　㋓あし
(3)㋔6　㋕こん虫
(4)

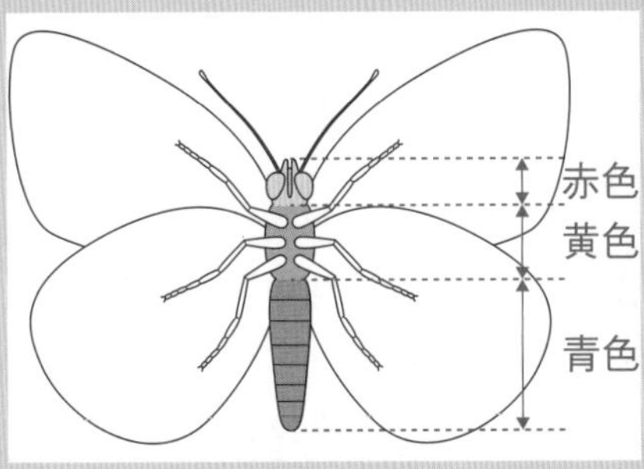

まとめ　①こん虫　②しょっ角　③口
（②、③順不同《じゅんふどう》）

15ページ　練習のワーク

❶ (1)㋐はね　㋑しょっ角　㋒口　㋓あし
(2)むね　(3)6本
(4)むね
(5)ア
(6)①はら　②むね　③こん虫

❷ (1)㋐しょっ角　㋑目　㋒口
(2)㋓頭　㋔むね　㋕はら　(3)ふし

てびき ❶ (2)(4)体を動かすためのつくりである、「あし」と「はね」は、どちらも「むね」についています。

❷ (1)「頭」には、目・しょっ角・口があります。目としょっ角は、身の回りを見たり、感じたりするためのつくりです。口は、長いストローのようなものをくるくるとまいた形をしています。

16・17ページ　まとめのテスト①

1 モンシロチョウ…㋒
アゲハ…㋐

2 (1)こい黄色（オレンジ色）にぬる。
(2)たまごのから（から）

3 (1)①に○
(2)③に○

4 (1)㋑せい虫
㋒さなぎ
㋓よう虫
(2)(㋐→)㋓→㋒→㋑
(3)①㋒
②㋓

5 (1)㋐頭
㋑むね
㋒はら
(2)あし…むね　はね…むね
(3)6本
(4)こん虫
(5)口

てびき **2** (1)たまごから出てきたばかりのよう虫は、こい黄色（オレンジ色）をしています。

(2)かえったばかりのよう虫は、さいしょに自分が出てきたたまごのからを食べ、やがて、キャベツなどの葉を食べるようになります。

わかる! 理科　キャベツなどの葉を食べ始めると、黄色だった体が緑色にかわります。また、よう虫は皮をぬぐたびに大きくなっていきます。

3 (1)入れ物に入れる葉は、しおれたり、かれたりする前に新しいものとかえます。

(2)よう虫は、ちょくせつさわらずに、葉にのせたままうつします。

4 (2)モンシロチョウは、たまご→よう虫→さなぎ→せい虫のじゅんに育ちます。

(3)よう虫のときは、皮をぬぎながら大きくなり、さなぎのときは、何も食べずにじっとしています。せい虫になると、花のみつなどをすいます。

5 (1)モンシロチョウなどのこん虫のせい虫の体は、頭・むね・はらの3つの部分からできています。

(2)(3)6本のあしと4まいのはねはむねについています。

(5)モンシロチョウは、目やしょっ角を使って、身の回りのようすを感じとっています。

わかる! 理科　モンシロチョウの頭には、2本のしょっ角と2つの目と1つの口があります。この口は、よう虫のときの口とはちがっていて、ストローのような形をしています。しかし、ストローのように1本ではなく、左右2本のくだが合わさったものです。ふだんはくるくるとまかれていますが、みつをすうときにはこの口をのばして花の中にさしこみます。

18・19ページ　まとめのテスト②

1 (1)①㋑　②㋐　③㋓　④㋒
(2)㋑エ　㋒オ　㋓ア

2 (1)㋐さなぎ　㋑せい虫　㋒よう虫
㋓たまご　㋔よう虫
(2)(㋓→)㋒→㋔→㋐→㋑

3 ①×　②○　③○　④×　⑤○　⑥×

4 (1)(あ)頭　(い)むね　(う)はら
(2)(え)しょっ角　(お)目　(か)はね
(3)①むね
②6
③こん虫

5 ①、⑤に○

てびき **1** モンシロチョウのよう虫は、さなぎになるとき、体に糸をかけます。

わかる! 理科　さなぎの間はせい虫になるじゅんびをしていますが、体が大きくなることはありません。また、さなぎは何も食べず、ふんもしません。

2 アゲハは、モンシロチョウと同じように、たまご→よう虫→さなぎ→せい虫というじゅんに育ちます。しかし、よう虫のときには、色や形をかえるようすが見られます。

アゲハは、ミカンやサンショウ、カラタチなどのミカンのなかまの植物にたまごをうみつけ、その植物の葉がよう虫の食べ物になります。

わかる！理科 アゲハのよう虫も、モンシロチョウのよう虫のように、たまごからかえったばかりのときはたまごのからを食べます。

3 ③④よう虫は、皮をぬぐたびに体が大きくなります。

⑥さなぎは、しだいに黄色っぽくなり、中のせい虫のはねのもようがすけて見えるようになります。このようになると、しばらくしてさなぎがわれ、中からせい虫が出てきます。

植物の育ちとつくり

20ページ きほんのワーク

1 ①「高く」に○　②「ふえた」に○
③「太く」に○

2 (1)①葉　②くき　③根　④くき
⑤土の中
(2)右図

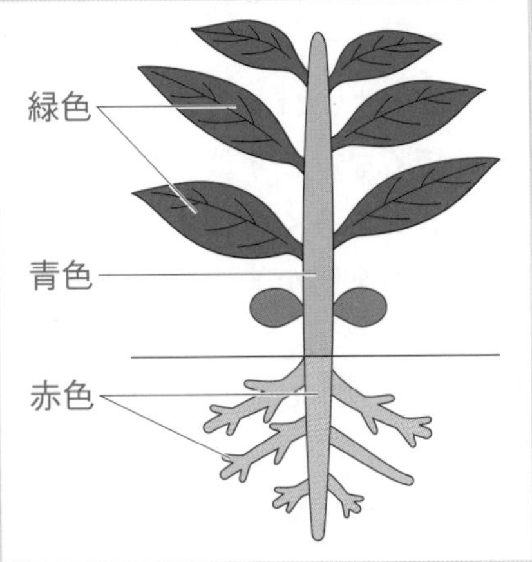

まとめ ①草たけ　②葉
③根　④くき（③、④順不同）

21ページ 練習のワーク

1 (1)①い⃝　②あ⃝　③う⃝
(2)記号…㋐　名前…葉
(3)記号…㋒　名前…くき

2 (1)根
(2)くき

(3)①○　②×　③×

てびき **1** (1)図のホウセンカは、②→①→③のじゅんに大きくなっています。②は子葉が出たばかりのとき、①は子葉の出た後、葉が出てふえ始めたとき、③は葉がもっとふえ、草たけが高くなってきたころのようすです。

(2)㋑の子葉は、数がふえません。子葉が出た後に出る㋐の形の葉がふえていきます。

(3)ホウセンカの草たけが高くなるのは、くきが長くなるためです。また、くきは、長くなるとともに太くなっていきます。

2 (1)ホウセンカもヒマワリも、土の中に根が広がっています。

(2)葉は「くき」についています。

(3)ホウセンカとヒマワリは、葉の形や大きさ、根の形がちがいますが、どちらも根・くき・葉という体のつくりがあることは同じです。

22・23ページ まとめのテスト

1 (1)①ヒマワリ
②ホウセンカ
(2)

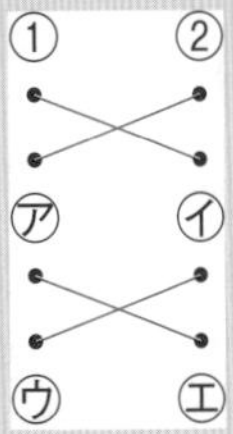

(3)名前…根
理由…土の中にあるから。

2 (1)㋐
(2)子葉
(3)㋑
(4)ウ
(5)（土は）ついたままにする。

3 (1)㋐葉　㋑くき　㋒根
(2)①×　②○　③×

てびき **1** (1)ヒマワリの葉は、ハートのような形をしていて、ホウセンカの葉は、細長い形をしています。

(2)㋐と㋑は、くきだけを見るとホウセンカなのかヒマワリなのかわかりにくいですが、くきについている葉の形から、㋐がホウセンカで、㋑がヒマワリとわかります。

(3)理由をかくときは、「～から。」「～ため。」のようにかきましょう。

2 (5)植えかえのときに根についた土を落とそうとすると、細かい根が切れて、ホウセンカが弱ってしまいます。土はつけたまま植えます。

4 風とゴムの力のはたらき

24ページ　きほんのワーク

1 ①風　②風

2 (1)①「長い」に○　②「短い」に○

(2)③大きく

まとめ　①力　②大きく

25ページ　練習のワーク

❶ (1)①弱　②強

(2)①力　②強い

❷ (1)㋐

(2)(あ)弱いとき　(い)強いとき

(3)強いとき…6m

弱いとき…2m

てびき ❶ (1)強い風を当てたときほど、車は遠くまで動きます。

(2)風の力が車を動かします。

❷ (3)風が強いときのグラフは、5mより少し長いきょりで、6mぐらいです。風が弱いときのグラフは、5mの半分より少し短いきょりなので、2mぐらいです。

26ページ　きほんのワーク

1 ①ゴム（わゴム）　②ゴム（わゴム）

③ゴム（わゴム）

2 (1)①「長い」に○　②「短い」に○

(2)③大きく

まとめ　①力　②大きく

27ページ　練習のワーク

❶ (1)㋑に○

(2)イ

❷ (1)①㋑　②㋐

(2)①もとにもどろうとする力（力）

②長

てびき ❶ (1)ゴムを長くのばすほど、車が動くきょりは長くなります。

(2)のばしたゴムのもとにもどろうとする力によって、車は走ることができます。

❷ (1)㋐まで車を引いたほうが、ゴムをのばす長さは長くなります。長くのばしたゴムは、車を遠くまで走らせることができます。よって、㋐のように引いたとき、②の10mのところの近くまで車は走ります。

28・29ページ　まとめのテスト

1 (1)①に○

(2)㋐

(3)㋑

(4)もの（車）を動かすはたらき

(5)大きくなる。

2 (1)㋒→㋑→㋐

(2)㋐→㋑→㋒

(3)③に○

(4)大きくなる。

3 (1)風の力…㋐、㋒、㋓　ゴムの力…㋑

(2)しょうげき

てびき **1** (2)風が強いほど、車は長いきょりを動きます。

(3)風が弱いと、車は短いきょりを動いて止まります。

(5)風が強いほど、ものを動かすはたらきは大きくなります。

2 (2)ゴムをのばす長さが短いと、車の動くきょりは短くなります。

(4)ゴムを長くのばすと、車は遠くまで動くので、ものを動かすはたらきは大きくなるといえます。

3 (1)㋐ヨットは、「ほ」に風を受けて水上を進みます。

㋑マスクですきまなく口とはなをおおうことができるのは、耳にかけたゴムがもとにもどろうとする力をりようしているからです。

㋒ふうりんは、風の力でたんざくがゆれることによって音が鳴るようになっています。

㋓たこは、風の力で上のほうへおされるので、空に上がったまま落ちてきません。

(2)わたしたちの生活や社会には、ゴムのせいしつをりようしたものがたくさん見られます。

花のかんさつ

30ページ　きほんのワーク

❶ ①ホウセンカ
②ヒマワリ

❷ (1)①「高く」に○
②「多く」に○
(2)③花

まとめ　①くき　②葉　③花

31ページ　練習のワーク

❶ (1)①ヒマワリ
②ホウセンカ
(2)①つぼみ…㋑　花…㋓
②つぼみ…㋐　花…㋒

❷ (1)40cm
(2)高くなっていった。
(3)6月11日
(4)7月14日

てびき ❶ (1)①ヒマワリの葉は、ハートのような形をしています。

②ホウセンカの葉は、細長い形をしています。

(2)①ヒマワリのつぼみは、とがった葉のようなものにかこまれた中に、黄色いものが見えています。

②ホウセンカのつぼみは、根もとに2つのつののようなものが出ています。

❷ (1)図のきろくは、日ごとの草たけのグラフと、草たけをはかったときのホウセンカのようすです。7月14日のグラフを見ると、ちょうど40cmの線のところまであるので、この日の草たけは40cmであるとわかります。

(2)(3)5月11日、5月30日、6月11日のきろくを見ると、草たけが高くなるとともに、葉の数がふえていることがわかります。グラフより、葉が10まいになったのは、6月11日です。

(4)花がさいたのは7月14日です。ホウセンカは赤色やピンク色の花をさかせます。

5　こん虫のかんさつ

32ページ　きほんのワーク

❶ ①ミカン（サンショウ）
②たまご　③食べ物

❷ (1)①頭　②むね　③はら
(2)図の①のところを赤色に、②のところを黄色に、③のところを青色にぬる。
(3)④「同じである」に○

まとめ　①食べ物　②せい虫

33ページ　練習のワーク

❶ (1)①○　②○　③×　④○
(2)①食べ物　②かくれる
③しぜん

❷ (1)㋐3つ　㋑3つ　㋒3つ
(2)㋐6本　㋑6本　㋒6本
(3)むね
(4)㋐○　㋑○　㋒○　㋓×　㋔×

てびき ❶ (1)①たとえば、ショウリョウバッタは草を、オオカマキリはほかのこん虫を食べます。ナナホシテントウは野原などにいて、アブラムシなどの小さいこん虫を食べます。

③こん虫などがかくれることができるような場所をさがすと、見つけることができます。

(2)こん虫などは、食べ物がある場所や、かくれるところがある場所に多くいます。また、こん虫などは、まわりのしぜんとかかわり合って生きています。

❷ (1)～(3)カブトムシ、ショウリョウバッタ、アキアカネのせい虫の体は、どれも、頭・むね・はらの3つの部分からできていて、むねには6本のあしがあります。

(4)ダンゴムシはあしが14本あり、クモはあしが8本あります。あしが6本ではないので、こん虫のなかまではありません。また、あしの数だけでなく、体のつくりもちがいます。クモの体は「頭とむねがいっしょになった部分」と、「はら」の2つの部分からできています。

わかる! 理科　ダンゴムシは、じつはエビに近い生き物のなかまです。

34ページ　きほんのワーク

1 (1)①たまご
②よう虫
③さなぎ
④せい虫
(2)⑤「なってから」に◯

2 (1)①たまご
②よう虫
③せい虫
(2)④「ならないで」に◯

まとめ　①カブトムシ　②さなぎ
③よう虫

35ページ　練習のワーク

1 (1)㋐カブトムシ
㋑アキアカネ
㋒モンシロチョウ
㋓ショウリョウバッタ
(2)(あ)㋒　(い)㋐
(3)(う)㋒　(え)㋓　(お)㋐　(か)㋑
(4)①×　②×　③○　④○　⑤○
⑥×　⑦○

てびき **1** (2)こん虫の中には、さなぎになるものとならないものがあります。㋐～㋓のこん虫の中で、さなぎになるものは㋐のカブトムシと㋒のモンシロチョウです。(あ)はモンシロチョウのさなぎ、(い)はカブトムシのさなぎです。

(3)(う)はモンシロチョウのよう虫、(え)はショウリョウバッタのよう虫、(お)はカブトムシのよう虫、(か)はアキアカネのよう虫です。

(4)ショウリョウバッタ、アキアカネは、たまご→よう虫→せい虫のじゅんに育ち、モンシロチョウやカブトムシとはちがって、さなぎにはならず、よう虫からせい虫になります。

わかる！理科　「いも虫」のような形をしたモンシロチョウやアゲハなどのチョウのなかまのよう虫や、カブトムシのよう虫は、さなぎになってからせい虫になるのがとくちょうです。よう虫が「いも虫」のようなすがたではない、バッタやトンボなどは、さなぎになりません。

36・37ページ　まとめのテスト

1 (1)①モンシロチョウ　②アキアカネ
③ショウリョウバッタ
(2)㋐たまご　㋑よう虫　㋒さなぎ
㋓たまご　㋔よう虫　㋖たまご
㋗よう虫
(3)①○　②×　③○　④×
(4)㋐キャベツの葉　㋓水の中　㋖土の中

2 (1)3つ
(2)6本
(3)いえる。

3 (1)㋐、㋒、㋔
(2)㋑、㋓
(3)㋔
(4)㋑

てびき **1** (3)①ショウリョウバッタやアキアカネは、さなぎになりません。

②こん虫の育ち方は、さなぎになるものと、ならないものがあります。

③ショウリョウバッタのよう虫は、せい虫とにたすがたをしていますが、はねが短くて、とべません。

④アキアカネはさなぎになりませんが、こん虫のなかまです。さなぎにならないこん虫は、ほかにカマキリやトノサマバッタ、コオロギ、セミなどです。

(4)㋐はモンシロチョウのたまごです。よう虫がキャベツの葉を食べるので、せい虫はたまごをキャベツの葉にうみます。キャベツの葉をさがすと、よう虫や、たまごを見つけることができ、たまごをうみにきたせい虫も見ることができます。

2 (1)トンボやバッタのせい虫の体は、頭・むね・はらの3つの部分からできています。

(2)トンボやバッタのせい虫のあしは6本です。

(3)せい虫の体が3つの部分からできていて、6本のあしがむねにあるなかまをこん虫といいます。

3 (3)セミやカブトムシのよう虫は、土の中でくらしています。

(4)アキアカネのたまごは水の中、ショウリョウバッタのたまごは土の中にうみつけられます。アキアカネのよう虫は「やご」ともよばれ、水の中でくらし、皮をぬいで大きくなります。

植物の一生

38ページ　きほんのワーク

❶ ①実　②たね

❷ ①め　②葉　③花　④実　⑤たね

まとめ　①実　②たね

39ページ　練習のワーク

❶ (1)①ヒマワリ

②ホウセンカ

(2)

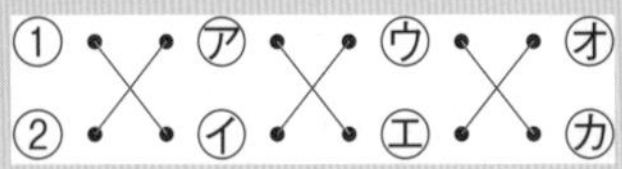

(3)花

(4)かれる。

(5)同じ。

(6)①×　②○　③×　④○　⑤×

てびき ❶ (3)ホウセンカとヒマワリはどちらも、花のさいていたところに実ができます。

ホウセンカの実はかれるとわれて、たねがとびちります。

40・41ページ　まとめのテスト

1 (1)㋐3　㋑2　㋒6　㋓1

㋔4　㋕5

(2)①㋑　②㋔　③㋒

(3)①に○

(4)②に○

(5)②に○

2 (1)②ア　③ウ　④イ

(2)㋐③　㋑②　㋒④

3 ㋐ヒマワリ

㋑ホウセンカ

4 ①×　②○　③×　④○

⑤×　⑥×　⑦○

てびき **1** (1)植物は、たねをまくとめが出て、根・くき・葉が大きくなり、つぼみができて花がさき、その後に実ができて、やがてかれていきます。

(5)ホウセンカは実とたねができた後、かれてしまいますが、のこったたねが土に落ち、次の年の春がくると、めが出て育ち始めます。

わかる！理科　ホウセンカの花がさき終わると、そこに実ができます。そのため、たくさんさいた花の数だけ実ができることになります。たねは、１つの実の中にたくさん入っています。

2 (1)①～④を日づけのじゅんにならべると、次のようになります。

5月7日…①2まいの子葉だけ。

5月14日…③子葉の後に葉が出た。

7月15日…②花がさいた。

9月10日…④実ができた。

(2)㋐子葉の間から葉が出てきたのは③のきろくカードのときです。

3 ㋐のヒマワリは、花がかれた後にたねがぎっしりたくさんできます。㋑のホウセンカの実は、さわるとはじけてたねがとびちります。

4 ①子葉の形は、植物のしゅるいによってちがいます。

③葉の数がふえるとともに、葉の大きさは大きくなっていきます。

⑤実は、花がさいていたところにできます。ほかのところにはできません。

6　かげと太陽

42ページ　きほんのワーク

❶ ①「反対」に⬭　②「同じ」に⬭

❷ (1)①しゃ光板

(2)②「通して」に⬭　③「短く」に⬭

まとめ　①日光　②反対　③同じ

43ページ　練習のワーク

❶ (1)㋐に○

(2)反対がわ

(3)㋐○　㋑×　㋒○　㋓○　㋔×

❷ (1)しゃ光板

(2)目

(3)①×　②○　③×

てびき ❶ (1)かげが㋑の向きにできているので、太陽はその反対の㋐の向きにあります。

(3)㋑は太陽と同じ向きにかげができているのでまちがいです。㋔は太陽の横の向きにかげができているのでまちがいです。

❷ (2)太陽のいちを調べるとき、太陽のほうに目を向けなくてはなりません。しかし、太陽の光はとても強いので、ちょくせつ見ると目をいためてしまいます。しゃ光板は、太陽の光を弱めるので、太陽のいちを見てたしかめることができます。しゃ光板を安全に使うためには、しゃ光板を目に当ててから太陽のほうに顔を向けるようにします。しゃ光板を使っていても、太陽を見るのはできるだけ短い時間にします。

わかる! 理科 かげは、太陽の光（日光）がものにさえぎられてできます。かげの中に入ると、太陽の光がものにさえぎられているので、太陽を見ることができません。

44ページ きほんのワーク

1 (1)①ほうじしん
　㋐西　㋑南　㋒東
(2)②「北」に◯　③「北」に◯

2 (1)㋐南　㋑東　㋒西　㋓北
(2)①「東」に◯　②「南」に◯
　③「西」に◯　④「西」に◯
　⑤「北」に◯　⑥「東」に◯

まとめ ①太陽　②東　③南　④西

45ページ 練習のワーク

❶ (1)ほういじしん
(2)①はり　②北
(3)㋐
(4)㋒南　㋓東

❷ (1)①う⃝　②い⃝　③あ⃝
(2)①東　②南　③西　④太陽

てびき ❶ (3)はりの赤いほうが北を指しています。文字ばんの「北」を、はりの赤いほうと合うようにするには、文字ばんを㋐の向きに少し回します。

(4)図は、まだ文字ばんを回していないので、そのまま文字ばんを読まないように注意しましょう。ほういじしんのはりの赤いほうが北なので、はりの反対がわの㋒は南です。㋓は東になります。

❷ (1)ぼうのかげは、太陽の反対がわにできます。

わかる! 理科 日本での太陽のいちのかわり方は、1年じゅう、東→南→西です。西から東へかわったり、北から南にかわったりすることはありません。

46ページ きほんのワーク

1 (1)①「真横」に◯
　②「近いほう」に◯
(2)③14　④20

2 (1)①明るい　②暗い
　③あたたかい　④つめたい
(2)⑤日光

まとめ ①日かげ　②日光

47ページ 練習のワーク

❶ ①日かげ　②日なた　③日なた
④日かげ

❷ (1)②に○　(2)②に○
(3)㋑

❸ (1)日なた…23℃　日かげ…19℃
(2)日なた
(3)正午
(4)日光（太陽の光）

てびき ❶ ①日かげは日光が当たらなくて、地面の温度もひくいので、すずしく感じます。

②日なたのプールサイドは、日光が当たってあたたまっているので、足のうらがあつく感じます。

③日なたの地面は、日光が当たってあたたまっているので、さわると、日かげの地面よりあたたかく感じます。

④日かげの地面は日光が当たらないので、しめっているように感じます。日なたの地面のほうがかわきやすいです。

❷ (1)温度計にちょくせつ日光が当たると、日光で温度計があたたまってしまい、はかりたい土の温度をはかることができません。温度計にちょくせつ日光が当たらないように画用紙などでおおいます。

(2)温度計のえきだめの部分で温度をはかるので、えきだめに土を少しかぶせます。

(3)目もりは、真横から見て読みます。

48・49ページ　まとめのテスト

1　(1)㋔
(2)午後３時
(3)太陽…東→南→西
かげ…西→北→東
(4)ア
(5)太陽をちょくせつ見ること。
(6)①○　②×　③○　④○

2　(1)①22℃　②28℃　③13℃　④20℃
(2)当たらないようにする。

3　(1)①㋐　②㋓
(2)日なた
(3)日光（太陽の光）によって地面があたためられるから。
(4)イ
(5)①△　②○

丸つけのポイント

1　(5)「太陽」「ちょくせつ」「見る」の言葉が入っていれば正かいです。

3　(3)「日光（太陽の光）」「あたためられる」という言葉が入っていれば正かいです。理由を答える問いなので、文の終わりは「〜から。」「〜ため。」としましょう。

てびき　**1**　(1)かげは、太陽の反対がわにできます。

(2)㋑のかげの反対がわに太陽がくるのは、午後3時です。

(3)かげの向きがかわるのは、太陽のいちがかわるからです。

(4)(5)目をいためるため、太陽をちょくせつ見てはいけません。見るときはかならず、しゃ光板を目に当ててから、太陽のほうへ顔を向けるようにします。

(6)④正午の太陽は南のほうにあるので、かげは反対の北がわにできます。

2　(1)えきの先が目もりの線と線の間にある②と④では、近いほうの目もりを読みます。

3　(1)午前9時の㋐と㋑のうち、温度のひくい㋐のほうが日かげです。正午の㋒と㋓のうち、温度の高い㋓のほうが日なたです。

(4)日なたの㋑と㋓は、温度のかわり方が日かげ（㋐と㋒）より大きいです。午前9時の日なたは、太陽がのぼって日光が当たり始めてからまだ時間があまりたっていませんが、正午の日なたは長い時間日光にあたためられているので、午前9時にくらべて温度が大きく上がっています。日かげは、あたためられないので、温度はあまりかわりません。

7　光のせいしつ

50ページ　きほんのワーク

1　(1)①かがみ
㋐×　㋑○　㋒×
(2)②「まっすぐに」に◯

2　(1)①㋒→㋑→㋐
(2)②㋒→㋑→㋐
(3)③「明るく」に◯
④「あたたかく」に◯

まとめ　①まっすぐに　②日光　③高く

51ページ　練習のワーク

1　(1)えきだめ
(2)①○　②×　③○

2　(1)㋒
(2)①0　②1　③3
(3)④23℃　⑤26℃　⑥32℃
(4)①明るく　②高く

てびき　**1**　(2)①日光を当てる時間が長いほど温度は高くなるので、同じ時間だけ日光を当てるようにします。時間はストップウォッチなどではかります。

②明るさは、だんボール紙に日光を当てたところを見てくらべます。

③温度計のえきだめのところで温度をはかるので、日光は、えきだめの入っているところをねらって当てます。

2　(3)(4)日光をたくさん重ねて当てるほど、明るさは明るく、温度は高くなります。

52ページ　きほんのワーク

1　(1)①「集め」に◯
(2)②日光

2　(1)①「小さい」に◯
(2)②けむり

まとめ　①日光　②集める　③虫めがね
④小さい

53ページ　練習のワーク

1 (1)②に○
(2)㋐に○
(3)㋐
(4)②に○

2 (1)①に○
(2)いちばん明るい…㋒
いちばんあつい…㋒

てびき **1** (1)虫めがねを使うと、日光を集めることができます。
(2)〜(4)明るい部分が小さくなるように日光を集めると、より明るく、あつくなります。

わかる！理科 大きな虫めがねを使うと、より多くの日光を集めることができるので、黒い紙からけむりの出るのがはやくなります。

54・55ページ　まとめのテスト

1 (1)(太陽→)㋓→㋒→㋑(→㋐)
(2)まっすぐに進んでいる。

2 (1)㋓　(2)㋗
(3)㋓　(4)㋗
(5)㋒、㋕　(6)㋔、㋖
(7)明るさ…明るくなる。
あたたかさ…あたたかくなる。

3 (1)㋒　(2)㋒
(3)紙がこげて、けむりが出る。
(4)①、③に○

4 ①○　②×　③×　④○
⑤×　⑥×　⑦○

丸つけのポイント

3 (3)「黒い紙はどうなりますか」ときいているので、「こげる」ことがかいてあれば正かいです。こげていることは、けむりが出ていることからわかるので、「けむりが出る」ことがかいてあると、もっとよいでしょう。

てびき **1** (1)日なたにある㋓のかがみに日光が当たっています。㋓ではね返した日光は㋒のかがみに当たってはね返り、㋑のかがみに当たって、㋐にとどいています。
(2)かがみではね返った後、日光はまっすぐに進んでいます。

2 (1)(3)かがみではね返した日光がいちばん多く重なっている部分がいちばん明るく、あたたかくなります。
(2)(4)かがみではね返した日光が当たっていない部分はいちばん暗く、あたたかくなりません。
(5)㋐は、かがみ1まいぶんの日光が当たっているところです。
(6)㋑は、かがみ2まいぶんの日光が当たっているところです。
(7)日光を重ねる数が多いほど、明るく、あたたかくなります。

3 (1)㋒がいちばん明るく、㋐がいちばん暗くなります。
(3)虫めがねで日光を集めたところは、あつくなるため、しばらくすると、紙がこげて、けむりが出ます。
(4)虫めがねは、小さなものを見るときに使うきぐです。目をいためるので、虫めがねで太陽をぜったいに見てはいけません。また、日光を集めたところはあつくなるので、人の体や服などに当ててはいけません。

8　電気で明かりをつけよう

56ページ　きほんのワーク

1 (1)①豆電球
②どう線つきソケット
③どう線
④かん電池
(2)⑤＋　⑥－

2 ①ビニル
②どう線
③セロハンテープ

まとめ ①＋きょく　②－きょく　③どう線

57ページ　練習のワーク

1 (1)㋐豆電球
㋑どう線つきソケット
(2)かん電池
(3)㋐＋きょく
㋑－きょく

2 (1)②に○
(2)②に○
(3)㋐3　㋑1　㋒2

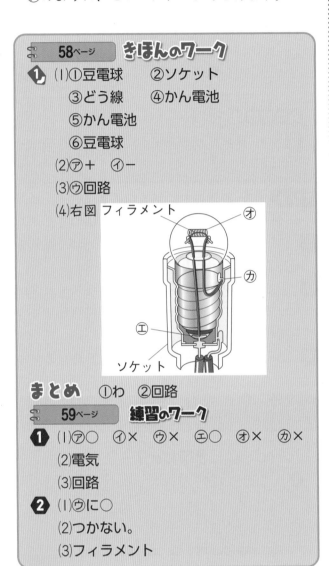

[てびき] ❶ ⑵豆電球はどう線つきソケットに入れて、しっかりねじこんで使います。ゆるんでいると、豆電球に明かりがつきません。

❷ ⑶ビニルのついたどう線をつなげたいときは、㋑のようにどう線のはしのビニルだけを切って取ります。次に、㋒のように、ビニルを取ったどう線どうしをねじり合わせます。さいごに、㋐のように、セロハンテープでとめます。

58ページ きほんのワーク

❶ ⑴①豆電球　②ソケット
③どう線　④かん電池
⑤かん電池
⑥豆電球
⑵㋐＋　㋑－
⑶㋒回路
⑷右図

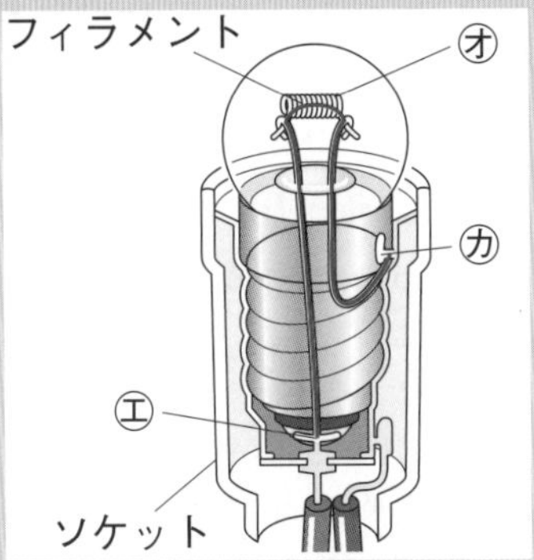

まとめ　①わ　②回路

59ページ 練習のワーク

❶ ⑴㋐○　㋑×　㋒×　㋓○　㋔×　㋕×
⑵電気
⑶回路

❷ ⑴㋒に○
⑵つかない。
⑶フィラメント

[てびき] ❷ ⑴⑵ソケットに豆電球がしっかり入っているとき、どう線を通ってきた電気が、㋒のところで、豆電球の中に入っていきます。ソケットに入った豆電球を回してゆるめると、㋒のところで、豆電球とソケットがはなれてすきまができてしまいます。そのため、電気の通り道が切れ、豆電球に明かりはつきません。

60・61ページ まとめのテスト❶

[1] ⑴㋐＋きょく　㋑－きょく
⑵どう線
⑶①○　②×　③×　④○　⑤×　⑥○
⑦×　⑧×　⑨○
⑷回路

[2] ①×　②○　③○　④×　⑤×　⑥○
⑦×　⑧○　⑨○

[3] ⑴フィラメント
⑵通り道である。
⑶つく。
⑷できている。
⑸イ

[てびき] [1] ⑶②は、どう線がかん電池からはなれています。③はどう線のビニルがついているところをかん電池につなげているので、電気の通り道ができていません。

[2] ①つくえが平らであるかどうかは、豆電球に明かりがつくかどうかにかんけいありません。

②どう線のはしのビニルをつけたままだと、かん電池につなげても電気が通らないので、豆電球に明かりがつきません。どう線のはしのビニルを切って取ることは、明かりをつけるためにひつようです。

③④どう線をかん電池につなぐとき、＋きょくだけにつないでも電気の通り道はできません。かん電池の＋きょくと－きょくにつなぐことは、明かりをつけるためにひつようです。

⑤かん電池につなぐ2本のどう線の長さがちがっても、豆電球に明かりがつくかどうかにはかんけいありません。

⑥豆電球がソケットでゆるんでいると、電気の通り道が切れて、豆電球に明かりがつきません。豆電球がソケットでゆるんでいないことは、明かりをつけるためにひつようです。

⑦豆電球の向きは、豆電球に明かりがつくかどうかにかんけいありません。

⑧豆電球のフィラメントは電気の通り道なので、切れていると豆電球に明かりがつきません。フィラメントが切れていないことは、明かりをつけるためにひつようです。

⑨どう線が切れていないことは、明かりをつけるためにひつようです。

[3] ⑴⑵[あ]のフィラメントのところを電気が通ると、フィラメントがあつくなって光り、明かり

がつきます。

(3)ソケットを使わないとき、豆電球のいちばん下の出っぱりと、横のねじのところにどう線をつなぐと、明かりがつきます。

(5)かん電池の＋きょくと－きょくをちょくせつどう線でつないで「わ」のようにすると、電気がたくさん流れすぎて、どう線やかん電池があつくなってきけんです。かならず電気の通り道の「わ」の中に豆電球が入るようにつながなくてはいけません。

62ページ　きほんのワーク

1 (1)㋐かん電池ホルダー
(2)①、③に○

2 (1)②、③に○
(2)⑤金ぞく

まとめ　①アルミニウム　②金ぞく　③電気

63ページ　練習のワーク

1 (1)㋑に○
(2)③に○

2 (1)豆電球
(2)①×　②○　③×　④○　⑤×　⑥×
(3)②に○

てびき **1** 金ぞくでできているものは電気を通しますが、金ぞくの上に色がぬってあるものは電気を通しません。色をはがし、金ぞくの部分が出てくるようにすれば、電気を通すようになります。

わかる! 理科 空きかんは金ぞくでできていますが、色がぬってあると電気を通しません。そこで、電気を通すには、紙やすりでぬってある色をはがさないといけません。

金ぞくのぴかぴか光っているところにどう線をつないで豆電球がつかないときは、とうめいな色がぬられていることがあるので、紙やすりでこすってからどう線をつないでみましょう。

回路ができているように見えても、豆電球がつかないときは、わのどこかに電気を通さないものが入っています。

2 (2)(3)ノートやおり紙、ストロー、ガラス、プラスチックなどは電気を通しません。鉄のゼムクリップやアルミニウムなどの金ぞくは電気を通します。

64・65ページ　まとめのテスト②

1 (1)回路
(2)㋐○　㋑×　㋒×　㋓○　㋔×　㋕○
(3)②、③に○

2 ①○　②○　③×　④○　⑤○　⑥×

3 ①×　②○　③○

4 (1)(あ)つかない。
(い)つかない。
(2)空きかんに色がぬってあるから。

丸つけのポイント

4 (2)「色がぬってある」ことがかかれていれば正かいです。

てびき **1** 回路の中に電気を通さない木、ビニル、紙などが入っていると、明かりはつきません。

2 ノートの紙やコップのガラスなどは、電気を通しません。

3 ①回路の中に電気を通さないプラスチックが入っています。そのため、豆電球に明かりはつきません。

4 かんに色がぬってあると、電気を通しません。

9　じしゃくのふしぎ

66ページ　きほんのワーク

1 (1)①○　②×　③×　④○
(2)⑤鉄

2 ①「つく」に◯
②「はたらく」に◯

まとめ　①鉄　②アルミニウム　③金ぞく

67ページ　練習のワーク

1 (1)㋐×　㋑×　㋒○　㋓×　㋔○　㋕×
㋖×　㋗○
(2)鉄

2 (1)（じしゃくと同じ向きに）動く。
(2)①引きつけられる　②強く

てびき **1** 鉄でできているものはじしゃくにつきます。

銅やアルミニウムは、電気を通しますが、じしゃくにはつきません。

❷ (1)だんボール紙を間にはさんでも、じしゃくは鉄を引きつけるので、じしゃくを動かすと鉄のゼムクリップもいっしょに動きます。

(2)じしゃくの力は、はなれていてもはたらきますが、じしゃくと鉄のきょりが長くなるほど、その力は弱くなります。

68ページ　きほんのワーク

1 (1)①きょく
(2)②Nきょく　③Sきょく

2 (1)①「しりぞけ合う」に◯
②「引き合う」に◯
(2)③「北」に◯

まとめ　①きょく　②引き　③しりぞけ

69ページ　練習のワーク

❶ (1)㋐、㋓
(2)きょく
(3)Nきょく、Sきょく

❷ (1)㋐しりぞけ合う。
㋑しりぞけ合う。
㋒引き合う。
(2)NきょくとSきょく（SきょくとNきょく）
(3)NきょくとNきょく、
SきょくとSきょく

てびき ❶ (1)じしゃくの㋑や㋒のところは、鉄を引きつける力が弱いです。じしゃくのはしの㋐と㋓のところが、とくに鉄を強く引きつけます。

❷ じしゃくは、同じきょくどうし（NきょくとNきょく、SきょくとSきょく）を近づけるとしりぞけ合います。ちがうきょくどうし（NきょくとSきょく、SきょくとNきょく）を近づけると引き合います。

70ページ　きほんのワーク

1 (1)①「引きつける」に◯
(2)②じしゃく

2 (1)①S
(2)②「ある」に◯

まとめ　①じしゃく　②きょく

71ページ　練習のワーク

❶ (1)②に○
(2)（じしゃくに）なっている。

❷ (1)②に○
(2)①に○
(3)きょく

てびき ❶ ㋑で、㋐の鉄くぎはじしゃくからはなれていますが、㋑の鉄くぎを引きつけたまま落ちないことがあります。このとき、㋐の鉄くぎはじしゃくになっています。

わかる！理科 鉄は、じしゃくについているときはじしゃくになっています。また、しばらくつけたままにしておくと、じしゃくからはなしても、鉄はじしゃくになったままです。

72・73ページ　まとめのテスト❶

1 (1)①×　②×　③○　④×　⑤○
(2)鉄
(3)番号…①：アルミニウム
番号…②：銅
(4)ウ

2 (1)Nきょく、Sきょく
(2)①○　②×　③×　④○
(3)①ちがう　②同じ

3 (1)Nきょく
(2)㋑
(3)㋒
(4)Nきょくは北の方向を、Sきょくは南の方向を指して止まった。

丸つけのポイント

3 (4)「Nきょくが北を指す」だけでも正かいです。または、「Sきょくが南を指す」だけでも正かいです。

てびき **1** (1)スチールかんは、鉄でできているので、じしゃくにつきます。また、ビニルでつつまれたはり金のハンガーは、ビニルはじしゃくにつきませんが、中に鉄があるのでじしゃくにつきます。アルミニウムや銅、プラスチックは、じしゃくにつきません。

(3)①～⑤の中で、金ぞくは①のアルミニウム、②の銅、③と⑤の鉄です。金ぞくはすべて電気を通しますが、③と⑤の鉄は電気を通さないものにおおわれているので、電気を通しません。じしゃくにつくのは鉄だけで、アルミニウムと銅はじしゃくにつきません。

(4)スチールかん（鉄のかん）は、色がぬってある部分はじしゃくと鉄がちょくせつふれていません。しかし、ちょくせつふれていなくても、鉄はじしゃくに引きつけられるので、色がぬってある部分もじしゃくにつきます。

3 (1)ほういじしんのはりは、色がついたほうが「北」を指します。ほういじしんのはりは、じしゃくになっていて、色がついたほうがNきょくになっています。

(4)時計皿にじしゃくをのせておくと、ほういじしんと同じように、Nきょくが北を指します。

わかる! 理科 ふつうのじしゃくは、糸でつるしたり、時計皿にのせておいたり、自由に動けるようにしておくと、Nきょくが北を指してから止まります。ほういじしんのはりも同じように、Nきょくになっている色のついているほうが北を指して止まります。

74・75ページ まとめのテスト②

1 ①×　②○　③×　④○　⑤○　⑥○　⑦○　⑧×

2 (1)㋐　(2)ア

3 (1)②に○　(2)②に○

(3)強く

4 ①しりぞけ　②引き　③動く　④北　⑤南

てびき **1** ①じしゃくは、金ぞくの中で鉄だけを引きつけ、アルミニウムや銅は引きつけません。

⑦どのじしゃくもNきょくとSきょくがあります。じしゃくについた鉄も、NきょくとSきょくのあるじしゃくになります。

⑧じしゃくに紙をまきつけても、鉄を引きつけます。また、紙をまきつけた鉄も、じしゃくに引きつけられます。

2 (1)じしゃくのNきょくに、鉄くぎの頭がついているので、鉄くぎの頭はSきょくになっています。このとき、ほういじしんのNきょく（赤いほう）が引きつけられるので、→の向きに動きます。鉄くぎのとがったほうは、Sきょくになった頭の反対がわなので、Nきょくになっています。

3 (1)(2)じしゃくの力は、鉄とじしゃくの間が少しはなれていてもはたらきます。しかし、じしゃくが鉄から遠ざかると、やがてじしゃくの力がはたらかなくなります。

10　音のせいしつ

76ページ きほんのワーク

1 (1)①「びりびり」に○

②「びりびり」に○

(2)③ふるえ

④ふるえ

2 ①「大きい」に○

②「小さい」に○

まとめ　①ふるえ　②大きい　③小さい

77ページ 練習のワーク

1 (1)②に○

(2)ふるえていること。

(3)大きい。

2 (1)ア

(2)㋑イ　㋒ウ

(3)大きく（はげしく）ふるえていること。

てびき **1** (1)強くつまむと音が止まってしまうので、音を止めないようにそっとふれて調べます。

(2)トライアングルから音が出ているとき、ふれるとびりびりする感じから、トライアングルがふるえていることがわかります。

(3)音が大きいほど、トライアングルのふるえが大きいです。

2 (1)音が出ていないたいこはふるえていないので、指先でふれても何も感じません。

(2)音が出ているたいこはふるえています。小さい音が出ているたいこはわずかにびりびりする感じがします。大きい音が出ているたいこはかなり強くびりびりする感じがします。

(3)㋑のときよりも、㋒のときのほうが強くびりびりする感じがするので、音が大きいほどたいこのふるえが大きいことがわかります。

78ページ　きほんのワーク

1 ①紙コップ　②糸

2 (1)①「いる」に◯

②「聞こえなくなる」に◯

(2)③音　④ふるえ

まとめ　①音　②ふるえ

79ページ　練習のワーク

1 (1)①「ぴんとはる」に◯

②「中」に◯

(2)ふるえている。

(3)聞こえなくなる。

(4)ふるえる

2 (1)5人まで　(2)ぴんとはる。

(3)ふるえている。

(4)聞こえなくなる。

てびき **1** (1)糸電話で話すとき、糸はぴんとはります。ぴんとはった糸はふるえやすいので、音をよくつたえます。また、紙コップの中に向かって声を出すと、紙コップがふるえて、そのふるえが、糸につたわります。

(2)糸電話で音が聞こえているとき、糸にそっとふれると、糸がふるえていることがわかります。

(3)糸電話で音が聞こえているとき、糸をつまむと、ふるえが止まるため、音が聞こえなくなります。

(4)糸電話だけでなく、音がつたわるときはいつも、音をつたえているものがふるえています。

2 (1)㋐～㋔の糸電話の糸はゼムクリップでつながっているので、5人まで話ができます。

(4)すべての糸をつまむので、糸のふるえがすべて止まり、音はつたわらなくなります。

80・81ページ　まとめのテスト

1 (1)ウ

(2)大きくなる。(はげしくなる。)

2 (1)ふるえていない。

(2)①○　②×　③○　④×　⑤×　⑥○

3 (1)ア

(2)㋐びりびりする。

(ふるえているように感じる。)

㋑びりびりする。

(ふるえているように感じる。)

(3)㋐聞こえなくなる。

㋑聞こえなくなる。

(4)①紙コップ　②糸　③糸　④紙コップ

4 (1)①ふるえ　②音

(2)①ふるえ　②音

てびき **1** (1)トライアングルをたたいて音が出ているときにそっと指先でふれると、びりびりした感じがして、ふるえているのがわかります。

(2)大きな音を出したとき、トライアングルのふるえは大きくなります。

2 (1)ふるえていないたいこから音は出ていません。

(2)②大きい音が出ているたいこのふるえは大きいです。

④ふるえの小さいたいこからは小さい音が出ています。

⑤ふるえの止まったたいこから音は出ていません。

3 (1)糸電話で話すときは、糸をぴんとはってから話します。

(2)音が聞こえているとき、糸のどの部分もふるえています。

(3)糸のどの部分をつまんでも、ふるえは止まるので、音はつたわらず、聞こえなくなります。

(4)糸電話の紙コップの中に向かって声を出すと、紙コップがふるえて糸にふるえがつたわります。糸電話の反対がわでは、ふるえている糸が紙コップをふるわせて、紙コップから音が聞こえます。

わかる！理科　音が出ているときやつたわるときにふるえるのは、トライアングルやたいこ、糸電話だけではありません。音が出ていたり、つたわったりするときには、かならず音をつたえるものがふるえています。

11　ものと重さ

82ページ　きほんのワーク

1 (1)①「平らな」に⬭
②「0」に⬭
③「数字」に⬭
(2)④グラム　⑤キログラム
(3)⑥「1000」に⬭

2 (1)①○　②○　③○
(2)④「かわらない」に⬭

まとめ　①重さ　②形

83ページ　練習のワーク

1 (1)グラム
(2)1000g
(3)①○　②○　③×　④○　⑤○　⑥×

2 (1)①300　②300　③300
④300
(2)③に○

てびき 1 (1)(2)重さを数字で表すときは、g（グラム）やkg（キログラム）のたんいをつけて、「1g」や「1kg」のように表します。1000gと1kgは同じ重さです。つまり、1kgは1000g、2kgは2000g、3kgは3000gです。

(3)③スイッチは平らなところにおいてから入れます。

⑥0gにするボタンははかるものをのせる前におします。

2 ねん土の形をかえたり、細かく分けたりしても、ねん土の重さはかわりません。

84ページ　きほんのワーク

1 (1)①体積
(2)②重い　③軽い
(3)④「ちがう」に⬭

まとめ　①体積　②重さ

85ページ　練習のワーク

1 (1)ちがう。
(2)いちばん重いもの…鉄
いちばん軽いもの…木
(3)①鉄　②アルミニウム　③ゴム
④プラスチック　⑤木

2 ①重さ　②体積　③体積　④ちがう

てびき 1 (1)体積が同じでも、もののしゅるいによって重さがちがいます。

(2)いちばん重いのは鉄（310g）で、いちばん軽い木（17g）のおよそ18倍《ばい》も重いです。

わかる! 理科　同じ金ぞくでも、鉄とアルミニウムでは、およそ3倍のちがいがあります。金ぞくの中でも「金」はさらに重く、鉄の2倍よりも重いです。

86・87ページ　まとめのテスト

1 ①○　②×　③○　④○　⑤×

2 (1)㋐100g　㋑100g
(2)100g
(3)かわらない。
(4)かわらない。
(5)45g

3 (1)イ
(2)イ

4 (1)g…グラム　kg…キログラム
(2)鉄　(3)木
(4)②に○

てびき 1 台ばかりは平らなところにおきます。入れ物を使うときは、入れ物をのせてから、はりが0gを指すようにねじを回します。重さをはかるものを入れ物にしずかに入れ、はりが指す目もりを正面《しょうめん》から読みます。

2 (1)㋐も㋑も、もとのねん土は100gで、形をかえただけなので、100gです。

(2)㋒も、もとのねん土は100gです。そのため、4つに分けたものをいっしょにはかると、もとと同じ100gです。

(3)(4)ものの形をかえたり、いくつかに分けたりしても、重さはかわりません。

(5)㋐と㋑の重さを合わせると100gなので、㋑だけの重さは、100(g)−55(g)=45(g)となります。

4 (1)1000gは1kgです。

(2)(3)表は、同じ体積のものの重さをはかっているので、いちばん重いのは310gの鉄で、いちばん軽いのは17gの木です。

(4)体積が同じでも、もののしゅるいがちがうと重さはちがいます。

プラスワーク

88ページ　プラスワーク

1

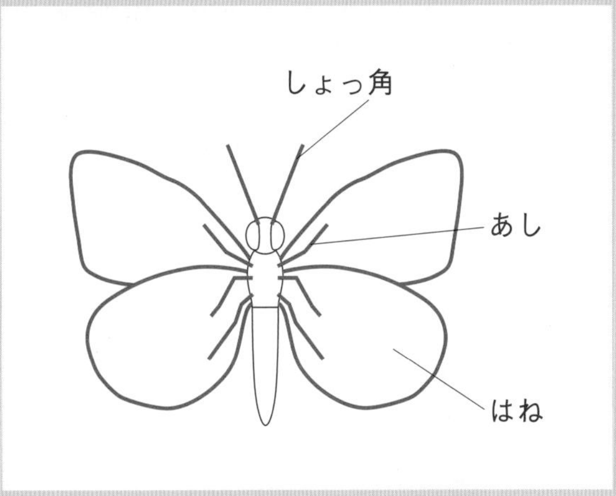

しょっ角
あし
はね

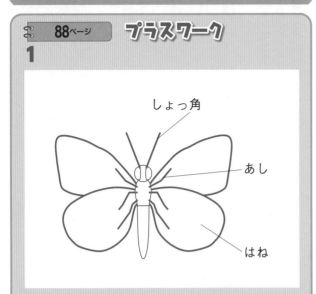

2 きょり…長くなる。
理由…わゴムをねじる回数をふやすと、わゴムがもとにもどろうとする力が大きくなり、プロペラがたくさん回るから。

3

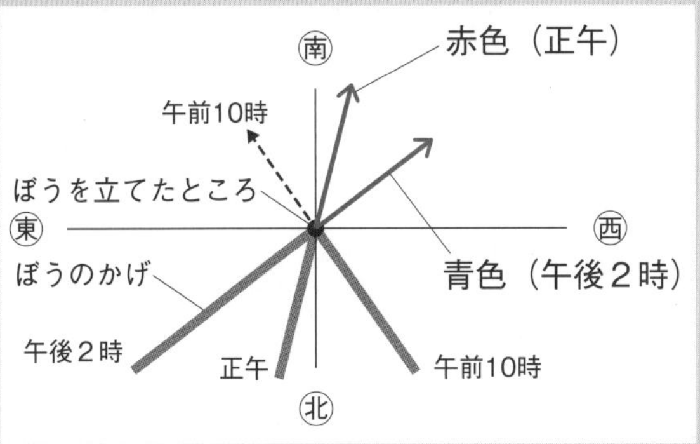

南
赤色（正午）
午前10時
ぼうを立てたところ
東
西
ぼうのかげ
青色（午後２時）
午後２時
正午
午前10時
北

4 きぐ…㋑
理由…アルミかんはじしゃくに引きつけられないが、スチールかんはじしゃくに引きつけられるから。

丸つけのポイント

1 しょっ角・あし・はねの数と、ついているところ（頭・むね）が正しければ正かいです。

2 ねじる回数がふえるともとにもどろうとする力（ものを動かす力）が大きくなるということがかかれていれば正かいです。

3 矢じるしの向きが正しければ、長さはちがっても正かいです。

4 スチールかんだけがじしゃくに引きつけられることがかかれていれば正かいです。

てびき

1 しょっ角は頭から2本かきます。はねは、むねから4まいかきます。あしは、むねから6本かきます。

2 ゴムは、ねじるともとにもどろうとする力がはたらきます。このゴムの力は、ものを動かすことができます。わゴムをねじる回数をふやすと、もとにもどろうとする力も大きくなるため、プロペラはたくさん回ります。よって、プロペラがたくさん回るぶんだけ、車が動くきょりも長くなります。

3 かげは、太陽の反対がわにできます。よって、矢じるし→は、ぼうのかげと一直線になる方向にかきます。また、矢じるしの向きは、かげと反対がわになります。

4 アルミかんはアルミニウムで、スチールかんは鉄でできています。アルミニウムも鉄も、電気を通すため、かん電池を使って分けることはできません。また、かんの表面《ひょうめん》に色がぬってあれば、どちらも電気を通さないため、やはり分けることはできません。ところが、アルミニウムはじしゃくに引きつけられませんが、鉄はじしゃくに引きつけられるので、分けることができます。かんの表面の色は、ぬってあるままでも、はがしても、スチールかんはじしゃくに引きつけられます。

実力判《はん》定《てい》テスト　夏休みのテスト①

1 **身《み》の回りの生き物《もの》をかんさつしました。次《つぎ》の問《と》いに答えましょう。** 1つ7〔21点〕

(1) きろくカードに、生き物のようすをきろくしました。

① 右の図のあには、題名《だいめい》として生き物の何をかきますか。
（　名前　）

② きろくカードのかき方について、正しいものをえらびましょう。（　イ　）

ア 気づいたことは、言葉《ことば》だけでせつめいして、スケッチはかかない。

イ 見つけた場所《ばしょ》、かんさつしたものの大きさ、色、形をかく。

ウ ふしぎに思ったことなどは、かいてはいけない。

(2) 次の図は、かんさつした生き物のようすです。生き物の色や形、大きさは、それぞれちがいますか、同じですか。（　ちがう。　）

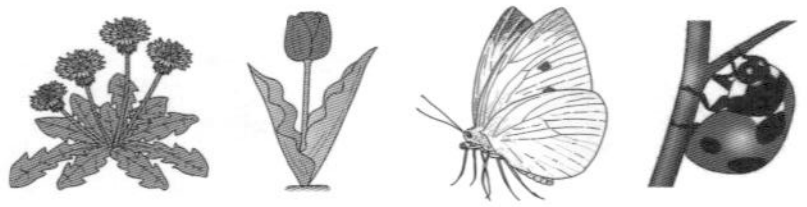

2 **ホウセンカとヒマワリについて、次の問いに答えましょう。** 1つ7〔49点〕

(1) 次の写真《しゃしん》は、ホウセンカとヒマワリのどちらのたねですか。名前をかきましょう。

①（ホウセンカ）　②（　ヒマワリ　）

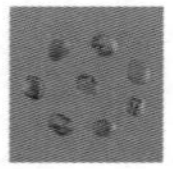

(2) 次のア〜エからホウセンカとヒマワリの花と葉《は》をそれぞれえらんで、表《ひょう》に記号《きごう》をかきましょう。

ア 
イ 
ウ 
エ 

	花	葉
ホウセンカ	イ	ウ
ヒマワリ	ア	エ

(3) ホウセンカとヒマワリのようすについて、正しいものをえらびましょう。（　イ　）

ア ホウセンカもヒマワリも、花の色や形、大きさは同じである。

イ ホウセンカとヒマワリで、花の色や形、大きさはちがう。

3 **ホウセンカの体のつくりについて、次の問いに答えましょう。** 1つ6〔30点〕

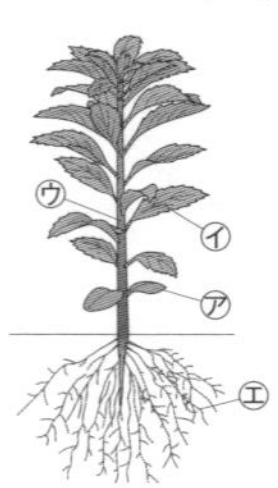

(1) たねをまいた後、はじめに出てくる葉は、ア、イのどちらですか。また、その葉を何といいますか。

記号（　ア　）
名前（　子葉　）

(2) ウ、エの部分《ぶぶん》の名前を何といいますか。

ウ（　くき　）エ（　根　）

(3) ア〜エのうち、土の中にのびて広がっているものはどれですか。（　エ　）

実力判《はん》定《てい》テスト　夏休みのテスト②

1 **モンシロチョウやアゲハの育《そだ》ちと体のつくりについて、次《つぎ》の問《と》いに答えましょう。** 1つ7〔70点〕

(1) 次の写真《しゃしん》は、モンシロチョウの育つようすを表《あらわ》したものです。

① ア〜エのすがたを、何といいますか。

ア（　たまご　）イ（　せい虫　）
ウ（　よう虫　）エ（　さなぎ　）

② アをさいしょとして、モンシロチョウが育つじゅんに、イ〜エをならべましょう。

（　ア　→　ウ　→　エ　→　イ　）

③ イとウの食べ物《もの》は、同じですか、ちがいますか。（　ちがう。　）

④ 皮《かわ》をぬぐたびに大きくなるのは、ア〜エのどのときですか。（　ウ　）

(2) 次の図は、アゲハの育つようすを表したものです。

① アをさいしょとして、アゲハが育つじゅんに、イ〜エをならべましょう。

（　ア　→　エ　→　イ　→　ウ　）

② アゲハの育つじゅんは、モンシロチョウと同じですか、ちがいますか。

（　同じ　）

(3) モンシロチョウやアゲハのように、せい虫の体が頭《あたま》・むね・はらの3つの部分からできていて、むねに6本のあしがあるなかまを何といいますか。（　こん虫　）

2 **風で動《うご》く車をつくり、風を当てて、風の強さと車が動いたきょりのかんけいを調《しら》べました。表《ひょう》は、そのけっかです。あとの問いに答えましょう。** 1つ5〔15点〕

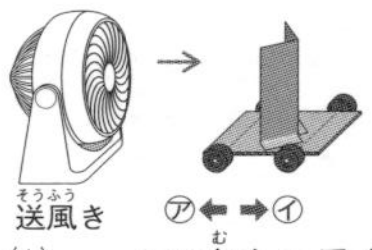

風の強さ	車が動いたきょり
弱い	1m60cm
強い	4m30cm

(1) ──→の向《む》きに風を当てたとき、車はア、イのどちらへ動きますか。（　イ　）

(2) 次の文の（　）にあてはまる言葉《ことば》をかきましょう。

風がものを動かすはたらきは、風の強さが①（　強く　）なるほど大きくなり、風の強さが②（　弱く　）なるほど小さくなる。

3 **ゴムで動く車をつくり、わゴムをのばす長さと車が動いたきょりのかんけいを調べました。表は、そのけっかです。あとの問いに答えましょう。** 1つ5〔15点〕

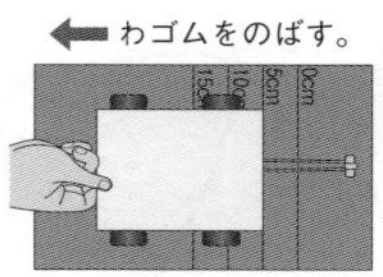

わゴムをのばす長さ	車が動いたきょり
10cm	8m
15cm	12m20cm

(1) わゴムをのばしたときの手ごたえが強いのは、わゴムをのばす長さが10cmのときと15cmのときのどちらですか。（　15cmのとき　）

(2) 次の文の（　）にあてはまる言葉をかきましょう。

ゴムがものを動かすはたらきは、ゴムを長くのばすほど①（　大きく　）なり、ゴムをのばす長さが短《みじか》くなるほど②（　小さく　）なる。

もんだいのてびきは24ページ

実力判定テスト　冬休みのテスト①

1 次《つぎ》の文にあてはまる生き物《もの》を、下の〔　〕からえらんでかきましょう。　1つ8〔24点〕

① 草むらの葉《は》の上にいる。
（ショウリョウバッタ）

② 土の中にすをつくっている。
（　クロオオアリ　）

③ ミカンの木の近くをとんでいる。
（　アゲハ　）

〔ショウリョウバッタ　クロオオアリ　アゲハ〕

2 こん虫のせい虫《ちゅう》の体のつくりについて、あとの問《と》いに答えましょう。　1つ6〔36点〕

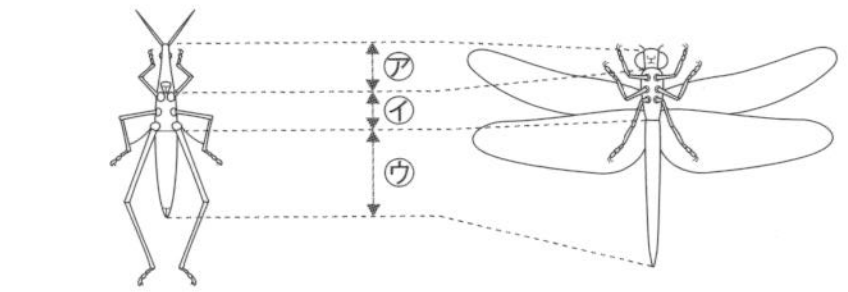

あショウリョウバッタ
いアキアカネ
㋐
㋑
㋒

(1) 図の㋐～㋒の部分《ぶぶん》を何といいますか。
㋐（　頭　）　㋑（　むね　）
㋒（　はら　）

(2) あ、いには、あしは何本ありますか。また、あしは㋐～㋒のどの部分にありますか。
あしの数（　6本　）
あしがある部分（　㋑　）

(3) あ、いのようなとくちょうがあるなかまをこん虫といいます。右の図のようなクモやダンゴムシは、こん虫といえますか、いえませんか。

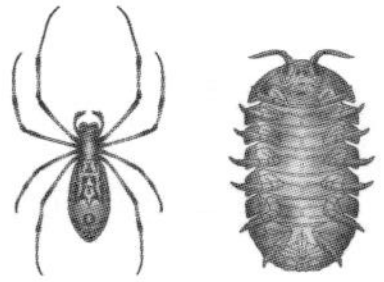

（　いえない。　）

3 次の図は、ショウリョウバッタとカブトムシの育《そだ》ち方をまとめたものです。あとの文の（　）にあてはまる言葉《ことば》を書きましょう。　1つ5〔20点〕

ショウリョウバッタ

カブトムシ

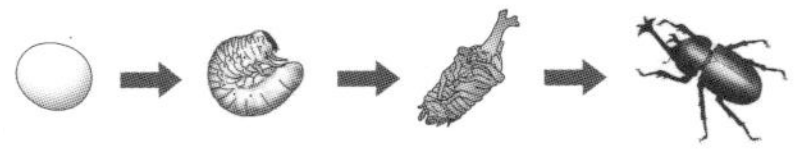

こん虫の育ち方は、大きく分けて2通りある。カブトムシやモンシロチョウは、たまご→①（　よう虫　）→②（　さなぎ　）→せい虫、のじゅんに育つ。これとちがって、ショウリョウバッタやアキアカネは、たまご→③（　よう虫　）→④（　せい虫　）のじゅんに育つ。

4 植物《しょくぶつ》の育ちについて、次の問いに答えましょう。　1つ5〔20点〕

(1) ㋐をさいしょとして、ホウセンカが育つじゅんに、㋑～㋔をならべましょう。
（　㋐　→　㋔　→　㋒　→　㋓　→　㋑　）

㋐
㋑
㋒
㋓
㋔
たね
実

(2) ホウセンカの育ちについて、次の文の（　）にあてはまる言葉をかきましょう。

ホウセンカは、葉の数がふえて草たけが高くなり、くきが太くなると、やがて①（　花　）がさく。その後、②（　実　）ができ、③（たね）ができた後にかれていく。

実力判定《はんてい》テスト　冬休みのテスト②

1 次《つぎ》の図のように、地面《じめん》にぼうを立てて、ぼうのかげの向《む》きと太陽《たいよう》のいちのへんかを調《しら》べました。あとの問《と》いに答えましょう。　1つ6〔24点〕

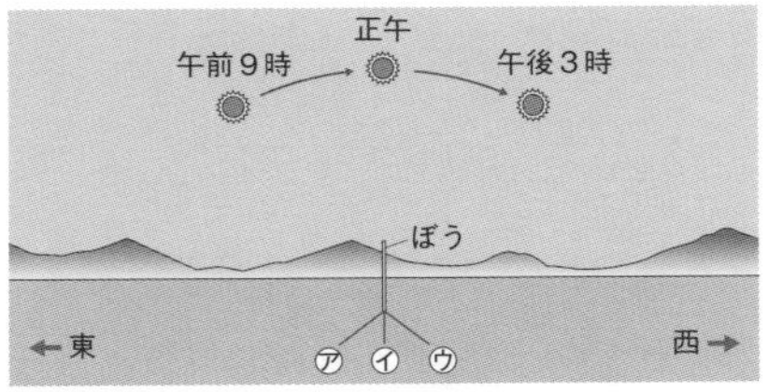

正午
午前9時
午後3時
ぼう
←東
西→
㋐
㋑
㋒

(1) 午前9時のかげの向きを、㋐～㋒からえらびましょう。　（　㋒　）

(2) 時間がたつと、かげの向きと太陽のいちは、それぞれどのようにかわりますか。東、西、南、北で答えましょう。
かげの向き（　西　→　北　→　東　）
太陽のいち（　東　→　南　→　西　）

(3) かげの向きがかわるのは、なぜですか。
（　太陽のいちがかわるから。　）

2 右の図は、日なたと日かげの地面の温《おん》度《ど》を調べたときの温度計の目もりです。次の問いに答えましょう。　1つ7〔28点〕

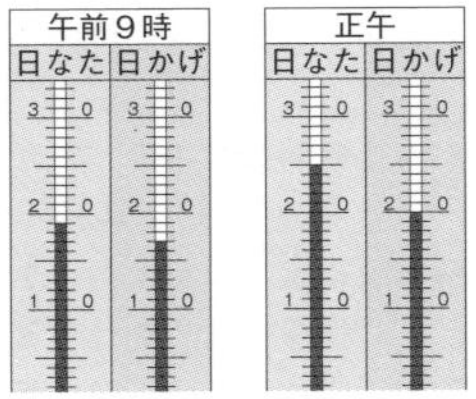

午前9時
正午
日なた
日かげ
日なた
日かげ
30
20
10

(1) 午前9時の日なたと日かげの地面の温度をそれぞれ読みとりましょう。
日なた（　19℃　）
日かげ（　17℃　）

(2) 正午に地面の温度が高かったのは、日なたと日かげのどちらですか。　（　日なた　）

(3) (2)のようになるのは、地面が何によってあたためられるからですか。
（　日光(太陽の光)　）

3 次の図のように、かがみではね返《かえ》した日光《にっこう》をだんボール紙のまとに当てました。表《ひょう》は、そのけっかです。あとの問いに答えましょう。　1つ6〔18点〕

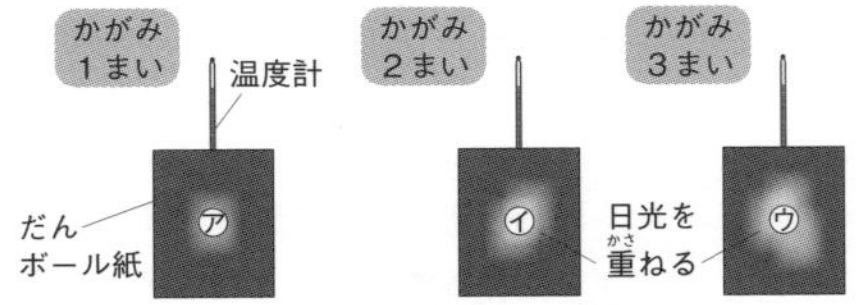

かがみ1まい
かがみ2まい
かがみ3まい
温度計
だんボール紙
日光を重《かさ》ねる
㋐
㋑
㋒

日光が当たったところ	㋐	㋑	㋒
日光が当たったところの温度	21℃	29℃	39℃

(1) ㋐～㋒のうち、日光が当たったところがいちばん明るいのはどれですか。　（　㋒　）

(2) 次の文の（　）にあてはまる言葉《ことば》をかきましょう。

はね返した日光を重ねるほど、日光が当たったところの明るさは①（　明るく　）なり、温度は②（　高く　）なる。

4 次の図のうち、豆電球《まめでんきゅう》に明かりがつくものには○、つかないものには×を□につけましょう。　1つ5〔30点〕

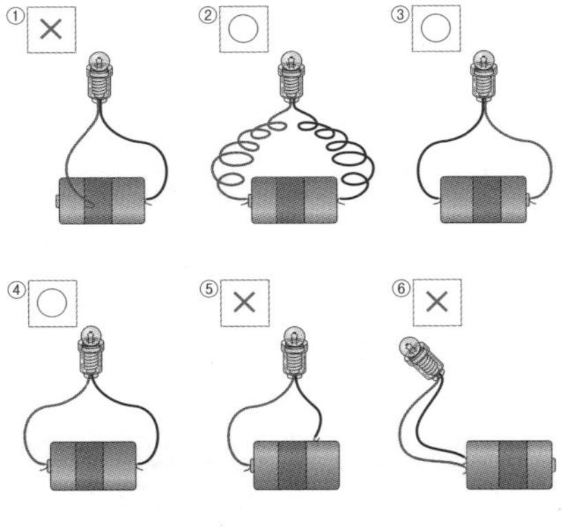

① ×
② ○
③ ○
④ ○
⑤ ×
⑥ ×

もんだいのてびきは24ページ

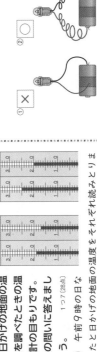

実力判定テスト　学年末のテスト①

1 じしゃくについて、次《つぎ》の問《と》いに答えましょう。　1つ5〔35点〕

(1) 次の①～③の(　)のうち、正しいほうを◯でかこみましょう。

じしゃくは、間が空いていても鉄《てつ》を
①（(引きつける)　引きつけない　）。
じしゃくと鉄の間にじしゃくにつかないものをはさんでも、じしゃくは鉄を
②（(引きつける)　引きつけない　）。
じしゃくが鉄を引きつける力の強さは、じしゃくと鉄のきょりがかわると、
③（(かわる)　かわらない　）。

(2) 次の図のようにじしゃくを近づけたとき、引き合うものには○、しりぞけ合うものには×を□につけましょう。

① ×　② ○
③ ○　④ ×

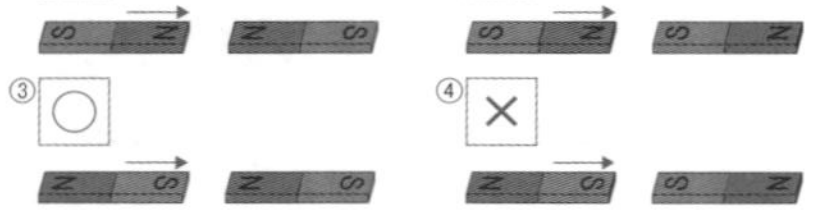

2 右の図のように、じしゃくに２本の鉄くぎをつないでつけました。次の問いに答えましょう。　1つ5〔15点〕

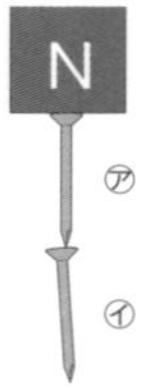
N
㋐
㋑

(1) ㋐の鉄くぎをしずかにじしゃくからはなしたとき、㋑の鉄くぎはどうなりますか。次のア、イからえらびましょう。　（　ア　）

ア　㋐につながったまま落《お》ちないことがある。
イ　㋐からかならずはなれて落ちる。

(2) じしゃくからはなした㋐の鉄くぎを鉄のゼムクリップに近づけると、どうなりますか。
（ゼムクリップが引きつけられる。(つく。)）

(3) (1)、(2)より、じしゃくについた鉄くぎは何になったといえますか。　（　じしゃく　）

3 次の図のように、糸電話をつくって話をしました。あとの問いに答えましょう。　1つ5〔20点〕

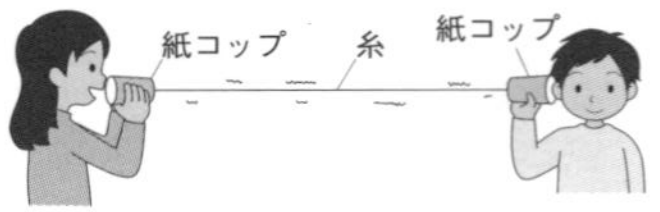
紙コップ
糸
紙コップ

(1) 話をしているときに糸にそっとふれると、糸はどうなっていますか。（ふるえている。）

(2) 話をしているときに糸をつまむと、聞こえていた声はどうなりますか。
（　聞こえなくなる。）

(3) 次の①、②のうち、正しいほうを◯でかこみましょう。

音がつたわるとき、音をつたえるものは
①（(ふるえている)　ふるえていない　）。
もののふるえを止めると、音は
②（　つたわる　(つたわらない)　）。

4 次の図の㋐のような、100gのねん土の形をかえたり、いくつかに分けたりして重《おも》さをはかりました。あとの問いに答えましょう。　1つ6〔30点〕

㋐　① △　② △　③ △

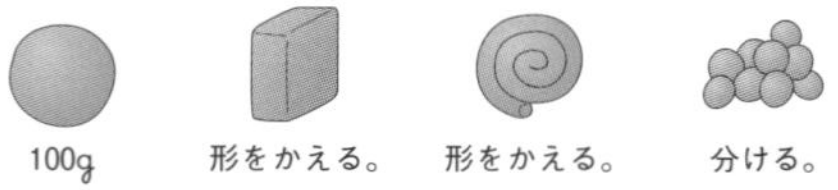
100g
形をかえる。
形をかえる。
分ける。

(1) ㋐のねん土を①～③のようにして、重さをはかりました。㋐とくらべて重くなるときは○、軽《かる》くなるときは×、かわらないときは△を、①～③の□につけましょう。

(2) ものの形をかえると、重さはどうなりますか。
（　かわらない。　）

(3) 同じ体積《たいせき》のとき、ものの重さはもののしゅるいによってちがいますか、同じですか。
（　ちがう。　）

実力判定《はんてい》テスト　学年末のテスト②

1 次《つぎ》の文のうち、正しいものには○、まちがっているものには×をつけましょう。　1つ8〔40点〕

①（ × ）クモ、アリ、ダンゴムシは、すべてこん虫である。
②（ ○ ）こん虫は、食べ物《もの》やかくれる場所《ばしょ》があるところで見られることが多い。
③（ ○ ）植物《しょくぶつ》のしゅるいによって、葉《は》や花の形や大きさはちがう。
④（ × ）日なたの地面《じめん》は、日かげの地面より温《おん》度《ど》がひくい。
⑤（ × ）太陽《たいよう》の光をものがさえぎると、太陽と同じがわにもののかげができる。

2 次の図のものについて、電気を通すかどうか、じしゃくにつくかどうかを調《しら》べました。あとの問《と》いに答えましょう。　1つ8〔24点〕

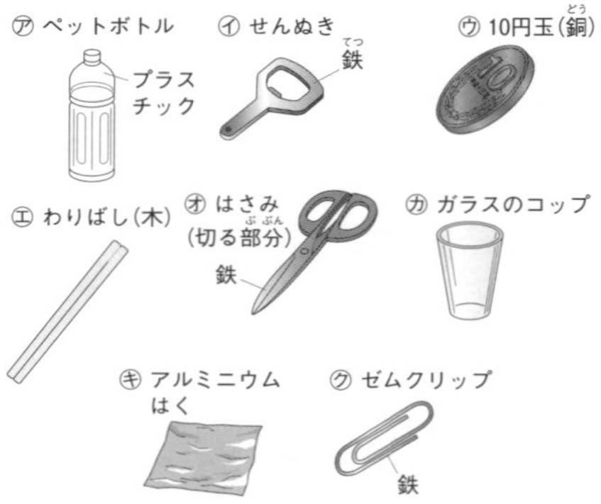
㋐ ペットボトル
プラスチック
㋑ せんぬき
鉄《てつ》
㋒ 10円玉(銅《どう》)
㋓ わりばし(木)
㋔ はさみ(切る部分《ぶぶん》)
鉄
㋕ ガラスのコップ
㋖ アルミニウムはく
㋗ ゼムクリップ
鉄

(1) 電気を通すものを、㋐～㋗からすべてえらびましょう。　（　㋑、㋒、㋔、㋖、㋗　）

(2) じしゃくにつくものを、㋐～㋗からすべてえらびましょう。　（　㋑、㋔、㋗　）

(3) 電気を通すものは、かならずじしゃくにつくといえますか、いえませんか。
（　いえない。　）

3 次の図のように、たいこをたたいて大きい音と、小さい音を出しました。　1つ6〔18点〕

㋐大きい音
ドーン
㋑小さい音
ドーン

(1) 音が出ているとき、たいこはどうなっていますか。　（　ふるえている。　）

(2) たいこのふるえが大きいのは、㋐、㋑のどちらですか。　（　㋐　）

(3) トライアングルに糸をつけ、糸のもう一方に紙コップをつけました。トライアングルをそっとたたくと、音が聞こえました。糸をつまむと、音はどうなりますか。

紙コップ
糸をつまむ。

（　聞こえなくなる。）

4 右の図は、黒い紙に虫めがねで日光《にっこう》を集《あつ》めているようすです。次の問いに答えましょう。　1つ6〔18点〕

あ

(1) 虫めがねを➡の向《む》きに動《うご》かして黒い紙から遠ざけると、あの部分が小さくなりました。このとき、あの部分の明るさはどうなりますか。
（　明るくなる。　）

(2) (1)のとき、あの部分のあたたかさはどうなりますか。　（　あたたかくなる。）

(3) しばらくあの部分を小さくしたままにしておくと、黒い紙はどうなりますか。
（　紙がこげて、けむりが出る。　）

もんだいのてびきは24ページ

実力判定テスト かくにん! きぐの使い方

虫めがねの使い方

1 次《つぎ》の①〜④の□にあてはまる言葉《ことば》を書きましょう。

動かせるものを見るとき

1.虫めがねを①［目］に近づけて持《も》つ。
2.②［見るもの］を動《うご》かして、②がはっきり見えるところで止める。

動かせないものを見るとき

1.虫めがねを③［目］に近づけて持つ。
2.④［自分］が見るものに近づいたり遠ざかったりして、はっきり見えるところで止まる。

ほういじしんの使い方

2 次の①、②の□にあてはまる言葉を書きましょう。

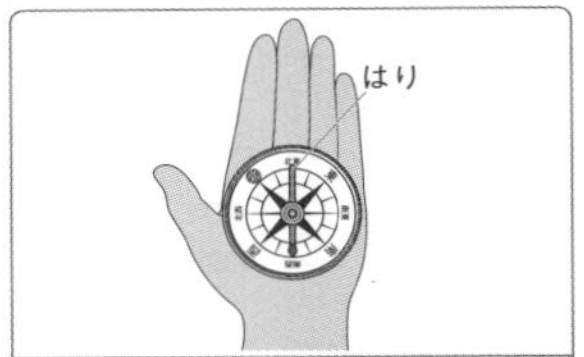

はりが自由《じゆう》に動くように、ほういじしんを①［水平］に持つ。

▶

文字ばんを回して、②［北］の文字を色のついたはりの先に合わせる。

▶

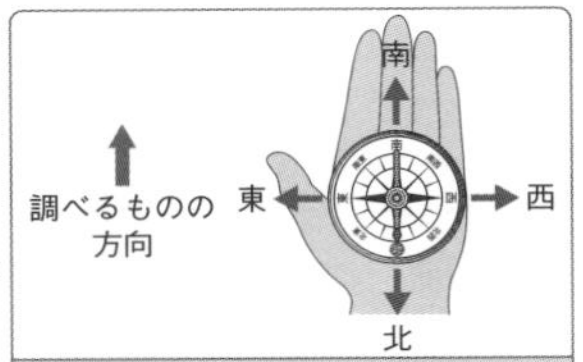

文字ばんのほうい（調べるもののほうい）を読む。

温度計の使い方

3 温度計《おんどけい》の目もりを読む目のいちとして、正しいものには○、まちがっているものには×を、①〜③の□につけましょう。また、温度計を使《つか》うときに気をつけることについて、次の文の④、⑤の（ ）のうち、正しいほうを◯でかこみましょう。

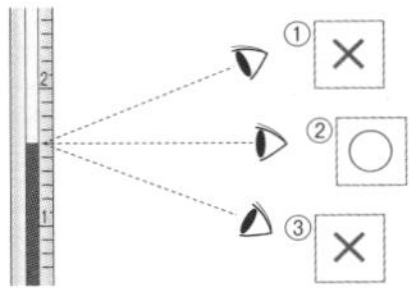

手の温度がつたわらないようにするため、温度をはかるときは、えきだめの部分《ぶぶん》を④（ 持って　（持たないで）)はかる。また、地面《じめん》の温度をはかるときは、温度計で地面を⑤（ ほってもよい　（ほってはいけない））。

実力判定《はんてい》テスト かくにん! たんいとグラフ

長さや重さのたんい

1 ものの長さや重《おも》さのたんいを、かいて練習《れんしゅう》しましょう。

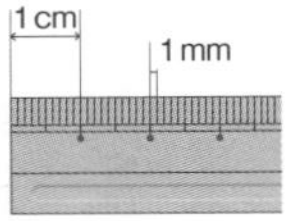

1 m（メートル）　1 cm（センチメートル）　1 mm（ミリメートル）

1 m　1 cm　1 mm

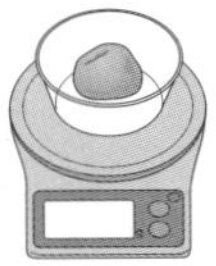

1 kg（キログラム）　1 g（グラム）

1 kg　1 g

たいせつ

①ものの長さは、ものさしではかることができます。長さのたんいには、「メートル」「センチメートル」「ミリメートル」などがあります。
1 m＝100cm
1 cm＝10mm

②ものの重さは、電子てんびんや台ばかりではかることができます。重さのたんいには、「グラム」「キログラム」などがあります。
1 kg＝1000g

ものの長さや重さは、4年生の理科でも学習《がくしゅう》するよ。よくおぼえておこう！

ぼうグラフのかき方

2 次《つぎ》の表《ひょう》のホウセンカの草たけのきろくを、ぼうグラフに表《あらわ》しましょう。

ホウセンカの草たけ

かんさつした日	4月20日	4月28日	5月10日	5月30日
草たけ	1cm	3cm	8cm	18cm

ヒント

①自分の名前をかく。
②表題《ひょうだい》（調《しら》べたこと）をかく。
③たてのじくに草たけをとって、目もりが表す数字をかく。
④横《よこ》のじくにかんさつした日づけをかく。
⑤きろくしたホウセンカの草たけにあわせて、ぼうをかく。

ものの重さや長さなど、数字で表せるものを、ぼうグラフにすると、くらべやすいよ。ホウセンカの草たけのへんかがわかりやすくなるね。

（ ホウセンカの草たけ ）　名前（ ○○○○ ）

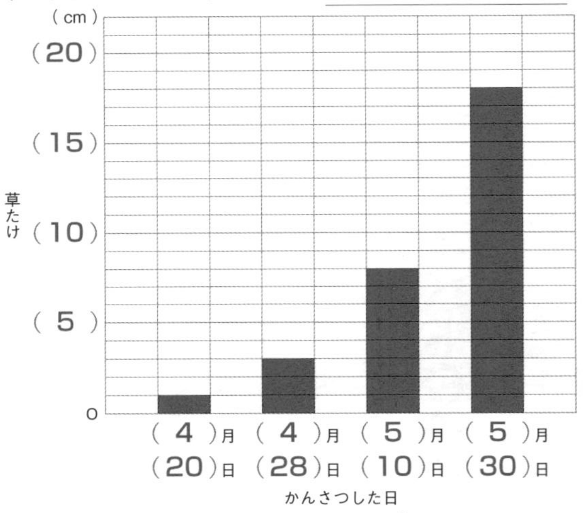

もんだいのてびきは 24 ページ

実力判定《はんてい》テスト　もんだいのてびき

夏休みのテスト①

1 (1)②気づいたことは、言葉や絵でせつめいしましょう。カメラでとった写真をはってもよいです。

3 (1)はじめに出てくる2まいの葉を子葉といいます。子葉の後に出てくるホウセンカの葉は、細長くて、ふちがぎざぎざしています。

(2)(3)葉はくきについていて、根は土の中にあります。

夏休みのテスト②

1 (1)(2)モンシロチョウもアゲハも、たまご→よう虫→さなぎ→せい虫のじゅんに育ちます。よう虫は、皮をぬぐたびに大きくなっていきます。

(3)モンシロチョウもアゲハも、体が3つの部分からできていて、むねに6本のあしがあるので、こん虫のなかまです。

2 風にはものを動かすはたらきがあり、風が強いほど車は遠くまで動きます。

3 ゴムにはものを動かすはたらきがあり、ゴムをのばす長さが長くなるほど、車の動くきょりは長くなります。

冬休みのテスト①

2 (3)クモは体が2つの部分からできていて、あしが8本あるため、こん虫ではありません。ダンゴムシは、あしが14本あるため、こん虫ではありません。

3 こん虫には、たまご→よう虫→さなぎ→せい虫のじゅんに育つものと、たまご→よう虫→せい虫のじゅんに育つものがいます。

4 (2)ホウセンカの実は、さわるとはじけて、中からたねがとび出します。

冬休みのテスト②

1 (2)太陽のいちは、東から南の空を通って、西へとかわります。かげの向きはその反対に、西→北→東へとかわっていきます。

3 はね返した日光を重ねるほど、日光が当たったところは、より明るく、あたたかくなります。

4 かん電池の＋きょく、豆電球、かん電池の－きょくが「わ」のようにつながって電気の通り道になるとき、豆電球に明かりがつきます。

学年末のテスト①

1 (2)じしゃくのちがうきょくどうしは引き合い、同じきょくどうしはしりぞけ合います。

2 じしゃくについた鉄くぎは、じしゃくになります。そのため、鉄のゼムクリップに近づけると、ゼムクリップは鉄くぎに引きつけられます。

3 (2)糸電話の糸をつまむと、糸のふるえが止まるため、音はつたわりません。

4 ものの重さは、形がかわってもかわりません。しかし、もののしゅるいがちがうと、同じ体積でもものの重さはちがいます。

学年末のテスト②

2 鉄、銅、アルミニウムは電気を通しますが、その中でじしゃくにつくのは、鉄だけです。

4 虫めがねを動かして、日光をいちばん小さく集めると、とても明るく、あつくなります。しばらくそのままにしておくと、黒い紙はこげてけむりが出てきます。

かくにん! きぐの使い方

3 温度計の目もりを読むときは、温度計と目を直角《ちょっかく》にして、えきの先が近いほうの目もりを読みましょう。えきの先が、目もりと目もりの真ん中にあるときは、上のほうの目もりを読みます。

かくにん! たんいとグラフ

2 ぼうグラフは、数字で表すことができるものを整理するときに使います。植物の草たけだけでなく温度のへんかなども、ぼうグラフにするとひと目でわかり、くらべやすくなります。

6 5 4
D C B A